中国水利教育协会
高等学校水利类专业教学指导委员会
　　共同组织

江苏高校品牌专业建设工程资助项目 [PPZY2015A043]

全国水利行业"十三五"规划教材（普通高等教育）
"十三五"江苏省高等学校重点教材

水利工程概论

（第2版）

主编　沈振中　王润英　刘晓青　蔡付林

U0208502

中国水利水电出版社
www.waterpub.com.cn
·北京·

内 容 提 要

本书较全面地介绍了各种常见的水利工程。概述了水库、水利枢纽和水工建筑物的基本概念；简要介绍了挡水建筑物、泄水建筑物、输水建筑物、整治建筑物和过坝建筑物等各种水工建筑物的组成、类型、工作原理和主要特点等；介绍了泵站的类型、结构组成和主要特点、水力发电的原理和水能开发方式、抽水蓄能电站的功能和建筑物组成；介绍了施工导流的概念、导流建筑物和施工导流的一般程序；阐述了水资源规划与利用的基本原则、方法和内容；阐述了大坝安全监控的概念、安全监测的内容、常用的安全监控模型以及实时监控和安全预警系统的开发原则和主要内容；阐述了生态水利工程概念，介绍了生态混凝土的特点和应用。

本书可作为水文、环境、土木、给排水、力学、岩土、计算机等专业本科生、专科生"水利工程概论"课程的教材和参考书。

图书在版编目（CIP）数据

水利工程概论 / 沈振中等主编. -- 2版. -- 北京：
中国水利水电出版社，2018.8（2022.6重印）
全国水利行业"十三五"规划教材. 普通高等教育
"十三五"江苏省高等学校重点教材
ISBN 978-7-5170-6788-7

Ⅰ. ①水… Ⅱ. ①沈… Ⅲ. ①水利工程－高等学校－教材 Ⅳ. ①TV

中国版本图书馆CIP数据核字（2018）第202090号

书　　名	全国水利行业"十三五"规划教材（普通高等教育） "十三五"江苏省高等学校重点教材 **水利工程概论（第 2 版）** SHUILI GONGCHENG GAILUN
作　　者	主编　沈振中　王润英　刘晓青　蔡付林
出版发行	中国水利水电出版社 （北京市海淀区玉渊潭南路 1 号 D 座　100038） 网址：www.waterpub.com.cn E - mail：sales@mwr.gov.cn 电话：(010) 68545888（营销中心）
经　　售	北京科水图书销售有限公司 电话：(010) 68545874、63202643 全国各地新华书店和相关出版物销售网点
排　　版	中国水利水电出版社微机排版中心
印　　刷	清淞永业（天津）印刷有限公司
规　　格	184mm×260mm　16 开本　17.5 印张　415 千字
版　　次	2011 年 1 月第 1 版第 1 次印刷 2018 年 8 月第 2 版　2022 年 6 月第 3 次印刷
印　　数	13001—19000 册
定　　价	**48.00 元**

第 2 版前言

随着水利工程的建设和发展，新技术、新材料、新方法和新工艺广泛应用，特别是近年来，随着科学发展观的进一步实践和贯彻落实，我国治水思路发生着深刻变化，水利工程设计理念、设计方法和设计标准规范也在不断发展与完善。因此，迫切需要对第 1 版教材进行修订完善，以更好地适应国内外水利工程相关学科的发展，满足实际需要，使理论与实践的联系更加密切。

第 2 版全书共分 13 章。第 1 章简要介绍水资源的特点和水利工程的分类，以及我国水利事业的建设成就和开发利用中存在的问题；采用第一次全国水利普查公报数据修订了部分内容，补充了新中国水利工程建设成就内容，水利事业发展展望增加了新时期河长制内容，将第 1 版教材使用以来，水资源规划领域最新技术成就包括进来，对有些叙述方式作了较大调整。第 2 章介绍水库、水利枢纽和水工建筑物的概念，以及水利枢纽工程和水工建筑物的等级划分；引入了水利枢纽和水工建筑物的新的设计理念，按照新规范修改了水利枢纽工程和水工建筑物的等级划分相关指标。第 3 章介绍重力坝、拱坝、土石坝和支墩坝等主要挡水建筑物的工作原理、基本功能特性和设计要点；根据新规范对挡水建筑物的相关内容做了补充和删减，补充了一些新建成的典型水利工程的资料。第 4 章介绍河岸溢洪道、溢流坝、水工隧洞和水闸等泄水建筑物的结构组成、功能特性和设计要点；根据新规范对泄水建筑物的相关部分做了补充和删减。第 5 章介绍渠道、渡槽、涵洞和虹吸管等输水建筑物的结构组成、功能特性。第 6 章介绍堤防、护岸、丁坝与顺坝等整治建筑物的基本特性；根据 GB 50286—2013《堤防工程设计规范》对整治建筑物的相关部分做了补充和删减。第 7 章介绍船闸、升船机、鱼道、筏道等过坝建筑物的组成、功能特性；根据新规范修改了相关指标。第 8 章介绍泵站的类型、工作原理和结构特性；将第 1 版教材使用以来，水泵和泵站领域最新技术成就包括进来；对个别插图进行了更新；有些叙述方式作了进一步完善。第 9 章介绍水力发电的原理、水能开发的方式、水电站的组成建筑物以及抽水蓄能电站的功能特性；将第 1 版教材使用以来，水力发电领域最新技术成果和我国水电站建设的新成就添加进来；新增了"9.2.4 小型水电站"，对我国小水电发展的历程、小水电的特征及其在社会经济发展中的作用、未来发展的展望等方面作了简要介绍；对有些叙述方式进行了补充完善。第 10 章介绍施工导流的概念、导流建筑物、施工导流的一般程序和截流工程。第 11 章阐述水资源规划的内容、基本原则和方法。第 12 章阐述大坝安全监控的概念、安全监测的内容、安全监控模型以及实时监控和安全预警系统的开发原则和主要内容。新增的第 13 章阐述生态水利工程的概念和设计原则；介绍低水头壅水坝（包括橡胶坝、水力自动翻板坝、液压坝）、淤地坝的设计和布置；介绍生态混凝土与生态护坡的分类、特点和应用。

本书的第 1 章、第 3 章和第 12 章由沈振中修订编写，第 2 章、第 7 章和第 10 章由王润英修订编写，第 4 章、第 5 章和第 6 章由刘晓青修订编写，第 8 章、第 9 章和第 11 章由蔡付林修订编写。新增的第 13 章由沈振中、刘晓青、王润英编写。全书由沈振中统稿。

限于作者的水平，书中难免有不妥之处，恳请读者批评指正。

作者
2018 年 3 月

第 1 版前言

　　水利是指人类社会为了生存和发展的需要，采取各种措施，对自然界的水和水域进行治理、调控，以防治水旱灾害，开发利用和保护水资源。它包括防洪、排水、灌溉、水能利用、水道、给水、城镇排水、港工、水土保持、水资源保护、环境水利和水利渔业等内容。用于调控自然界的地表水和地下水、以达到除害兴利目的而修建的工程称水利工程。

　　我国是农业大国，水利工程是农业生产和发展的基础设施，是农业稳产增收的基本保障。随着我国社会和经济的不断发展，水利工程的重要性亦越来越显著。水利工程种类繁多，其功能特性千差万别。本书较全面地介绍各种常见的水利工程及其相关概念，介绍其工作原理、功能特性。

　　全书共分 12 章。第 1 章简要介绍水资源的特点和水利工程的分类，以及我国水利事业的建设成就和开发利用中存在的问题；第 2 章介绍水库、水利枢纽和水工建筑物的概念，以及水利枢纽工程和水工建筑物的等级划分；第 3 章介绍重力坝、拱坝、土石坝和支墩坝等主要挡水建筑物的工作原理、基本功能特性和设计要点；第 4 章介绍河岸溢洪道、溢流坝、水工隧洞和水闸等泄水建筑物的结构组成、功能特性和设计要点；第 5 章介绍渠道、渡槽、涵洞和虹吸管等输水建筑物的结构组成、功能特性；第 6 章介绍堤防、护岸、丁坝和顺坝等整治建筑物的基本特性；第 7 章介绍船闸、升船机、鱼道、筏道等过坝建筑物的组成、功能特性；第 8 章介绍了泵站的类型、工作原理和结构特性；第 9 章介绍水力发电的原理、水能开发的方式、水电站的组成建筑物以及抽水蓄能电站的功能特性；第 10 章介绍施工导流的概念、导流建筑物、施工导流的一般程序和截流工程；第 11 章阐述水资源规划的内容、基本原则和方法；第 12 章阐述大坝安全监控的概念、安全监测的内容、安全监控模型以及实时监控和安全预警系统的开发原则和主要内容。

　　本书的第 1 章、第 3 章和第 12 章由沈振中编写，第 2 章、第 7 章和第 10

章由王润英编写，第 4 章、第 5 章和第 6 章由刘晓青编写，第 8 章、第 9 章和第 11 章由蔡付林编写。全书由沈振中统稿。

限于作者的水平，书中难免有不妥之处，恳请读者批评指正。

作者

2010 年 4 月

目　录

第 1 章 绪 论

水是一切生命赖以生存的物质基础，也是最重要的自然资源之一，可用以灌溉、发电、给水、通航、养殖等，为社会兴利。但是，通常水在时间和空间上分布不均匀，来水与用水不相适应，因此需要修建水利工程，除害兴利，造福人类。

1.1 我国水资源基本情况

1.1.1 世界水资源概况

地球上的水资源，从广义上来说是指水圈内的总水量。由于海水难以直接利用，因而通常所说水资源主要指陆地上的淡水资源。通过水循环，陆地上的淡水得以不断更新、补充，满足人类生产和生活需要。

水是地球上最丰富的资源之一，覆盖地球表面 71% 的面积。但是，地球上的水，尽管数量巨大，能直接被人们生产和生活利用的却少得可怜。地球上的水有近 98% 是既不能供人饮用，也无法灌溉农田的海水，淡水资源仅占地球总水量的 2.53%，而在这极少的淡水资源中，有 70% 以上被冻结在南极和北极的冰盖中，加上难以利用的高山冰川和永冻积雪，有 87% 的淡水资源难以利用。人类真正能够利用的淡水资源是江河湖泊和地下水中的一部分，约占地球总水量的 0.26%，占全球总水量的十万分之七，即真正有效利用的全球淡水资源每年约为 9000km³。

世界上不同地区因受自然地理和气象条件的影响，降雨和径流量有很大差异，因而产生不同的水利问题。

非洲是高温干旱的大陆。按面积其平均水资源在各大洲中为最少，不及亚洲或北美洲的一半，并集中在西部的扎伊尔河等流域。除沿赤道两侧雨量较多外，大部分地区少雨，沙漠面积占陆地的 1/3。非洲尼罗河是世界上最长的河流，其水资源孕育了埃及古文明。

亚洲是面积大、人口多的大陆，雨量分布很不均匀。东南亚及沿海地区受湿润季风影响，水量较多，但因季节和年际变化雨量差异甚大，汛期的连续降雨常造成江河泛滥。如中国的长江、黄河，印度的恒河等都常给沿岸人民带来灾难。防洪问题是这些地区沉重的负担。中亚、西亚及内陆地区干旱少雨，以致无灌溉即无农业，必须采取各种措施开辟水源。

北美洲的雨量自东南向西北递减，大部分地区雨量均匀，只有加拿大的中部、美国的西部内陆高原及墨西哥的北部为干旱地区。密西西比河为该洲的第一大河，洪涝灾害比较严重，美国曾投入巨大的力量整治这一水系，并建成沟通湖海的干支流航道网。美国在西部的干旱地区，修建了大量的水利工程，对江河径流进行调节，并跨流域调水，保证了工农业的用水需要。

南美洲以湿润大陆著称，径流模数为亚洲或北美洲的两倍有余，水量丰沛。其北部的亚马孙河是世界第一大河，流域面积及径流量均为世界各河之冠，水能资源也较丰富，但流域内人烟较少，水资源有待开发。

欧洲绝大部分地区为温和湿润气候，年际与季节降雨量分配比较均衡，水量丰富，河网稠密。欧洲人利用优越的自然条件，发展农业、开发水电、沟通航运，使欧洲的经济发展较快。

全球淡水资源不仅短缺而且地区分布极不平衡。按地区分布，巴西、俄罗斯、加拿大、中国、美国、印度尼西亚、印度、哥伦比亚和刚果等 9 个国家的淡水资源占了世界淡水资源的 60%。约占世界人口总数 40% 的 80 个国家和地区严重缺水。2016 年，全球 80 多个国家的约 15 亿人口面临淡水不足问题，其中 26 个国家的 3 亿人口极度缺水。2017 年联合国水资源发展报告指出全球 2/3 人口生活在缺水地区。预计到 2025 年，全世界将有 30 亿人口缺水，涉及的国家和地区达 40 多个。21 世纪水资源正在变成一种宝贵的稀缺资源，水资源问题已不仅仅是资源问题，更成为关系到国家经济、社会可持续发展和长治久安的重大战略问题。

1.1.2 我国水资源的分布

根据水利部对水资源评价的结果，我国多年平均降水总量为 6.08 万亿 m^3（648mm），通过水循环更新的地表水和地下水的多年平均水资源总量为 2.77 万亿 m^3。其中，地表水 2.67 万亿 m^3，地下水 0.81 万亿 m^3，地表水与地下水相互转换、互为补给的两者重复计算量为 0.71 万亿 m^3，与河川径流不重复的地下水资源量为 0.1 万亿 m^3。我国水资源总量居世界第 6 位，人均水资源量不足 2200m^3，约为世界人均占有量的 1/4，在世界银行连续统计的 153 个国家中居第 88 位。

我国水资源地区分布很不平衡。长江流域及其以南地区国土面积只占全国的 36.5%，其水资源量却占全国的 81%；淮河流域及其以北地区的国土面积占全国的 63.5%，其水资源量仅占全国水资源总量的 19%。2016 年，有 16 个省（自治区、直辖市）人均水资源量（不包括过境水）低于严重缺水线，有 6 个省、自治区（宁夏、河北、山东、河南、山西、江苏）人均水资源量低于 500m^3。按照国际公认的标准，人均水资源低于 3000m^3 为轻度缺水，人均水资源低于 2000m^3 为中度缺水，人均水资源低于 1000m^3 为严重缺水，人均水资源低于 500m^3 为极度缺水。

从我国大陆水资源总量的变化趋势看，最近 20 多年来，由于环境变化，如受气候变化和人类经济活动导致的土地利用和覆被变化的影响，我国各地区的水资源有不同程度的变化，降水和水资源数量略有减少，特别是中国北方地区（如华北地区等）水资源数量减少的趋势比较明显。北方缺水地区持续枯水年份的出现，以及黄河、淮河、海河与汉江同时遭遇枯水年份等不利因素的影响，更加剧了北方水资源供需失衡的矛盾。

1.1.3 我国水资源的特点

我国的地理位置特殊，地形变化大，气候差异也大，水资源分布呈现明显的特点。从全国来看，目前我国水资源的主要特点主要有以下几个：

（1）水资源总量丰富，人均占有量低。中国水资源多年平均总量为 2.77 万亿 m^3，居世界第 6 位，平均径流深度约 284mm，为世界平均值的 90%，居世界第 6 位。虽然中国水资源总量丰富，但是平均占有量很少。水资源人均占有量不足 2200m³，约为世界人均量的 1/4，排在世界第 110 位，被列为世界 13 个贫水国家之一。水资源耕地的平均占有量为 28320m³/hm²，仅为世界平均数的 80%。

（2）水资源在空间上分布不平衡。我国水资源在空间分布上总体是南多北少，西南多、西北少。北方人口占全国总人口的 2/5，但水资源占有量不到全国的 1/5。在全国人均水资源量不足 1000m³ 的 10 个省区中，北方即占了 8 个，而且主要集中在华北。另外，北方耕地面积占全国耕地面积的 3/5，而水资源量仅占全国的 1/5。南方每公顷耕地水资源量 28695m³，而北方只有 9645m³，前者是后者的 3 倍。水资源空间分布的不平衡性与全国人口、耕地资源分布的差异性，构成了我国水资源与人口、耕地资源不匹配的特点。

（3）水资源在时间上分布不平衡。我国河流年际间最大和最小径流的比值，长江以南地区中等河流在 5 以下，而北方地区多在 10 以上，径流量的年际变化存在明显的连续丰水年和连续枯水年。年内分布则是夏秋季水多，冬春季水少。大部分地区年内汛期连续 4 个月降水量占全年的 70% 以上，短期径流过于集中，易造成洪水灾害。例如：1998 年属于丰水年，全国河川径流量比正常年份多 6247 亿 m³，其中长江偏多 3491 亿 m³（多 36.7%），松花江偏多 693 亿 m³（多 90.9%），长江、嫩江出现了特大洪涝灾害；2001 年干旱严重，全国大部分地区河川径流量偏少，松花江、辽河、海河、黄河、淮河比正常年份来水量偏少 23%～67%，长江也偏少 6%～9%，仅东南、华南沿海、西南和西北内陆来水偏丰。

（4）水资源分布与人口、耕地配置不相适应。据 2012 年统计：我国长江流域及其以南地区水资源总量占全国的 81%，人口占全国的 54.7%，人均水资源量 4170m³，为全国平均值的 1.5 倍，耕地占全国的 36.5%，亩均水资源量 4134m³，为全国平均值的 2.3 倍；北方地区水资源总量占全国的 14.4%，人口占全国的 43.2%，人均水资源量 938m³，为全国平均值的 35%，耕地占全国的 8.3%，亩均水资源量 454m³，为全国平均值的 26%。由于水土资源和人口配置极不平衡，因此，形成了北方水资源十分紧张的局面。

1.2　水利工程分类

水利工程是指为控制和调配自然界的地表水和地下水、达到除害兴利的目的而修建的工程。修建水利工程，可以在时间上重新分配水资源，做到防洪补枯，以防止洪涝灾害和发展灌溉、发电、供水、航运等事业；也可以在空间上调配水资源，使水资源与人口和耕地资源的配置趋于合理，以缓解水资源缺乏问题。

水利工程所承担的任务通常不是唯一的，具有多种作用和目的，其组成建筑物也是多种多样，因此水利工程也称为水利枢纽。按照所承担的任务，水利工程主要可分为以下几类。

1.2.1　河道整治与防洪工程

河道整治主要是通过整治建筑物和其他工程措施，防止河道冲蚀、改道和淤积，使河流的外形和演变过程都能满足防洪与兴利等各方面的要求。一般防治洪水的措施是"上拦下排，两岸分滞"。

　　"上拦"是防洪的根本措施，不仅可以有效防治洪水，而且可以综合地开发利用水土资源。主要是两个方面：①在山地丘陵地区进行水土保持，拦截水土，有效地减少地面径流；②在干、支流的中上游兴建水库、拦蓄洪水，调节下泄流量不超过下游河道的过流能力。

　　水库是一种重要的防洪工程。作为一种蓄水工程，水库在汛期可以拦蓄洪水，削减洪峰，保护下游地区安全，拦蓄的水流因水位抬高而获得势能、并聚集形成水体，可以用来满足灌溉、发电、航运、供水和养殖等需要。

　　"下排"就是疏浚河道，修筑堤防，提高河道泄洪能力，减轻洪水威胁。虽然这是治标的办法，不能从根本上防治洪水，但是在"上拦"工程没有完全控制洪水之前，筑堤防洪仍是一种重要的有效工程措施。

　　"两岸分滞"是在河道两岸适当位置，修建分洪闸、引洪道、滞洪区等，将超过河道安全泄量的洪水通过泄洪建筑物分流到该河道下游或其他水系，或者蓄于低洼地区（滞洪区），以保证河道两岸保护区的安全。滞洪区的规划与兴建应根据实际经济发展情况、人口因素、地理情况和国家的需要，由国家统筹安排，且必须做好通信、交通、安全措施和水文预报等工作，只有在万不得已时才运用分洪措施，以减少滞洪区的损失。

1.2.2　农田水利工程

　　农业是国民经济的基础。通过建闸修渠等工程措施，可以形成良好的灌、排系统，调节和改变农田水分状态和地区水利条件，使之符合农业生产发展的需要。农田水利工程一般包括取水工程、输水配水工程和排水工程。

　　取水工程是指从河流、湖泊、水库、地下水等水源地适时适量地引取水量用于农田灌溉的工程。在河流中引水灌溉时，取水工程一般包括抬高水位的拦河坝（闸）、控制引水的进水闸、排沙用的冲沙闸、沉沙池等。当河流流量较大、水位较高能满足引水灌溉要求时，可以不修建拦河坝（闸）。当河流水位较低又不宜修建坝（闸）时，可以修建提灌站来提水灌溉。

　　输水配水工程是指将一定流量的水流输送并配置到田间的建筑物综合体，如各级固定渠道系统及渠道上的涵洞、渡槽、交通桥、分水闸等。

　　排水工程是指各级排水沟及沟道上的建筑物。其作用是将农田内多余水分排泄到一定范围以外，使农田水分保持适宜状态，满足通气、养料和热状况的要求，以适应农作物的正常生长，如排水沟、排水闸等。

1.2.3　水力发电工程

　　水力发电工程是指将具有巨大能量的水流通过水轮机转换为机械能，再通过发电机将机械能转换为电能的工程。

　　水力发电的两个基本要素是落差（水头）和流量。天然河道水流的能量消耗在摩擦、旋滚等作用中。为了能有效地利用天然河道水流的能量，需采用工程措施，修建能集中落差和调节流量的水工建筑物，使水流符合水力发电的要求。在山区常用的水能开发方式是拦河筑坝，形成水库，它既可以调节径流又可以集中落差。在坡度很陡或有瀑布、急滩、弯道的河段，或者上游不许淹没时，可以沿河岸修建引水建筑物（渠道、隧洞）来集中落差和调节流量，开发水能。

1.2.4 供水和排水工程

供水是将水从天然水源中取出，经过净化、加压，用管网供给城市、工矿企业等用水部门；排水是排除工矿企业及城市废水、污水和地面雨水。城市供水对水质、水量及供水可靠性要求很高；排水必须符合国家规定的污水排放标准。

我国水资源不足，现有供、排水能力与科技和生产发展以及人民物质文化生活水平的不断提高不相适应，特别是城市供水与排水的要求越来越高；水质污染问题也加剧了水资源的供需矛盾，而且恶化环境，破坏生态。

1.2.5 航运工程

航运包括船运和筏运（木、竹浮运）。发展航运对物质交流、繁荣市场、促进经济和文化发展具有重要意义。它运费低廉，运输量大。内河航运有天然水道（河流、湖泊等）和人工水道（运河、河网、水库、闸化河流等）两种。

利用天然河道通航，必须进行河道疏浚、河床整治、改善河流的弯曲情况、设立航道标志等，建立稳定的航道。当河道通航深度不足时，可以通过拦河建闸、建坝抬高河道水位；或利用水库进行径流调节，改善水库下游的通航条件。人工水道是人们为了改善航运条件，开挖的人工运河、河网及渠化河流，可以缩短航程，节约人力、物力、财力。人工水道除可以通航外，还有综合利用的效益，例如，运河可以作为水电站的引水道、灌溉干渠、供水的输水道等。

1.3 我国水利工程建设成就

1.3.1 古代水利工程建设成就

5000多年来，勤劳勇敢的中国人民为兴水利、除水害进行了不懈的努力，兴建了许多水利工程，积累了宝贵的经验，取得了举世瞩目的成就。例如：

（1）从春秋时期开始，在黄河下游沿岸修建的堤防，经历代整修加固，已形成1800多千米的黄河大堤，为治河防洪、堤防工程的建设与管理提供了丰富的经验。

（2）公元前486年开始兴建到公元1293年全线通航的京杭大运河，全长1794km，是世界上最长的运河，为当时及今后的南北交通、发展航运等发挥了重要作用。

（3）目前灌溉面积达1000多万亩的四川都江堰工程已有2250多年的历史，至今仍在为我国的农业生产发挥着巨大的效益。

（4）其他如秦汉时代的秦渠、汉渠、郑国渠、灵渠（又名湘桂运河、兴安运河），始建于汉代的海塘等都是著名的水利工程，为我国古代经济和社会发展做出了重大贡献。

水利工程建设的成就是我国劳动人民智慧的结晶，在繁荣我国经济、发展祖国文化等方面都起到了很好的作用。

1.3.2 新中国水利工程建设成就

新中国成立以来，我国的水利事业建设得到了迅猛发展，水利科学技术水平也得到了迅速发展和提高，跨入了世界先进水平行列。

20世纪50年代初，我国开始对黄河和淮河进行全流域的规划和治理，根据"统一规划，蓄泄兼顾"的原则，修建了许多山区水库和洼地蓄洪工程，改变了淮河"大雨大灾，小雨小灾，无雨旱灾"的悲惨景象；治黄功绩卓著，保证了黄河"伏秋大汛不决口，大河上下报安澜"；1963 年开始根治海河，目前全流域已初步形成了防洪除涝体系。根据第一次全国水利普查公报，截至 2011 年年底，全国共有水库 98002 座，总库容 9323.12 亿 m³，其中已建水库 97246 座，总库容 8104.10 亿 m³，在建水库 756 座，总库容 1219.02 亿 m³，大型水库 756 座，总库容 7499.85 亿 m³；兴建水闸 268476 座，其中大型水闸 860 座；灌溉面积由 1949 年的 2.4 亿亩增加到 10.02 亿亩，其中 30 万亩以上灌区 456 处；堤防总长度 413679km，泵站 424451 座，其中装机流量大于 $1m^3/s$ 或装机容量大于 50kW 的泵站 88365 座。这些水利工程，极大地促进了我国经济和社会发展，在历次的洪涝灾害中，尤其是 1991 年及 1998 年的特大洪水灾害中发挥了重要作用，大大减轻了灾害程度。但是，据《2017 中国生态环境状况公报》：当年全国因洪涝灾害受灾人口 5515 万人，因灾死亡 316 人、失踪 39 人，洪涝灾害直接损失 2143 亿元。可见，时至今日我国的防洪问题还未彻底根治。

据 2005 年国家发展和改革委员会发布的中国水能资源复查成果，中国水能资源理论蕴藏量为 6082.9TW·h/a，平均功率为 694.4GW；技术可开发装机容量 541.64GW，年发电量 2474TW·h；经济可开发装机容量 401.8GW，年发电量 1753.4TW·h。中国水能资源理论蕴藏量、技术可开发量、经济可开发量及已建和在建开发量均居世界首位。但由于受到资金和技术方面的限制，水能开发程度却相对较低，按人口平均的经济可开发水能资源仅为世界平均数的 60%。根据中国电力企业联合会发布的《中国电力年度发展报告 2016》，截至 2015 年年底，中国已开发的水电装机容量约为 319.54GW，年发电量 1112.7TW·h，我国水电装机容量位居世界首位，但在我国整个电力装机容量中仅占到 20.95%，水力发电量占全国发电量的 20.20%，详见表 1.1。

表 1.1   2015 年中国电力装机容量和发电量构成

项 目	装机容量/GW	所占比例/%	发电量/(TW·h)	所占比例/%
水电	319.54	20.95	1112.7	20.20
火电	1005.54	65.92	4230.7	73.71
核电	27.17	1.78	171.4	2.99
风电	130.75	8.57	185.6	3.23
太阳能及其他	42.27	2.78	39.5	6.87
总计	1525.27	100.00	5739.9	100.00

1.4 我国水资源利用中存在的问题

新中国成立以来，水利事业得到了迅速发展，取得了举世瞩目的成就。但是，由于我国人口众多、水资源相对贫乏、时空分布不均衡、开发利用管理不善等原因，我国对于水资源的利用还存在着不少问题，突出表现在以下几个方面。

1.4.1 水资源时空分布不均严重阻碍社会经济发展

我国 20 世纪 90 年代的年均洪灾损失高达 1200 亿元，占国民生产总值的 2.4%。

1991 年的江淮大水，1994 年的珠江大水，1998 年的长江和松花江、嫩江大水，都给国家造成了巨大的经济损失。2016 年，全国遭受洪涝灾害人口 10095.41 万人，192 座城市进水受淹或发生内涝，直接经济损失 3643.26 亿元。随着经济的发展和气候的变化，全国有 1/4 的国土面积缺水，1/10 地区的水资源仅能满足人民生存的基本需求，不少地区连起码的生存需求也不能满足。我国农业，特别是北方地区农业，干旱缺水状况严重。目前，全国仅灌区每年就缺水 300 亿 m^3 左右。20 世纪 90 年代农田年均受旱耕地面积 0.27 亿 hm^2，粮食年平均减产 200 亿 kg，占总产量的 4.7%，而过去 5 年期间，农田受旱面积年均达到 3.85 亿 hm^2，平均每年因旱减产粮食 350 亿 kg，干旱缺水成为影响农业发展和粮食安全的主要制约因素；全国农村有 2400 多万人口和数千万头牲畜饮水困难，3.2 亿人饮水不安全。我国城市缺水现象始于 20 世纪 70 年代，以后逐年扩大，特别是改革开放以来，城市缺水越来越严重。据统计，全国每年缺水量近 400 亿 m^3，在全国 660 个建制市中，有 400 个城市供水不足，其中 110 个严重缺水，年缺水约 100 亿 m^3，每年影响工业产值约 2000 亿元。

自然资源的不合理利用也导致了洪涝灾害，尤其是滥伐森林，破坏水土平衡，生态环境恶化。事实上，我国水土流失严重，新中国成立以来虽已治理 51 万 km^2，但目前水土流失面积已达 160 万 km^2，每年流失泥沙 50 亿 t，河流带走的泥沙约 35 亿 t，其中淤积在河道、水库、湖泊中的泥沙达 12 亿 t。围垦也使湖泊面积日益缩小，致使湖泊调洪能力下降。根据第一次全国水利普查公报，至 2011 年年底，我国面积 1 km^2 以上的湖泊约有 2865 多个，总面积 7.8 万 km^2，占国土总面积的 0.8%，其中淡水湖 1594 个，咸水湖 945 个，盐湖 166 个，其他 160 个。新中国成立以后的 60 多年中，我国的湖泊面积缩小约 1.16 万 km^2，占现有湖泊面积的 14.9%。长江中下游水系和天然水面减少，1954 年以来，湖北、安徽、江苏以及洞庭湖、鄱阳湖等湖泊水面因围湖造田等缩小了约 1.2 万 km^2，大大削弱了防洪抗涝的能力。此外，河道淤塞和被侵占，使其行洪能力降低，因大量泥沙淤积河道，使许多河流的河床抬高，减小了过洪能力，增加了洪水泛滥的机会，如淮河干流行洪能力下降了 3000 m^3/s。此外，河道被挤占，束窄过水断面，也减小了行洪、调洪能力，加大了洪水危害程度。

人口增长和经济发展也使受洪涝灾害程度加深。一方面抵御洪涝灾害的能力受到削弱，另一方面由于社会经济发展使受灾程度大幅度增加。新中国成立以后人口增加了 1 倍多，尤其是东部地区人口密集，长江三角洲的人口密度为全国平均密度的 10 倍。全国 1949 年工农业总产值仅 466 亿元，至 2008 年已达 565287 亿元，增加了 1212 倍。近 10 年来，乡镇企业得到迅猛发展，东部、中部地区乡镇企业的产值占全国乡镇企业总产值的 98%。因经济不断发展，在相同频率洪水情况下所造成的各种损失成倍增加。例如 1991 年太湖流域地区 5—7 月降雨量为 600～900mm，不到 50 年一遇，并没有超过 1954 年降雨，但所造成的灾害和经济损失都比 1954 年严重得多。此外，各江河的中下游地区一般农业发达，具有众多的商品粮棉油生产基地，一旦受灾，农业损失也相当严重。

1.4.2 水资源供需矛盾严重，水资源利用效率低下

我国人均水资源量只有世界平均量的 1/4。黄淮海及内陆河流域有 11 个省（自治区、直辖市）的人均水资源拥有量低于联合国可持续发展委员会研究确定的 1760m^3 警戒线，

其中低于 500m³ 严重缺水线的有宁夏、河北、山东、河南、山西、江苏等地区。近些年，黄河断流、海河枯竭，最醒目地表现了我国缺水的严峻态势。中国 2001 年用水量（指从自然水体取用的淡水量）已达到 5600 亿 m³，用水总量已经超过美国。但全国平均人均用水量为 436m³/人，仅相当于美国的 1/4（淡水）、世界人均用水量的 2/3。一些地区生产生活用水时常受到威胁。天津市不得不连续几年从黄河应急调水。

我国用水的特点主要表现为以下几个方面：

（1）全国城乡用水急剧增加。1980 年全国用水 4437 亿 m³，人均用水 450m³；2016 年用水增加到 6040.2 亿 m³，人均用水 464m³，可见用水的增长与人口和经济的增长有一定的关系。

（2）全国的用水结构发生变化。从 1980 年到 2016 年，我国农业用水由 3699 亿 m³ 增长为 3768 亿 m³，所占的比重由 83.4% 下降为 62.4%；工业用水由 457 亿 m³ 增长为 1308 亿 m³，所占的比重由 10.3% 增加到 21.6%；生活用水由 280 亿 m³ 增长为 821.6 亿 m³，所占的比重由 6.3% 增加到 13.6%。

（3）用水在地区上的差别明显。从全国来看，南北方的用水与水资源的条件有一定的关系，全国各省（自治区、直辖市）用水的差别也十分明显。

随着人口增加、经济发展，社会经济发展对用水的要求会更高，缺水的威胁还有可能进一步加剧。在缺水的同时，普遍存在着水资源浪费、利用效率低等不合理的现象。目前，全国农业灌溉年用水量约 3800 亿 m³，占全国总用水量近 70%。发达国家早在 20 世纪 40、50 年代就开始采用节水灌溉，现在，很多国家实现了输水渠道防渗化、管道化、大田喷灌、滴灌化、灌溉科学化、自动化，灌溉水的利用系数达到 0.7～0.8，而我国农业灌溉用水利用系数大多只有 0.3～0.4。其次，工业用水浪费也十分严重，目前我国工业万元产值用水量约 80 m³，是发达国家的 10～20 倍；我国水的重复利用率为 40% 左右，而发达国家为 75%～85%。我国城市生活用水浪费也十分严重，据统计，全国多数城市自来水管网仅跑、冒、滴、漏的损失率为 15%～20%。对比美、日等发达国家的用水水平，我国的用水效率还很低。

1.4.3 水质危机导致水资源危机，生态环境恶化严重

目前，无论是地表水还是地下水，我国的水质污染都非常严重。除了经济较不发达或径流量很大的西南诸河、内陆河、东南诸河、长江和珠江水质良好或尚可、符合和优于Ⅲ类水标准的河长占总监测河长的 70% 以上之外，海河、黄河、松花江、辽河和淮河 50% 以上河段水质低于Ⅲ类水标准，在平原地区更是 70% 以上河段严重污染。国家重点治理的"三河三湖"（淮河、海河、辽河、太湖、滇池、巢湖）水环境改善有限。黄淮海平原、辽河平原和长江中下游平原地区地下水也普遍受到污染。很多地区用未经处理的污水灌溉，危害农产品安全，还有很多地区饮用水水质得不到保证。水环境污染已对食品安全、饮用水安全、环境安全和人民生命安全构成严重威胁。2016 年我国污水排放总量 765 亿 t，约 80% 未经任何处理直接排入江河湖库，90% 以上的城市地表水体，97% 的城市地下含水层受到污染。其中全国 23.5 万 km 的河流，劣Ⅴ类河长占 9.8%，已基本丧失使用价值，淡水湖泊处于中度污染水平，78.6% 以上湖泊出现富营养化。进入 21 世纪，虽然随着我国环境治理力度加大，水质恶化的势头有所控制，但全国水环境整体恶化的趋势还

没有根本扭转。

为了满足水资源需求，目前我国水资源开发利用率已达 19%，接近世界平均水平的 3 倍，个别地区更高，如 1995 年松海黄淮等片开发利用率已达 50% 以上。水资源过度开发导致了生态环境的进一步恶化，很多天然湖泊、沼泽、绿洲萎缩甚至消失了，如 20 世纪 70 年代新疆的罗布泊干涸、1992 年河西走廊的居延海干涸、华北的白洋淀屡屡见底、海河有些年份几乎没有水入海等。华北平原、关中盆地乃至上海，超采地下水，使得地下水位下降，引起咸水入侵、地下水质下降、地面沉降等灾害。

随着人口增加和生产的发展，我国海洋环境也已受到不同程度的污染和损害。近几年，全国直排海洋污染源污水排放总量超过 60 亿 t，随这些污水排入的有毒有害物质为石油、汞、镉、铅、砷、铝、氰化物等。全国沿海各县施用农药量每年约有 1/4 流入近海，超过 5 万 t。这些污染物危害很广，致使长江口、杭州湾的污染日益严重，并开始危及我国最大的舟山群岛渔场。

海洋污染使部分海域鱼群死亡、生物种类减少，水产品体内残留毒物增加，渔场外移、许多滩涂养殖场荒废。例如胶州湾，1963—1964 年海湾潮间带的海洋生物有 171 种，1974—1975 年降为 30 种，1980 年代初只有 17 种。莱州湾的白浪河口，银鱼最高年产量为 30 万 kg，1963 年约有 10 万 kg，如今已基本绝产。

1.4.4 水资源管理缺乏科学体制

我国在流域水环境管理方面做了大量的工作，先后恢复或成立了长江水利委员会、黄河水利委员会、淮河水利委员会、珠江水利委员会、海河水利委员会、松辽水利委员会和太湖流域管理局等七大流域机构。20 世纪 80 年代以前，这些流域机构主要负责本流域内水资源的规划和管理，侧重于水量方面。20 世纪 80 年代以后，我国的水污染日趋严重，引起社会各界的关注，也成为流域水管理的新问题。长江、黄河等七大流域机构先后成立了水资源保护局，并自 1983 年起与国家环保部门实行双重领导。这是流域管理工作新的发展，把水环境保护的任务列入流域管理的内容，进入了既管水量又管水质的新阶段。目前，中央直属的流域管理机构有两大类：第一类是水利部所属的流域水行政管理机构，为水利部的派出机构，代表水利部行使所在流域的水行政主管职能；第二类是流域水资源保护机构，管理范围与上述水利部直属流域机构相同，第二类流域机构比第一类的流域机构在行政级别上低一级，且又都设在第一类的流域机构中，作为第一类流域机构的一个事业单位。我国的水环境管理理论上是流域管理与行政区域管理相结合的管理体制。

（1）缺乏流域的统一管理机制，与经济可持续发展不相适应。目前我国水资源分地区、分部门的管理体制，既不利于水资源的有效利用，也不利于生产力的发展，造成水资源开发利用出现许多问题。如大型综合利用的水库担负着防洪、发电、灌溉、供水、水运等多目标的任务，往往由国家电网有限公司下属单位管理，也有一些大中型水库由水利部下属单位管理，而中小型水库基本上都由水利部门管理；水量和水质也是不能统一管理，水量由水利部门管理，水质大部分由生态环境部门管理；水资源短缺与水资源浪费共存；现行体制和政策难以形成有效的节水机制，管理单位失去节水的积极性，不利于节水等。多龙治水，多龙管水，这种管理体制既影响水资源的综合开发、优化配置、有效利用和统一管理，又束缚了经济和社会生产力的发展。虽然近些年在建立水资源有偿使用制度、水利投资体制改革、实行水价听证等方面，已经取得了可喜的阶段性成绩，但水资源管理体制与制度的创新仍显缓慢和滞后，与水资源在可持续前提下保障社会经济健康发展的要求还很不适应。

（2）流域水环境管理的法律体系尚不健全。我国虽然有《中华人民共和国水污染防治法》《中华人民共和国水法》《中华人民共和国环境保护法》和《关于保护和改善环境的若干规定》等关于水资源和水环境的法律法规，特别是《中华人民共和国水污染防治法》规定"防治水污染应当按流域或者按区域进行统一规划"，并在治理淮河、太湖、松辽流域水污染中制定了管理条例或计划（规划）。但我国并没有制定针对有关流域资源与环境综合管理及保护的法律、法规，特别是缺乏流域管理机构设立的组织法；《中华人民共和国水污染防治法》和《中华人民共和国水法》对水资源和水环境的行政主管部门有一定的差异，造成责权交叉，流域管理委员会的稳定性、职能、职责和任务没有法律保障；缺乏流域的水资源法和水环境法等。

（3）流域水环境的管理手段单调，难以建立科学合理的水价格体系。流域水环境管理是一项复杂的系统工程，需要运用行政、经济、法律、技术等手段进行综合管理，但目前在流域水环境管理中主要是依靠行政手段，而其他手段比较薄弱。今后随着水资源供需矛盾的加剧和市场经济体制的逐步深化，现有的单一行政管理手段难以满足"依法治水，依法管水"的要求。现代科学技术的正确合理使用以及高素质人才的培养体制尚不完善。同时，由于水资源的所有权主体（国家）唯一而使用权主体多元化，水资源与水环境管理责、权、利界定不清，水价、排污费标准太低，造成水资源使用效率低下和水环境的严重破坏，财政治污费开支巨大。由于多部门分割管理，因而难以按照市场经济原则建立起取水、供水、排水、污水处理回用等统一的、合理的水价格体系，无法发挥水价的经济杠杆调节作用，来有效制止水资源的浪费和污染，以及进行水资源的优化配置。

（4）缺乏公众参与机制，人们的环境意识有待提高。公众是水资源使用与水环境污染控制的直接参与者，但在我国，流域管理层却缺乏与公众的沟通并听取他们的正确意见；流域水环境管理的传统规划往往是从工程的角度出发的，而且大部分规划者不是来自流域地区；流域内的居民——流域社会往往被视为障碍、问题的一部分或被忽略掉，结果导致在这些前提下制定的流域水环境管理规划的失败。而实际上公众一旦成为流域资源的使用者，他们的参与将提高流域管理规划的可行性和水环境管理的效率及效果，并将有助于问题的解决而不是成为问题的一部分。由于流域水环境管理牵扯的源多面广，规范而有效的公众参与机制将使流域水环境管理更易被群众接受，对破坏环境的各种行为起到监督作用，从而实现一种既自上而下，又自下而上的管理模式。另外，由于我国人民生活水平较低，加上法律体系和管理体制尚不健全，公众的环境保护意识还很淡薄，有待提高。

1.5 水利事业发展展望

1.5.1 新时期的水利事业

新时期的水利事业，要认真贯彻可持续发展战略和科教兴国战略，结合地区的自然特性和经济发展方向，正确处理好水利与经济社会发展、生态建设和环境保护的关系。坚持全面规划、统筹兼顾、标本兼治、综合治理的原则，通过江湖治理、水力发电、水土保持，以及水资源合理开发、优化配置、高效利用、有效保护和强化管理等综合措施，水利可为我国的经济社会和生态环境协调发展提供有力支撑和重要保障，确保我国社会主义现代化建设持续、稳定、健康发展。

水利是国民经济和社会发展的重要基础设施，具有全局性和战略性的重大问题。随着经济社会的发展，水利也有了新的要求，更深的内涵，将进入一个新的发展时期。21世纪初期（2030年）我国水利中长期的发展目标是：①建立较为完善的综合防洪体系；②建立安全可靠的水资源供给保障体系；③建立有效的水土保持和水资源保护体系；④合理开发西部地区的水能资源；⑤建立较为完善的水管理体制。

21世纪，我国的水利事业将进一步蓬勃发展，大规模的水利建设将为水利科学研究提供广阔的发展空间。

1.5.2 新时期的河长制

河长制是以保护水资源、防治水污染、改善水环境、修复水生态为主要任务，全面建立省、市、县、乡4级河长体系，构建责任明确、协调有序、监管严格、保护有力的河湖管理保护机制，目的是为维护河湖健康生命、实现河湖功能永续利用提供制度保障。

1. 河长制的由来

2007年夏季，由于太湖水质恶化，加上不利的气象条件，导致太湖大面积蓝藻暴发，引发了江苏省无锡市的水危机。当地政府认识到，水质恶化导致的蓝藻暴发，问题表现在水里，根子是在岸上。解决这些问题，不仅要在水上下功夫，更要在岸上下功夫；不仅要本地区治污，更要统筹河流上下游、左右岸联防联治；不仅要靠水利、环保、城建等部门切实履行职责，更需要党政主导、部门联动、社会参与。2007年8月，无锡市印发《无锡市河（湖、库、荡、氿）断面水质控制目标及考核办法（试行）》，将河流断面水质检测结果纳入各市县区党政主要负责人政绩考核内容，各市县区不按期报告或拒报、谎报水质检测结果的，按有关规定追究责任。这样，无锡市在中国率先实行河长制，由各级党政负责人分别担任64条河道的河长，加强污染物源头治理，负责督办河道水质改善工作。河长制实施后效果明显，无锡境内水功能区水质达标率从2007年的7.1%提高到2015年的44.4%，太湖水质也显著改善。

2008年，江苏在太湖流域全面推行"河长制"。2008—2016年12月下旬，江苏省各级党政主要负责人担任的"河长"，已遍布全省727条骨干河道1212个河段。

无锡市实施"河长制"，可以实现部门联动，可以发挥地方党委政府的治水积极性和责任心。在这个机制中，"河长制"分为4级，市委、市政府主要领导分别担任主要河流的一级"河长"，有关部门的主要领导分别担任二级"河长"，相关镇的主要领导为三级"河长"，所在行政村的村干部为四级"河长"。

2. 河长制的原则和组织形式

河长制的基本原则如下：

（1）坚持生态优先、绿色发展。牢固树立尊重自然、顺应自然、保护自然的理念，处理好河湖管理保护与开发利用的关系，强化规划约束，促进河湖休养生息、维护河湖生态功能。

（2）坚持党政领导、部门联动。建立健全以党政领导负责制为核心的责任体系，明确各级河长职责，强化工作措施，协调各方力量，形成一级抓一级、层层抓落实的工作格局。

（3）坚持问题导向、因地制宜。立足不同地区不同河湖实际，统筹上下游、左右岸，实行一河一策、一湖一策，解决好河湖管理保护的突出问题。

（4）坚持强化监督、严格考核。依法治水管水，建立健全河湖管理保护监督考核和责任追究制度，拓展公众参与渠道，营造全社会共同关心和保护河湖的良好氛围。

河长制的组织形式如下：

建立中国省、市、县、乡4级河长体系。各省（自治区、直辖市）设立总河长，由党委或政府主要负责同志担任；各省（自治区、直辖市）行政区域内主要河湖设立河长，由省级负责同志担任；各河湖所在市、县、乡均分级分段设立河长，由同级负责同志担任。县级及以上河长设置相应的河长制办公室，具体组成由各地根据实际确定。

各级河长负责组织领导相应河湖的管理和保护工作，包括水资源保护、水域岸线管理、水污染防治、水环境治理等，牵头组织对侵占河道、围垦湖泊、超标排污、非法采砂、破坏航道、电毒炸鱼等突出问题依法进行清理整治，协调解决重大问题；对跨行政区域的河湖明晰管理责任，协调上下游、左右岸实行联防联控；对相关部门和下一级河长履职情况进行督导，对目标任务完成情况进行考核，强化激励问责。河长制办公室承担河长制组织实施具体工作，落实河长确定的事项。各有关部门和单位按照职责分工，协同推进各项工作。

3. 推行河长制的意义

我国部分地方存在有法不依、执法不严的现象，非法排污、设障、捕捞、养殖、采砂、采矿、围垦、侵占水域岸线等没有得到有效治理。因此，各地需要完善河湖日常监管巡查制度，对重点河湖、水域岸线进行动态监控，对涉河湖违法违规行为做到早发现早制止早处理。

全面推行河长制是落实绿色发展理念、推进生态文明建设的内在要求，是解决中国复杂水问题、维护河湖健康生命的有效举措，是完善水治理体系、保障国家水安全的制度创新。

推行河长制需要以下保障措施：

（1）加强组织领导。地方各级党委和政府要把推行河长制作为推进生态文明建设的重要举措。

（2）健全工作机制。建立河长会议制度、信息共享制度、工作督察制度，协调解决河湖管理保护的重点难点问题，定期通报河湖管理保护情况，对河长制实施情况和河长履职情况进行督察。

（3）强化考核问责。根据不同河湖存在的主要问题，实行差异化绩效评价考核，将领导干部自然资源资产离任审计结果及整改情况作为考核的重要参考。

（4）加强社会监督。建立河湖管理保护信息发布平台，通过主要媒体向社会公告河长名单，在河湖岸边显著位置竖立河长公示牌，标明河长职责、河湖概况、管护目标、监督电话等内容，接受社会监督。

第 2 章 水库、水利枢纽、水工建筑物

2.1 水库

2.1.1 水库的概念

水库是指在山沟或河流的狭口处建造拦河坝形成的人工湖泊。水库建成后，可发挥防洪、蓄水、灌溉、供水、发电、养鱼等效益。有时天然湖泊也称为水库（天然水库）。

水库规模通常按总库容大小划分，水库总库容大于等于 10 亿 m³ 的是大（1）型水库，水库总库容为 1.0 亿～10 亿 m³ 的是大（2）型水库，水库总库容为 0.10 亿～1.0 亿 m³ 的是中型水库，水库总库容为 0.01 亿～0.10 亿 m³ 的是小（1）型水库，水库总库容为 0.001 亿～0.01 亿 m³ 的是小（2）型水库。

2.1.2 水库的作用

河流天然来水在 1 年间及各年间一般都会有所变化，这种变化与社会工农业生产及人们生活用水在时间和水量分配上往往存在着矛盾。兴建水库是解决这类矛盾的主要措施之一。兴建水库也是综合利用水资源的有效措施。水库不仅可以使水量在时间上重新分配，满足灌溉、防洪、供水的要求，还可以利用大量的蓄水和抬高了的水头来满足发电、航运及渔业等其他用水部门的需要。水库在来水多时把水存蓄在水库中，然后根据灌溉、供水、发电、防洪等综合利用要求适时适量地进行分配。这种把来水按用水要求在时间和数量上重新分配的作用，叫做水库的调节作用。水库的径流调节是指利用水库的蓄泄功能有计划地对河川径流在时间上和数量上进行控制和分配。

径流调节通常按水库调节周期分类，根据调节周期的长短，水库也可分为无调节、日调节、周调节、年调节和多年调节水库。无调节水库没有调节库容，按天然流量供水；日调节水库按用水部门 1 天内的需水过程进行调节；周调节水库按用水部门 1 周内的需水过程进行调节；年调节水库将 1 年中的多余水量存蓄起来，用以提高缺水期的供水量；多年调节水库将丰水年的多余水量存蓄起来，用以提高枯水年的供水量，调节周期超过 1 年。水库径流调节的工程措施是修建大坝（水库）和设置调节流量的闸门。

水库还可按水库所承担的任务，划分为单一任务水库及综合利用水库；按水库供水方式，可分为固定供水调节及变动供水调节水库；按水库的作用，可分为反调节、补偿调节、水库群调节及跨流域引水调节等。补偿调节是指两个或两个以上水库联合工作，利用各库水文特性、调节性能及地理位置等条件的差别，在供水量、发电出力、泄洪量上相互协调补偿，通常，将其中调节性能高的、规模大的、任务单纯的水库作为补偿调节水库，而以调节性能差、用水部门多的水库作为被补偿水库（电站），考虑不同水文特性和库容进行补偿。一般是上游水库作为补偿调节水库补充放水，以满足下游电站或给水、灌溉引

水口的用水需要，如图 2.1 (a) 所示。反调节水库又称再调节水库，是指同一河段相邻较近的两个水库，下一级反调节水库在发电、航运、流量等方面利用上一级水库下泄的水流，如图 2.1 (b) 所示。例如，葛洲坝水库是三峡水库的反调节水库；西霞院水库是小浪底水库的反调节水库，位于小浪底水利枢纽下游 16km，当小浪底水电站执行频繁的电调指令时，其下泄流量不稳定，会对大坝下游至花园口间河流生命指标以及两岸人民生活、生产用水和河道工程产生不利影响，通过西霞院水库的再调节作用，既保证发电调峰，又有效保护下游河道。

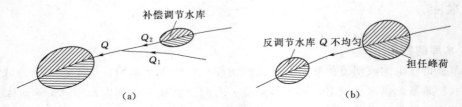

图 2.1　补偿调节水库及反调节水库示意图

2.1.3　水库的工作原理——水量平衡原理

水量平衡是水量收支平衡的简称。对于水库而言，水量平衡原理是指任意时刻，水库（群）区域收入（或输入）的水量和支出（或输出）的水量之差，等于该时段内该区域储水量的变化。如果不考虑水库蒸发等因素的影响，某一时段 Δt 内存蓄在水库中的水量（体积）ΔV 可用式 (2.1) 表达：

$$\Delta V = \frac{Q_1 + Q_2}{2} \Delta t - \frac{q_1 + q_2}{2} \Delta t \tag{2.1}$$

式中：Q_1、Q_2 分别为时段 Δt 始、末的天然来水流量，m^3/s；q_1、q_2 分别为时段 Δt 始、末的泄水流量，m^3/s。

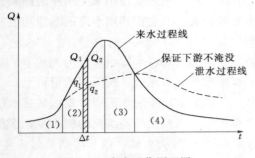

图 2.2　水库工作原理图

如图 2.2 所示。当来水流量等于泄水流量时，水库不蓄水，水库水位不升高，库容不增加；当来水流量大于泄水流量时，水库蓄水，库水位升高，库容增加；当来水流量小于泄水流量时，水库放水，库水位下降。

2.1.4　水库的特征水位和特征库容

水库的库容大小决定着水库调节径流的能力和它所能提供的效益。因此，确定水库特征水位及其相应库容是水利水电工程规划、设计的主要任务之一。水库工程为完成不同任务，在不同时期和各种水文情况下，需控制达到或允许消落的各种库水位称为水库的特征水位。相应于水库的特征水位以下或两特征水位之间的水库容积称为水库的特征库容。水库的特征水位主要有：正常蓄水位、死水位、汛前限制水位、防洪高水位、设计洪水位、校核洪水位等。主要特征库容有：兴利库容、死库容、共用库容、防洪库容、调洪库容、总库容等。水库的特征水位和相应库容的关系如图 2.3 所示。

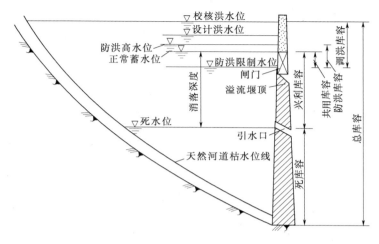

图 2.3 水库的特征水位及相应库容示意图

2.1.4.1 水库的特征水位

正常蓄水位是指水库在正常运用情况下，为满足兴利要求在供水期开始前允许蓄到的最高水位，又称正常高水位、兴利水位，或设计蓄水位。它是决定水工建筑物的尺寸、投资、淹没、水电站出力等指标的重要依据。选择正常蓄水位时，应根据电力系统和其他部门的要求及水库淹没、坝址地形、地质、水工建筑物布置、施工条件、梯级影响、生态与环境保护等因素，拟定不同方案，通过技术经济论证及综合分析比较确定。

防洪限制水位是指水库在汛期允许兴利蓄水的上限水位，又称汛前限制水位。防洪限制水位也是水库在汛期防洪运用时的起调水位。选择防洪限制水位，要兼顾防洪和兴利的需要，应根据洪水及泥沙特性，研究对防洪、发电及其他部门和对水库淹没、泥沙冲淤及淤积部位、水库寿命、枢纽布置以及水轮机运行条件等方面的影响，通过对不同方案的技术经济比较，综合分析确定。

设计洪水位是指水库遇到大坝的设计洪水时，在坝前达到的最高水位。它是水库在正常运用情况下允许达到的最高洪水位，可采用相应于大坝设计标准的各种典型洪水，按拟定的调度方式，自防洪限制水位开始进行调洪计算求得。

校核洪水位是指水库遇到大坝的校核洪水时，在坝前达到的最高水位。它是水库在非常运用情况下，允许临时达到的最高洪水位，可采用相应于大坝校核标准的各种典型洪水，按拟定的调洪方式，自防洪限制水位开始进行调洪计算求得。

防洪高水位是指水库遇下游保护对象的设计洪水时在坝前达到的最高水位。当水库承担下游防洪任务时，需确定这一水位。防洪高水位可采用相应于下游防洪标准的各种典型洪水，按拟定的防洪调度方式，自防洪限制水位开始进行水库调洪计算求得。

死水位是指水库在正常运用情况下，允许消落到的最低水位。选择死水位，应比较不同方案的电力、电量效益和费用，并应考虑灌溉、航运等部门对水位、流量的要求和泥沙冲淤、水轮机运行工况以及闸门制造技术对进水口高程的制约等条件，经综合分析比较确定。正常蓄水位到死水位间的水库深度称为消落深度或工作深度。

2.1.4.2　水库的特征库容

最高水位以下的水库静库容，称为总库容，一般指校核洪水位以下的水库容积，它是表示水库工程规模的代表性指标，可作为划分水库等级、确定工程安全标准的重要依据。

防洪高水位至防洪限制水位之间的水库容积，称为防洪库容。它用以控制洪水，满足水库下游防护对象的防洪要求。

校核洪水位至防洪限制水位之间的水库容积，称为调洪库容。

正常蓄水位至死水位之间的水库容积，称为兴利库容或有效库容。

当防洪限制水位低于正常蓄水位时，正常蓄水位至防洪限制水位之间汛期用于蓄洪、非汛期用于兴利的水库容积，称为共用库容或重复利用库容。

死水位以下的水库容积，称为死库容。除特殊情况外，死库容不参与径流调节。

2.2　水工建筑物及水利枢纽

2.2.1　水工建筑物

水工建筑物是为满足水利事业各部门的需要而建造的，在水的静力或动力作用下工作，并与水发生相互影响的各种建筑物。

2.2.1.1　水工建筑物的分类

水工建筑物按功用通常可分为挡水建筑物、泄水建筑物、输（引）水建筑物、取水建筑物、整治建筑物和专门性水工建筑物。

挡水建筑物是用以拦截或约束水流，并可承受一定水头作用的建筑物。如各种拦河坝、堤防、海塘及施工围堰等。

泄水建筑物是用以排泄水库、湖泊、河渠等的多余水量，以保证挡水建筑物和其他建筑物安全，或为必要时降低库水位乃至放空水库而设置的建筑物。泄水建筑物可设于坝身，如溢流坝、坝身泄水孔等；也可设于河岸，如溢洪道、泄洪隧洞等，是水利枢纽中的重要组成建筑物。设于坝身的泄水建筑物，按其进口高程不同可布置成表孔、中孔、深孔或底孔。表孔泄流能力大，运行方便可靠，是溢流坝的主要型式；设于河岸的溢洪道，按地形地质和水流条件可布置成正槽溢洪道、侧槽溢洪道、竖井式溢洪道、虹吸式溢洪道和泄洪隧洞等。

输（引）水建筑物是为了满足灌溉、发电、供水等的需要，将水自水源或某处送到另一处或用户的建筑物。如输水渠道、涵管、管道、隧洞以及渠道穿越河流、洼地、山谷的交叉建筑物（如渡槽、倒虹吸管、输水涵洞）等。其中直接自水源输水的也称引水建筑物。如引水隧洞、引水涵管、渠道等。

取水建筑物是位于引水建筑物首部的建筑物。如取水口、进水闸、扬水站等。

整治建筑物是用以改善河道水流条件、调整河势、稳定河槽、维护航道和保护河岸的各种建筑物。如丁坝、顺坝、潜坝、导流堤、防波堤、护岸等。

专门性水工建筑物是为水利工程中某些特定的单项任务而设置的建筑物。如水电站厂房、船闸、升船机、鱼道、筏道、沉沙池等。

实际上，不少水工建筑物的功用并不是单一的，如溢流坝、泄水闸都兼具挡水与泄水功能，河床式水电站厂房也承担挡水任务。

水工建筑物按使用期限可分为永久性建筑物和临时性建筑物。永久性建筑物是指工程运行期间长期使用的建筑物，根据其重要性又分为主要建筑物和次要建筑物：主要建筑物是指失事后将造成下游灾害或严重影响工程效益的建筑物，如拦河坝、溢洪道、引水建筑物、水电站厂房等；次要建筑物是指失事后不致造成下游灾害，对工程效益影响不大并易于修复的建筑物，如挡土墙、导流墙、工作桥及护岸等。临时性建筑物是指工程施工期间使用的建筑物，如施工围堰等。

2.2.1.2 水工建筑物的特点

水工建筑物与一般土木工程建筑物相比，具有以下特点。

1. 工作条件的复杂性

水工建筑物工作条件的复杂性主要是由于水的作用。水对挡水建筑物有静水压力，其值随建筑物挡水高度的加大而剧增，为此建筑物必须有足够的水平抵抗力和稳定性。此外，水面有波浪，将给建筑物附加波浪压力；水面结冰时，将附加冰压力；发生地震时，将附加水的地震激荡力；水流经建筑物时，也会产生各种动水压力。

建筑物上下游的水头差，会导致建筑物及其地基内的渗流。渗流会引起对建筑物稳定不利的渗透压力；渗流也可能引起建筑物及地基的渗透变形破坏；过大的渗流量会造成水库的严重漏水。为此建造水工建筑物要妥善解决防渗和渗流控制问题。

高速水流通过泄水建筑物时可能出现自掺气、负压、空化、空蚀和冲击波等现象；强烈的紊流脉动会引起轻型结构的振动；挟沙水流对建筑物边壁还有磨蚀作用；挑射水流在空中会导致对周围建筑物有严重影响的雾化；通过建筑物的水流的多余动能对下游河床有冲刷作用，甚至影响建筑物本身的安全。为此，兴建泄水建筑物，特别是高水头泄水建筑物时，要注意解决高速水流可能带来的问题并做好消能防冲设计。

除上述主要作用外，还要注意水的其他可能作用。例如，当水具有侵蚀性时，会使混凝土结构中的石灰质溶解，破坏材料的强度和耐久性；与水接触的水工钢结构易发生锈蚀；在寒冷地区的建筑物及地基要解决冰冻问题；土石坝坝体浸水时物理力学性质会发生变化，对建筑物的稳定和强度不利。

2. 设计选型的独特性

水工建筑物的型式、构造和尺寸，与建筑物所在地的地形、地质、水文等条件密切相关。由于自然条件千差万别，水工建筑物设计选型总是只能按各自的特征进行，除非规模特别小，一般不能采用定型设计。

3. 施工建造的艰巨性

在河川上建造水工建筑物，比陆地上的土木工程施工困难、复杂得多。主要困难是解决施工导流问题，即必须使水流按特定通道下泄，以截断河流，创造干地施工条件，尽量避免施工时受水流的干扰；往往要进行地基开挖和地基处理；大型水利工程工程量大、施工期较长；施工期内不可避免地会遭遇到洪水期，施工进度往往要考虑洪水的影响，在特定的时间内完成很大的工程量，将建筑物修筑到拦洪高程；大体积混凝土工程的温度控制和施工防裂问题也很复杂。

4. 环境影响的多面性

水工建筑物，特别是大型河川综合利用水利枢纽，会对人类社会产生较大的影响，同时也由于改变了河流的自然条件，对生态环境、自然景观、甚至对区域气候等都有可能产生较大影响。这些影响有些是有利的，例如能给国民经济及人民生活带来显著的效益，绿化环境，改良土壤，形成旅游和疗养场所，甚至发展成为新兴城市等。但是，由于水库水位抬高，在库区内造成淹没，需要移居和迁建；库区周围地下水位升高，对矿井、房屋、铁路、农田等产生不良的影响；甚至由于水质、水温等因素使库区附近的生态平衡发生变化；在地震多发区建造大型水库，有可能引起诱发地震；库尾的泥沙淤积，可能使航道恶化；清水下泄又可能使下游河道遭受冲刷等。另外，跨流域调水工程建设，会对调水区、受水区及调水沿线地区的生态环境产生不同程度的影响。

5. 失事后果的严重性

水工建筑物如果失事会产生严重后果。特别是拦河坝，如果失事溃决，会给两岸或下游带来灾难性乃至毁灭性的后果。据统计，洪水漫顶及坝基或结构出问题是大坝失事最主要的原因。有些水工建筑物的失事与某些自然因素或当时人们的认识能力与技术水平限制有关，也有些是由于不重视勘测、试验研究或施工质量欠佳造成的。因此，在勘测、规划、设计、施工及管理等方面都要慎重对待，并应妥善解决安全与经济的矛盾。

2.2.2　水利枢纽

为了充分利用水资源，最大限度地满足水利事业各部门（防洪、灌溉、发电、航运及给水等）的需要，应对整个河流和河段进行全面开发和治理的综合利用规划。为实现规划内容，需要修建不同类型和功能的水工建筑物，用以壅水、蓄水、泄水、取水、输水等等。若干不同类型的水工建筑物组合在一起，便构成水利枢纽。

2.2.2.1　水利枢纽的分类

水利枢纽的规划、设计、施工和运行管理应尽量遵循综合利用水资源的原则。

水利枢纽的类型很多。为实现多种目标而兴建的水利枢纽，建成后能满足国民经济不同部门的需要，称为综合利用水利枢纽。以某一单项目标为主而兴建的水利枢纽，常以主要目标命名，如防洪枢纽、水力发电枢纽、航运枢纽、取水枢纽等。在很多情况下水利枢纽是多目标的综合利用枢纽，如防洪-发电枢纽、防洪-发电-灌溉枢纽、发电-灌溉-航运枢纽等。按拦河坝的型式还可分为重力坝枢纽、拱坝枢纽、土石坝枢纽及水闸枢纽等。根据修建地点的地理条件不同，水利枢纽有山区、丘陵区水利枢纽和平原、滨海区水利枢纽之分。根据枢纽上下游水位差的不同，有高、中、低水头之分，世界上对于水头的划分没有统一的规定，中国通常称水头大于 70m 的是高水头枢纽，水头 30～70m 的是中水头枢纽，水头低于 30m 的是低水头枢纽。

2.2.2.2　水利水电工程设计阶段划分

由于主管部门不同，当前我国水利水电工程和水电工程设计阶段划分不同，各设计阶段所采用的主要技术标准也不相同。

1. 水利水电工程设计

水利工程建设程序一般分为项目建议书、可行性研究报告、初步设计、施工准备（包括招标设计）、建设实施、生产准备、竣工验收、后评价等阶段。建设前期根据国家总体规划以及流域综合规划，开展前期工作，包括提出项目建议书、可行性研究报告和初步设计。

水利水电工程设计一般分为项目建议书、可行性研究报告、初步设计、招标设计和施工详图设计等阶段。

项目建议书应根据国民经济和社会发展规划与地区经济发展规划的总要求，在经批准（审查）的江河（区域）综合利用规划或专业规划的基础上提出开发目标和任务，对拟建项目的社会经济条件进行调查和开展必要的水文、地质勘测工作，论证项目建设的必要性、可行性和合理性。初步拟定工程选址选线方案，简述土地征用、移民专项设施内容和初步评价对环境影响，提出投资估算额度和资金筹措方案。项目建议书被批准后，作为开展可行性研究工作的依据。项目建议书编制一般由政府委托有相应资质的设计单位承担，并按国家现行规定权限向主管部门申报审批。

可行性研究报告应根据批准的项目建议书进行编制，对工程项目的建设条件进行调查和必要的勘测工作，在可靠资料的基础上，进行方案比较。从技术是否先进、安全可靠，经济是否合理可行，社会效益的大小、对生态环境影响，及土地征用和移民等方面进行全面分析论证，推荐最佳方案，提出可行性评价。可行性研究报告阶段应进行环境影响评价、水土保持、水资源评价等专项工作。可行性研究报告经批准后是确定建设项目、编制初步设计文件的依据。可行性研究报告，由项目法人（或筹备机构）组织编制。可行性研究报告经批准后，不得随意修改和变更，在主要内容上有重要变动，应经原批准机关复审同意。项目可行性研究报告批准后，应正式成立项目法人，并按项目法人责任制实行项目管理。

初步设计是基本建设程序中的一个重要环节，应根据主管部门批准的可行性研究报告进行编制。初步设计的内容和深度要求，一般是对可行性研究报告进行补充和深化。关于工程的任务、规模、水文分析和地质勘察、主要建筑物基本形式、施工方案、移民、占地、工程管理、投资以及环境影响评价和经济评价等，在可行性研究报告阶段均已进行了大量工作，初步设计中应对其成果分别进行复核落实，对审批中提出的意见和问题进行补充，对工程建筑物、机电及施工组织设计，要求进一步深入工作，最终确定工程设计方案、初设概算和经济评价。

为适应水利水电工程建设实行监理和施工招投标管理体制的需要，在初步设计批准后要进行招标设计。招标设计要详细确定枢纽总布置和各建筑物尺寸、材料类型、技术要求和工艺要求等；准确算出混凝土浇筑、土石方填筑和各类开挖的工程量，各种建筑材料的规格、品种和数量，各类机械电气和永久设备的安装工程量等。根据建设项目应达到的技术指标、项目限定的工程范围、项目所在地的基本资料、要完成的时间等，进行施工规划、编制工程概算并编制标底。编标单位可据此编制招标文件，施工单位可据此编制施工方案并进行投标报价。

施工详图设计是在初步设计和招标设计的基础上，针对各项工程具体施工要求，绘制施工详图。

2. 水电工程设计

水电工程设计分为预可行性研究报告阶段、可行性研究报告阶段、招标设计阶段和施工详图设计阶段。

预可行性研究报告是在江河流域综合利用规划或河流河段水电规划的基础上，根据国家与地区电力发展规划的要求编制的。水电工程预可行性研究报告的主要任务是论证拟建工程在国民经济发展中的必要性、技术可行性、经济合理性。其主要内容是：论证工程建设的必要性，基本确定综合利用要求提出工程开发任务，基本确定主要水文参数和成果，对影响工程方案成立的重大地质问题做出初步评价，初拟坝址、厂址和引水系统线路，初步选择坝型、电站、泄洪、通航等主要建筑物的基本形式与枢纽布置方案；初拟主体工程的施工方法，进行施工总体布置、估算工程投资、进行初步经济评价、综合工程技术经济条件提出综合评价意见。

可行性研究报告阶段的设计任务在于进一步论证拟建工程在技术上的可行性和经济上的合理性，并要解决工程建设中重要的技术经济问题。可行性研究报告应在遵循国家有关政策、法规，在审查批准的预可行性研究报告的基础上进行编制。水电工程可行性研究报告是项目申请报告编制的主要依据。根据国务院关于投资体制改革的决定，企业投资建设水电工程实行项目核准制，投资企业需向政府投资主管部门提交项目核准申请报告。主要设计内容包括：对水文、气象、工程地质以及天然建筑材料等基本资料作进一步分析与评价；论证本工程及主要建筑物的等级；进行水文水利计算，确定水库的各种特征水位及流量，选择电站的装机容量、机组机型和电气主接线以及主要机电设备；论证并选定坝址、坝轴线、坝型、枢纽总体布置及其他主要建筑物的型式和控制性尺寸；选择施工导流方案，进行施工方法、施工进度和总体布置的设计，提出主要建筑材料、施工机械设备、劳动力、供水、供电的数量和供应计划；提出水库移民安置规划；编制可行性研究设计概算；进行国民经济评价和财务评价，提出经济评价结论意见。可行性研究报告文件包括文字说明和设计图纸及有关附件。

水电工程的招标设计在可行性研究报告审查批准后，由工程项目法人组织开展。招标设计报告应遵循国家有关政策、法规，在审查批准的可行性研究报告的基础上，根据审批意见，按照国家、行业规程规范，结合工程建设项目实施与管理的要求进行编制。水电工程招标设计的基本任务是按照工程建设项目招标采购和工程实施与管理的需要，对部分基本资料进行补充、调查、复核、完善、深化勘测设计，并对工程招标采购进行规划与安排。水电工程的招标设计报告经评审后，既是工程招标文件编制的基本依据，也是工程施工图编制的基础。招标文件分 3 类：主体工程招标文件、永久设备招标文件和业主委托的其他工程的招标文件。

施工详图设计是在可行性研究报告和招标设计的基础上，针对各项工程具体施工要求，绘制施工详图。

2.2.2.3　水利枢纽布置

水利枢纽布置是根据已批准的规划内容，选择合适的各类水工建筑物型式，布置在相应河段的所在位置，满足本工程的各项要求，是设计中一项复杂而具有全局性的工作。选择合理的枢纽布置对工程的经济效益和安全运行有决定性的作用。但由于各工程的具体情况千差万别，枢纽布置无固定的模式，必须在充分掌握基本资料的基础上，认真分析各种具体条件下多种因素的变化和相互影响，研究坝址和主要建筑物的适宜型式，拟定若干可能的布置方案，从设计、施工、运行、经济、环境等方面进行论证，综合比较，选择最优的布置方案。

1. 坝址和坝型的选择

坝址和坝型选择与枢纽布置密切相关。不同坝轴线适于选用不同的坝型和枢纽布置。同一坝址也可能有不同的坝型和枢纽布置方案。坝址和坝型选择是一项复杂的工作，影响因素很多。必须根据综合利用要求，结合地形、地质条件，选择不同的坝址和相应的坝轴线，做出不同坝型的各种枢纽布置方案，从地形、地质条件及河谷宽度、下游消能条件、枢纽建筑物布置、运行管理、施工场地布置、建筑材料的开采及运输、综合效益等多方面进行综合技术经济比较，然后择优选出坝轴线位置及相应的合理坝型和枢纽布置。

2. 影响枢纽布置的因素

影响水利枢纽布置的因素有自然因素和社会因素，包括水文气象条件、地形条件、地质条件、建筑材料、施工条件、征地移民、生态环境等。

（1）水文气象条件。水文条件是影响水利水电工程枢纽布置最重要的因素之一。来水量的多少在很大程度上决定工程规模，挡水建筑物和泄水建筑物的规模与来水量直接相关；固体径流量的大小是确定排沙、冲淤建筑物型式和布置的决定性因素；洪水特性、年径流量及其分布是水库水文计算、水库调度、施工导流、度汛等项工作的重要资料，对枢纽布置有重要的影响。

气象因素对枢纽布置的直接影响反映在所选坝型上，天气寒冷、炎热对混凝土的施工都是不利的，连绵阴雨对土石坝土质防渗体施工影响很大；风速大小会影响风浪涌高和坝高等。

（2）地形条件。坝址地形条件与坝型选择和枢纽布置有密切的关系，不同坝型对地形的要求也不一样。例如拱坝要求宽高比小的狭窄河谷；土石坝则要求岸坡比较平缓的宽河谷，且附近两岸有适于布置溢洪道的位置。一般来说，坝址选在河谷狭窄地段，坝轴线较短，可以减少坝体工程量。但对一个具体枢纽来说，还要考虑坝址是否便于布置泄洪、发电、通航等建筑物以及是否便于施工导流，经济与否要由枢纽总造价来衡量。因此需要全面分析，综合考虑，选择最有利的地形。对于多泥沙及有漂木要求的河道，要考虑坝址位置是否对取水防沙及漂木有利；对有通航要求的枢纽，还要注意布置通航建筑物对河流水流形态的要求，坝址位置要便于上下游引航道与通航过坝建筑物衔接；对于引水灌溉枢纽，坝址位置要尽量接近用水区，以缩短引水渠的长度，节省引水工程量。

（3）地质条件。坝址地质因素是枢纽设计的重要依据之一，对坝型选择和枢纽布置往往起决定性的作用。因此，应该对坝址附近的地质情况勘查清楚，并做出正确的评价。

随着坝型和坝高的不同，对坝基地质条件要求也有所不同。例如，拱坝对地质要求最高，支墩坝和重力坝次之，而土石坝则要求较低；坝的高度越大对地基要求也越高。坝址最好的地质条件是强度高、透水性小、不易风化、没有构造缺陷的岩基。但理想的天然地基是很少的。一般来说，坝址在地质上总是存在这样或那样的缺陷。因此，在选择坝址时应从实际出发，针对不同情况采用不同的地基处理方法，以满足工程要求。

选择坝址时，不仅要慎重考虑坝基地质条件，还要对库区及坝址两岸的地质情况予以足够的重视。既要使库区及坝址两岸尽量减少渗漏水量；又要使库区及坝址两岸的边坡有足够的稳定性，以防因蓄水而引起滑坡现象。

（4）建筑材料。在枢纽附近地区，是否储藏着足够数量和良好质量的建筑材料，直接关系到坝址和坝型的选择。对于混凝土坝，要求坝址附近应有足够供混凝土用的良好骨料；对于土石坝，附近除需要有足够的砂石料外，还应有适于做防渗体的黏性土料或其他代用材料。因此，对建筑材料的开采条件如料场位置、材料的数量和质量、交通运输以及施工期淹没等情况均应调查清楚，认真考虑。

（5）施工条件。不同坝址和坝型的施工条件包括是否便于布置施工场地和内外交通运输，是否易于进行施工导流等。坝址附近，特别是坝轴线下游附近最好要有开阔的场地，以便于布置场内交通、附属企业、生活设施及管理机构。在对外交通方面，要尽量接近交通干线。施工导流直接影响枢纽工程的施工程序、进度、工期及投资。在其他条件相似的情况下，应选择施工导流方便的坝址。

（6）征地移民。水利水电工程建设不可避免地侵占土地，存在移民问题。征地移民的费用越来越高，移民问题越来越成为制约水利水电工程建设的重要因素。工程选址时应尽量减少水库淹没损失和移民搬迁规模，要妥善进行移民安置。

（7）生态环境。水利枢纽的兴建将使周围环境发生明显的改变，存在淹没、环境和生态问题。水利枢纽布置要求尽量避免或减轻对周围环境的不利影响，并充分发挥有利的影响。选择坝址时，要充分考虑生态平衡与环境保护，保护生物多样性，应尽量减少水库淹没损失，避免淹没城乡、矿藏、重要名胜古迹和交通设施。还要注意保护水质、生物物种和森林植被。在移民安置中要使环境和开发发展相协调。跨流域调水工程，应结合调水工程对调水区、受水区及调水沿线地区的环境影响评价，合理进行调水枢纽布置，实现可持续发展。

（8）综合效益。对不同坝址与相应的坝型选择，不仅要综合考虑防洪、发电、灌溉、航运等各部门的经济效益，还要考虑库区的淹没损失和枢纽上下游的生态影响等，要做到综合效益最大，不利影响最小。

3. 枢纽布置的步骤

水利枢纽布置一般可按下列步骤进行：

（1）根据水利事业各部门对枢纽提出的任务，并结合枢纽所在处的地形、地质、水文、气象、建筑材料、交通及施工等条件，确定枢纽中的组成建筑物以及各主要建筑物的型式和尺寸。

（2）按照枢纽布置的原则和要求，研究建筑物与河流、河岸之间以及各建筑物相互之间的可能位置，编制不同的布置方案及相应的施工导流方案，绘制不同方案的枢纽布置图。

（3）根据枢纽中各建筑物的主要尺寸和地基开挖处理等情况，计算工程量与造价，并编制各方案的技术经济指标。

（4）从技术经济等方面对各方案进行综合分析比较，选出合理的枢纽布置方案。

4. 枢纽布置实例

（1）高水头水利枢纽。高水头水利枢纽一般多修建在山区河道，其特点是河谷狭窄、施工场地小、拦河坝高、水库容积大、具有较好的调节性能。但是我国不少河道洪水暴涨暴落、洪水流量大，因此泄洪建筑物的型式和布置，往往是影响枢纽布置的重要因素。在进行枢纽布置时要妥善解决泄洪建筑物与水电站厂房的矛盾。

从高水头重力坝枢纽布置看，如果以泄洪和电站厂房布置方式分类，大致可分为以下几类：

1）坝后厂房、厂顶（或）厂前挑流泄洪。如新安江水电站枢纽、乌江渡水利枢纽。

2）坝后（地下）混合式厂房、岸边溢洪道及深孔泄洪。如刘家峡水电站枢纽。

3）岸边坝后厂房、河床泄洪。如万家寨水利枢纽。

4）河床坝后厂房、两侧河床泄洪。如宝珠寺水利枢纽。

5）两岸坝后电站厂房、河床泄洪。如三峡水利枢纽。

6）河床泄洪，地下厂房。如大朝山水利枢纽。

图 2.4 为新安江水电站枢纽平面布置图。枢纽任务以发电为主，兼有防洪、航运等综合利用效益。枢纽的主要建筑物有混凝土宽缝重力坝和水电站厂房。最大坝高 105m。厂房紧靠坝下游，全长 213.1m。安装 4 台 7.5 万 kW 及 5 台 7.25 万 kW 的机组。由于河谷狭窄，泄洪流量较大，为解决溢流坝与厂房坝段布置的矛盾，采用重叠式的布置，即采用溢流式厂房并用差动式齿坎挑流消能。通航建筑物设于左岸。并在上游设置木材转运码头，木材起岸后改由铁路运输过坝。

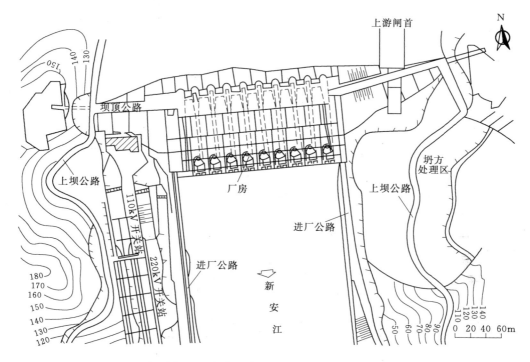

图 2.4　新安江水电站枢纽平面布置图

长江三峡水利枢纽工程位于湖北省宜昌市三斗坪、长江干流西陵峡中，距三峡出口南津关 38km，下游 40km 处为葛洲坝水利枢纽。工程具有防洪、发电、航运等综合效益。三峡水利枢纽布置如图 2.5 所示。枢纽主要建筑物包括大坝、水电站、泄洪建筑物和通航

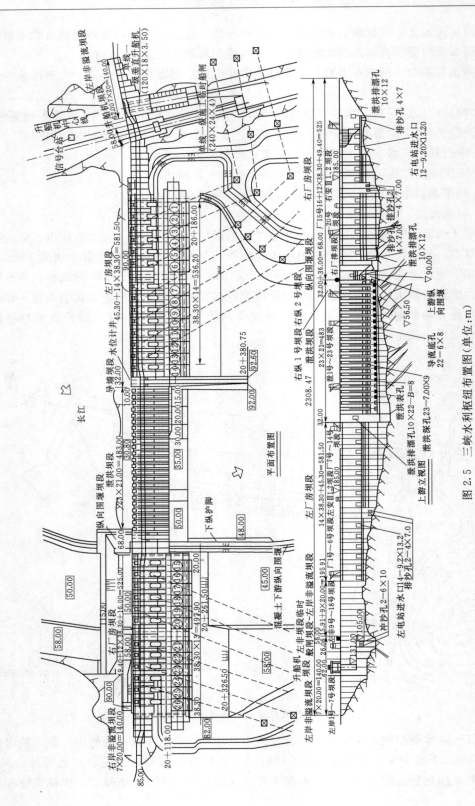

图 2.5　三峡水利枢纽布置图（单位：m）

建筑物（五级船闸及升船机）。枢纽拦河大坝为混凝土重力坝，坝顶高程185m，最大坝高175m。右岸茅坪溪副坝为沥青混凝土心墙砂砾石坝，最大坝高104m。水电站总装机容量22500MW，共安装32台700MW水轮发电机组，其中左岸厂房14台，右岸厂房12台，右岸山体内地下厂房6台，另外还有2台5万千瓦的电源机组。通航建筑物包括永久船闸和升船机。永久船闸为双线五级船闸，可通过万吨级船队；升船机为单线一级垂直提升式，可通过3000t级客货轮。

高混凝土拱坝枢纽布置型式有：

1）地下式水电站厂房，拱坝坝体泄洪。如二滩水利枢纽。

2）拱坝坝体泄洪，岸边引水式厂房。如隔河岩水利枢纽。

3）坝后式水电站厂房，拱坝坝体泄洪。如龙羊峡水利枢纽。

4）坝内厂房，拱坝坝体泄洪。如凤滩水利枢纽。

图2.6为二滩水电站枢纽平面布置图。二滩水电站位于四川省金沙江支流雅砻江的下游河段上，工程以发电为主，兼有其他综合利用效益。枢纽工程由挡水、泄水、引水发电系统以及过木道等建筑物组成。挡水建筑物为混凝土双曲拱坝，最大坝高240m。泄水建筑物由设置在拱坝坝身的表孔、中孔、底孔和右岸泄洪洞组成。

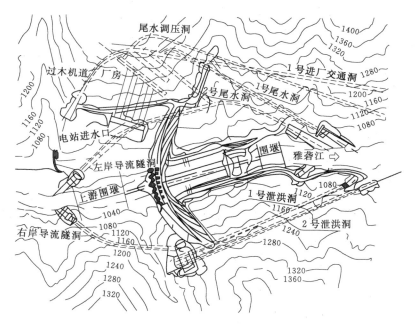

图2.6　二滩水电站枢纽平面布置图（单位：m）

高水头土石坝枢纽布置的突出的特点有：大水库一般均采用表、深（底）孔组合泄洪方式；高土石坝电站厂房力求采用引水管道系统最短的地下厂房或紧邻坝址的地面厂房；高土石坝枢纽布置设计十分重视施工组织设计，确保安全度汛和力争提前发电是枢纽布置的重要环节。

图2.7为小浪底水利枢纽平面布置图。该枢纽位于黄河中游最后一个峡谷的出口，河

南省孟津县和济源县境内，坝址控制流域面积 69.4 万 km²，占黄河流域总面积的 92.3%，处在控制黄河水沙的关键部位，是治黄总体规划中的七大骨干工程之一。大坝坝型为斜心墙堆石坝，最大坝高 154m，总库容 126.5 亿 m³。装机容量 180 万 kW，单机 30 万 kW。是一个以防洪、防凌、减淤为主，兼顾供水、灌溉、发电的综合利用大型水利工程。

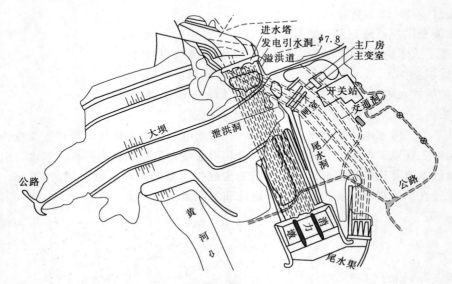

图 2.7　小浪底水利枢纽平面布置图

（2）中水头水利枢纽。中水头水利枢纽一般修建在河流中上游的丘陵山区，河谷比较宽阔，便于施工场地的布置。枢纽中泄洪建筑物的布置与其他建筑物的矛盾不大。通常混凝土坝的泄水坝段与水电站厂房坝段均可在河床内并列布置。而土石坝枢纽则常将泄洪建筑物和电站引水建筑物分别布置在两岸。当有通航和过木等建筑物时，应根据其特点和运用要求合理布置，尽量减少各建筑物相互间的干扰。

图 2.8 为葛洲坝水电站枢纽布置图。葛洲坝水电站位于湖北省宜昌市，在长江三峡出口南津关下游 2.3km 处，是长江干流上兴建的第一座大型水利枢纽，也是三峡工程的航运梯级，可对三峡水电站下游水位进行反调节，并利用河段落差发电。枢纽建筑物自左岸至右岸依次为：左岸土石坝、3 号船闸、三江冲沙闸、混凝土非溢流坝、2 号船闸、混凝土挡水坝、二江电站、二江泄水闸、大江电站、1 号船闸、大江泄水冲沙闸、右岸混凝土挡水坝、右岸土石坝。混凝土大坝坝顶高程 70.0m，最大坝高 48m，坝顶全长 2606.5m。二江泄水闸共 27 孔，最大泄流量 83900m³/s；三江冲沙闸共 6 孔，最大泄流量 10500m³/s；大江泄水冲沙闸共 9 孔，最大泄流量 20000m³/s。水电站为河床式，其中二江电站安装 2 台 170MW 和 5 台 125MW 机组，大江电站安装 14 台 125MW 机组，总装机容量为 2715MW，年发电量 157 亿 kW·h。通航建筑物包括 2 条航道和 3 座船闸，其中大江航道设 1 号船闸，三江航道设 2 号和 3 号船闸。1 号和 2 号船闸闸室有效尺寸为长 280m、宽 34m，可通过大型客货轮和万吨级船队。3 号船闸有效尺寸为长 120m、宽 18m，可通过 3000t 级客货轮。

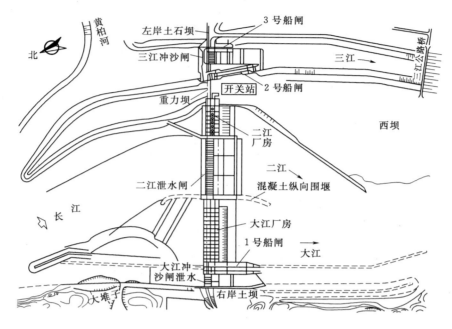

图 2.8 葛洲坝水电站枢纽布置图

图 2.9 为铜街子水电站枢纽平面布置图。枢纽任务以发电为主，兼有漂木、改善通航条件等综合利用效益。电站装机容量 60 万 kW，最大水头 41m，年发电量 32.1 亿 kW·h。

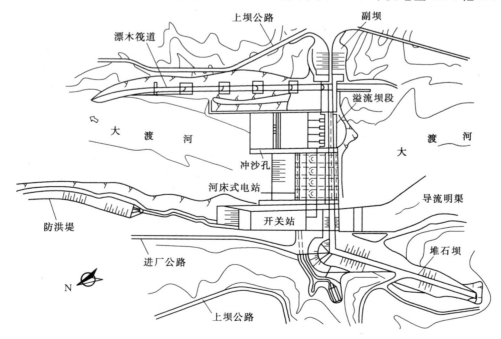

图 2.9 铜街子水电站枢纽平面布置图

枢纽主要建筑物由河床厂房坝段、溢流坝段、过木筏道及左右岸堆石坝组成。坝顶全长 1082m，最大坝高 80m。厂房坝段布置在主河槽左岸漫滩处。为满足坝体抗滑稳定要求，采用坝与厂房联为整体的河床式厂房，前缘全长 130m，安装 4 台 15 万 kW 的机组。溢流坝段全长 100m，位于河床右侧深槽，采用消力池消能。右岸岸坡布置筏闸，全长 685m。由 4 个闸室及上下游引航道等构成。木材过坝采用排运。左右岸挡水建筑物采用混凝土面板堆石坝。为加快施工进度，创造全年施工条件，采用土石围堰断流，左岸明渠导流。

（3）低水头水利枢纽。低水头水利枢纽一般修建在河流中下游丘陵和平原地区，多为综合利用枢纽。河床坡度平缓，地形开阔，便于施工。枢纽主要建筑物有较低拦河闸坝、水电站厂房、船闸及鱼道等。电站厂房多采用河床式，即厂房本身兼起挡水坝作用。船闸与电站尽可能分别布置在河床左右两侧，避免相互干扰。在泥沙含量较大的河道上要特别重视泥沙淤积问题，必要时应设置防淤排沙建筑物。船闸上下游引航道应布置在河岸稳定和不易冲淤的地方，上游应考虑溢流坝或水闸泄水时在引航道产生不利于船舶航行的横流影响，下游要考虑冲刷坑后的淤积对引航道的影响。上下游引航道进出口应有一定的水域以便于布置船舶停泊区。

图 2.10 为富春江水电站枢纽平面布置图。该水电站位于浙江省桐庐县境内富春江干流上的七里垅峡谷出口处，上游距新安江水电站约 60km，下游距杭州市 110km。水利枢纽以发电为主，并可改善航运，有灌溉、养殖及旅游事业等综合效益。电站装机容量 29.72 万 kW。船闸通航能力为 100～300t 级船舶，年运量 80.5 万 t。增加下游灌溉面积 6 万亩。枢纽主要建筑物有混凝土溢流重力坝、河床式厂房、船闸、灌溉渠首及鱼道等。溢流坝全长 287.3m，设 17 个净宽为 14m 的溢流孔，每孔均有弧形闸门控制，最大坝高

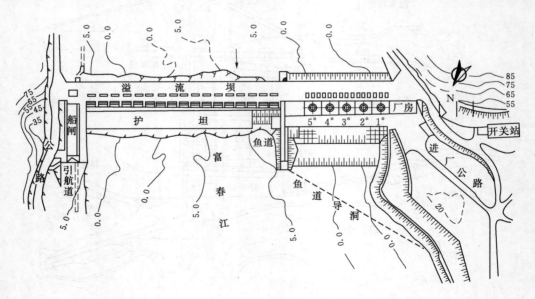

图 2.10　富春江水电站枢纽平面布置图

47.7m，采用面流消能。厂房为挡水建筑物的一部分，布置在河床左侧，以便于对外交通和开关站的布置。厂房最大高度57.4m，安装4台转叶式水轮机组。鱼道位于厂房与溢流坝之间，可利用厂房尾水诱集鱼类上溯。鱼道长158.57m，宽3m，采用"Z"字形布置，形成3层盘梯，为亲鱼上溯产卵之用。船闸布置在右岸，避免与厂房相互干扰。上闸首为挡水重力式结构，下沉式工作闸门。灌溉渠首分设左右两岸，引水流量分别为1.5m³/s和5m³/s。

图2.11为三河闸工程示意图。三河闸工程位于江苏省洪泽县境内洪泽湖的东南角，是淮河下游入江水道的控制口门，是淮河流域性骨干工程。它是新中国成立初期我国自行设计自行施工的大型水闸。闸身为钢筋混凝土结构，共63孔，每孔净宽10m，总宽697.75m，底板高程7.5m，宽18m，共21块底板，闸孔净高6.2m。闸门为钢结构弧形门。左右岸空箱内分别设有水电站一座，装机容量分别为160kW、125kW。门墩架设公路桥，净宽10m。三河闸按洪泽湖水位16m设计、17m校核，原设计流量为8000m³/s，三河闸建成后，经过3次加固，泄洪能力已达到12000m³/s。

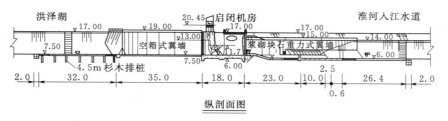

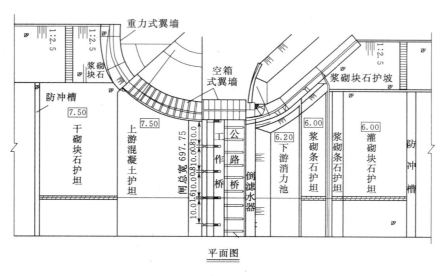

图2.11　三河闸工程示意图

如图2.12所示为淮河入海道淮安枢纽工程，该工程是亚洲最大的水上立交工程，位于江苏省淮安市南郊。该工程集泄洪和航运为一体，呈上槽下洞结构，上层为京杭大运河通航槽，下层为淮河入海道。

图 2.12　淮河入海道淮安枢纽工程

2.3　水利水电枢纽工程与水工建筑物的等级划分

2.3.1　水利水电枢纽工程与水工建筑物的等级划分的原则

为了使水利水电枢纽工程及其组成建筑物的安全性和经济合理性适当地统一起来，应将水利水电枢纽工程划分不同的等别，其组成建筑物划分不同级别，以便根据不同的等级依次确定不同的设计、施工和运行标准。

工程等别是为了适应建设项目不同设计安全标准和分级管理的要求，按一定的分类标准，对不同工程建设规模所进行的分类。

在水利水电工程建设中，既要保证枢纽结构的可靠性，又要考虑工程造价的经济性。不同规模的工程对国计民生的影响程度有所不同，其工程等别也应有所不同，水利水电工程的等别还会影响到枢纽中组成建筑物的级别、洪水标准及规划、设计、施工和运行管理的要求，如果把工程等别标准定得很高，将会造成经济上的浪费。因此，划分水利水电枢纽工程的等别时，应将工程的可靠性和工程造价的经济性统一起来。确定水利水电工程等别时，还应该考虑并合理处理局部与整体、近期与远景、上游与下游、左岸与右岸等方面的关系。

根据我国水利部发布的规范《水利水电工程等级划分及洪水标准》（SL 252—2017），水利水电工程的等别，应根据其工程规模、效益和在经济社会中的重要性分等，适用于防洪、灌溉、发电、供水和治涝等水利水电工程；灌溉、排水泵站的等别，应根据其装机流量和装机功率确定。

根据我国电力行业标准《水电枢纽工程等级划分及设计安全标准》（DL 5180—2003），水电枢纽工程（包括抽水蓄能电站）的工程等别，根据其在国民经济建设中的重要性，按照其水库总库容和装机容量划分。

规模巨大、涉及面广、地位特别重要的水利水电工程的工程等别，在必要时可以进行专门论证，经主管部门批准确定。

水工建筑物级别是指根据水工建筑物所属工程等别及其在该工程中的作用和重要性所体现的对设计安全标准的不同技术要求和安全要求。确定水工建筑物的级别时，应合理处理局部与整体、近期与远景、上游与下游、左岸与右岸等方面的关系。

根据我国水利部发布的行业标准，一般是先确定水利枢纽的等别，然后确定水利枢纽中各组成建筑物的级别。永久性水工建筑物按其所属枢纽等别和建筑物的重要性进行分级。水利水电工程施工期使用的临时性挡水和泄水建筑物的级别，应根据保护对象的重要性、失事后果、使用年限和临时性建筑物的规模确定。

规模巨大、涉及面广、地位特别重要的水利水电工程，其建筑物的级别，在必要时可以进行专门论证，经主管部门批准确定。

水电枢纽工程建筑物的级别，应符合电力行业标准的规定。水电枢纽工程建筑物除发电功能需要的挡水、泄水以及引水发电建筑物外，还有灌溉、供水、通航、过木、鱼道、公路、桥梁、码头等综合利用需要的其他水工建筑物，这些建筑物的级别及其设计安全标准未在《水电枢纽工程等级划分及设计安全标准》（DL 5180—2003）中规定，因此，应同时满足相关专业部门现行规程的有关规定。

2.3.2 水利水电工程的等别

《水利水电工程等级划分及洪水标准》（SL 252—2017）规定，水利水电工程的等别，根据其工程规模、效益以及工程在国民经济中的重要性划分成Ⅰ、Ⅱ、Ⅲ、Ⅳ、Ⅴ 5等，防洪、灌溉、发电、供水和治涝等工程的等别划分见表2.1。挡潮工程的等别参照防洪工程的等别划分确定。工业、城市供水泵站的等别，应根据其供水对象的重要性，按表2.1确定。对于综合利用的水利水电工程，当按各综合利用项目的分等指标确定的等别不同时，其工程等别应按其中的最高等别确定。

《水电枢纽工程等级划分及设计安全标准》（DL 5180—2003）规定，水电枢纽工程（包括抽水蓄能电站）的工程等别，应根据工程在国民经济建设中的重要性，按照其水库总库容和装机容量划分为一、二、三、四、五共5等，按表2.2确定。综合利用的水电枢纽工程，当其水库总库容、装机容量分属不同的等别时，工程等别应取其中最高的等别。

表 2.1　　　　　　　　　　　　**水利水电工程分等指标**

| 工程等别 | 工程规模 | 水库总库容 /亿 m³ | 防洪 | | 治涝 | 灌溉 | 供水 | 发电 |
			保护城镇及工矿企业的重要性	保护农田 /万亩①	治涝面积 /万亩	灌溉面积 /万亩	供水对象重要性	装机容量 /万 kW
Ⅰ	大（1）型	≥10	特别重要	≥500	≥200	≥150	特别重要	≥120
Ⅱ	大（2）型	1.0～10	重要	100～500	60～200	50～150	重要	30～120
Ⅲ	中型	0.10～1.0	中等	30～100	15～60	5～50	中等	5～30
Ⅳ	小（1）型	0.01～0.10	一般	5～30	3～15	0.5～5	一般	1～5
Ⅴ	小（2）型	0.001～0.01		<5	<3	<0.5		<1

注　水库总库容是指水库最高运用水位以下的静库容，一般情况下，指校核洪水位以下的水库静库容；治涝面积、
　　灌溉面积、装机容量等指的是设计值。

① 1 亩≈666.667m³。

表 2.2   **水电枢纽工程的分等指标**

工程等别	工程规模	水库总库容/亿 m³	装机容量/MW
一	大（1）型	≥10	≥1200
二	大（2）型	<10， ≥1	<1200， ≥300
三	中型	<1.00， ≥0.10	<300， ≥50
四	小（1）型	<0.10， ≥0.01	<50， ≥10
五	小（2）型	<0.01	<10

注 水库总库容是指水库最高运用水位以下的静库容。一般情况下，指校核洪水位以下的水库静库容。

2.3.3 水工建筑物级别

《水利水电工程等级划分及洪水标准》（SL 252—2017）规定，水利水电工程永久性水工建筑物的级别应根据建筑物所在工程的等别以及建筑物的重要性，按表 2.3 确定。

表 2.3   **永久性水工建筑物级别**

工程等别	主要建筑物	次要建筑物	工程等别	主要建筑物	次要建筑物
Ⅰ	1	3	Ⅳ	4	5
Ⅱ	2	3	Ⅴ	5	5
Ⅲ	3	4			

在下述情况下，经过技术经济论证，可提高永久性水工建筑物的级别：①水库大坝按表 2.3 规定为 2 级、3 级的永久性水工建筑物，如果坝高超过表 2.4 中的数值，其级别可提高一级，但洪水标准可不提高；②2～5 级的永久性水工建筑物，当工程地质条件特别复杂，或采用缺少实践经验的新坝型、新结构时，建筑物级别可提高一级，但洪水标准不予提高；③规模巨大、涉及面广、地位特别重要的水利水电工程的建筑物级别，在必要时可以进行专门论证，经主管部门批准确定。

表 2.4   **水库大坝提级指标**

级别	坝　型	坝高/m
2	土石坝	90
	混凝土坝、浆砌石坝	130
3	土石坝	70
	混凝土坝、浆砌石坝	100

《水电枢纽工程等级划分及设计安全标准》（DL 5180—2003）规定，水电枢纽工程中永久性水工建筑物的级别根据工程等别及建筑物在工程中的作用和重要性划分为 5 级，规定与表 2.4 相同；水电枢纽工程中的防洪、灌溉、供水、通航、过木、过鱼、公路、桥梁等建筑物的级别和设计安全标准，应同时参照相关专业部门的有关规定确定。

在下述情况下，经过技术经济论证，可提高永久性水工建筑物的级别：

（1）按表 2.3 确定为 2～3 级的壅水建筑物，如果坝高超过表 2.5 中的数值，其级别可提高一级，洪水设计标准相应提高，但抗震设计标准不提高。

（2）失事后损失巨大或影响十分严重的水电枢纽工程中的 2～5 级水工建筑物，其级别可提高一级，洪水设计标准相应提高，但抗震设计标准不提高。

表 2.5　　　　　　　　　　提高壅水建筑物级别的坝高指标

壅水建筑物原级别		2	3
坝高/m	土坝、堆石坝	100	80
	混凝土坝、浆砌石坝	150	120

在下述情况下，可降低永久性水工建筑物的级别：

（1）当工程等别仅由装机容量决定时，挡水、泄水建筑物级别，经技术经济论证，可降低一级。

（2）当工程等别仅由水库总库容大小决定时，水电站厂房和引水系统建筑物级别，经技术经济论证，可降低一级。失事后损失巨大或影响十分严重的水电枢纽工程中的 2～5 级水工建筑物，其级别可提高一级，洪水设计标准相应提高，但抗震设计标准不提高。

（3）仅由水库总库容大小决定工程等别的低水头壅水建筑物（最大水头小于 30m），符合下列条件之一时，1～4 级壅水建筑物可降低一级。

1）水库总库容接近工程分等指标的下限。

2）非常洪水条件下，上、下游水位差小于 2m。

3）壅水建筑物最大水头小于 10m。

《水利水电工程等级划分及洪水标准》（SL 252—2017）规定，水利水电工程施工期使用的临时性挡水和泄水建筑物的级别应根据保护对象的重要性、失事后果、使用年限和临时性建筑物的规模，按表 2.6 确定。对于临时性水工建筑物，当根据表 2.6 中的指标分属不同级别时，其级别应按其中最高级别确定，但对 3 级临时性水工建筑物，符合该级别规定的指标不得少于两项。利用临时性水工建筑物挡水发电、通航时，经过技术经济论证，3 级以下临时性水工建筑物的级别可提高一级。

表 2.6　　　　　　　　　　　　临时性水工建筑物级别

级别	保护对象	失事后果	使用年限/年	临时性水工建筑物规模 高度/m	库容/亿 m³
3	有特殊要求的 1 级永久性水工建筑物	淹没重要城镇、工矿企业、交通干线或推迟总工期及第一台（批）机组发电，造成重大灾害和损失	＞3	＞50	＞1.0
4	1 级、2 级永久性水工建筑物	淹没一般城镇、工矿企业、或影响总工期及第一台（批）机组发电而造成较大经济损失	1.5～3	15～50	0.1～1.0
5	3 级、4 级永久性水工建筑物	淹没基坑，但对总工期及第一台（批）机组发电影响不大，经济损失较小	＜1.5	＜15	＜0.1

《水电枢纽工程等级划分及设计安全标准》（DL 5180—2003）规定，施工期临时性挡水、泄水建筑物的级别应根据保护对象的重要性、失事危害程度、使用年限和临时性建筑

物规模，按表 2.7 确定。

表 2.7　　　　　　　　　　　　　临时性水工建筑物级别

级别	保护对象	失事危害程度	使用年限 /年	建筑物规模	
				高度/m	库容/亿 m³
3	有特殊要求的 1 级永久性水工建筑物	淹没重要城镇、工矿企业、交通干线，或推迟总工期及第一台机组发电工期，造成重大灾害和损失	>3	>50	>1.0
4	1 级、2 级永久性水工建筑物	淹没一般城镇、工矿企业，或影响总工期及第一台机组发电工期，造成较大经济损失	2～3	15～50	0.1～1.0
5	3 级、4 级永久性水工建筑物	淹没基坑，但对总工期及第一台机组发电工期影响不大，经济损失较小	<2	<15	<0.1

不同级别水工建筑物的不同要求主要体现在以下方面：

(1) 抗御洪水能力：如洪水标准、坝顶安全超高等。

(2) 强度和稳定性：如建筑物的强度、稳定分项系数、抗裂要求及限制变形要求等。

(3) 建筑材料：如选用的材料的品种、质量、标号及耐久性等。

(4) 运行可靠性：如建筑物各部分尺寸裕度和是否设专门设备等。

2.3.4　水工建筑物的洪水标准

洪水标准是指水工建筑物在规定条件下抗御洪水的能力，一般以洪水重现期表示；与海洋潮位相关的沿海地区水利水电枢纽工程洪水设计标准用潮位的重现期表示。

永久性水工建筑物所采用的洪水标准，分为设计洪水标准和校核洪水标准两种情况。设计洪水又称正常运用洪水，当出现该标准洪水时，能够保证水工建筑物的安全或防洪设施的正常运用；校核洪水又称非常运用洪水，当出现该标准洪水时，采取非常运用措施，在保证主要建筑物安全的前提下，允许次要建筑物遭受破坏。校核洪水是为提高工程安全和可靠程度所拟定的高于设计洪水的标准，用以对主要水工建筑物的安全性进行校核，这种情况下，安全系数允许适当降低。

《水利水电工程等级划分及洪水标准》(SL 252—2017) 规定了各类水利水电工程永久性水工建筑物的洪水标准，山区、丘陵区水利水电工程永久性建筑物的洪水标准，按表 2.8 确定；平原区水利水电工程永久性建筑物的洪水标准，按表 2.9 确定；潮汐河口段和滨海区水利水电工程永久性建筑物的洪水标准，按表 2.10 确定。当山区、丘陵区的水利水电工程永久性水工建筑物的挡水高度低于 15m，且上下游最大水头差小于 10m 时，其洪水标准应按平原、滨海区标准确定；当平原、滨海区的水利水电工程永久性水工建筑物的挡水高度高于 15m，且上下游最大水头差大于 10m 时，其洪水标准应按山区、丘陵区标准确定。水利水电工程中其他专业的建筑物的洪水标准，除应符合该标准外，还应符合国家现行的有关标准的规定。规模巨大、涉及面广、地位特别重要的水利水电工程，其洪水标准，在必要时可以进行专门论证，经主管部门批准确定。

坝体施工期临时度汛洪水标准，应根据坝型及拦洪库容，按表 2.11 确定。根据其失事后对下游的影响，洪水标准经过论证可适当提高或降低。

表 2.8   **山区、丘陵区水利水电工程永久性水工建筑物洪水标准（重现期/年）**

项 目		水工建筑物级别				
		1	2	3	4	5
设计		500～1000	100～500	50～100	30～50	20～30
校核	土石坝	可能最大洪水（PMF）或 5000～10000	2000～5000	1000～2000	300～1000	200～300
	混凝土坝、浆砌石坝	2000～5000	1000～2000	500～1000	200～500	100～200

表 2.9   **平原区水利水电工程永久性水工建筑物洪水标准（重现期/年）**

项 目		水工建筑物级别				
		1	2	3	4	5
水库工程	设计	100～300	50～100	20～50	10～20	10
	校核	1000～2000	300～1000	100～300	50～100	20～50
拦河水闸	设计	50～100	30～50	20～30	10～20	10
	校核	200～300	100～200	50～100	30～50	20～30

表 2.10   **潮汐河口段和滨海区水利水电工程永久性水工建筑物潮水标准**

水工建筑物级别	1	2	3	4、5
设计潮水位重现期/年	≥100	50～100	20～50	10～20

表 2.11   **水库大坝施工期洪水标准（重现期/年）**

坝 型	拦洪库容/亿 m³			
	≥10	<10, ≥1.0	<1.0, ≥0.1	<0.1
土石坝	≥200	100～200	50～100	20～50
混凝土坝、浆砌石坝	≥100	50～100	20～50	10～20

    导流泄水建筑物封堵后，如果永久泄洪建筑物还未具备设计泄洪能力，坝体度汛洪水标准应通过分析坝体施工和运行要求确定。具体要求见第 10 章。

    山区、丘陵区水利水电工程的永久性泄水建筑物消能防冲设计的洪水标准，可以低于泄水建筑物的洪水标准，按表 2.12 根据泄水建筑物的级别确定。平原区、滨海区水利水电工程的永久性泄水建筑物消能防冲设计的洪水标准，应根据泄水建筑物的级别，分别按表 2.9 和表 2.10 确定。

表 2.12   **山区、丘陵区水利水电工程消能防冲建筑物洪水标准**

永久性泄水建筑物级别	1	2	3	4	5
洪水重现期/年	100	50	30	20	10

    山区、丘陵区水电站厂房的洪水标准，应根据厂房的级别，按表 2.13 确定。河床式水电站厂房挡水部分的洪水标准，应与工程的主要挡水建筑物的洪水标准一致；水电站厂房的副厂房、主变压器场、开关站、进厂交通等的洪水标准，也可按表 2.13 确定。平原

区水电站厂房的洪水标准，应根据厂房的级别，按表 2.9 确定。

表 2.13　　　　　　　水电站厂房洪水标准（重现期/年）

水电站厂房级别	1	2	3	4	5
设计	200	100～200	50～100	30～50	20～30
校核	1000	500	200	100	50

　　山区、丘陵区水利水电枢纽工程中的水闸，其洪水标准应与所属枢纽中永久性水工建筑物的洪水标准一致。平原区水闸的洪水标准应根据所在河流流域防洪规划规定的防洪任务，以近期防洪目标为主，并考虑远景发展要求，与表 2.9 中拦河水闸的确定一致。排灌渠系上的水闸，其洪水标准应按表 2.14 确定。挡潮闸的设计潮水标准，应按表 2.15 确定。兼有排涝任务的挡潮闸，其设计排涝标准可按表 2.14 确定。山区、丘陵区水闸闸下消能防冲的设计洪水标准，可按表 2.16 确定，并应考虑泄放小于消能防冲设计洪水标准的流量时可能出现的不利情况。平原区水闸闸下消能防冲洪水标准，应与该水闸洪水标准一致，并应考虑泄放小于消能防冲设计洪水标准的流量时可能出现的不利情况。

表 2.14　　　　　　排灌渠系上水闸的设计洪水标准（重现期/年）

排灌渠系上的水闸级别	1	2	3	4	5
设计洪水重现期/年	50～100	30～50	20～30	10～20	10

表 2.15　　　　　　　　　挡潮闸设计潮水标准

挡潮闸级别	1	2	3	4	5
设计潮水位重现期/年	≥100	50～100	20～50	10～20	10

注　当确定的设计潮水位低于当地历史最高潮水位时，应以当地历史最高潮水位作为校核潮水标准。

表 2.16　　　　　　山区、丘陵区水闸闸下消能防冲设计洪水标准

水工建筑物级别	1	2	3	4	5
闸下消能防冲设计洪水重现期/年	100	50	30	20	10

　　灌溉和治涝工程永久性建筑物的设计洪水标准，应根据其级别，按表 2.17 确定，其校核洪水标准，可根据具体情况和需要研究确定。

表 2.17　　　　　　灌溉和治涝工程永久性水工建筑物洪水标准

永久性水工建筑物级别	1	2	3	4	5
洪水重现期/年	50～100	30～50	20～30	10～20	10

　　供水工程永久性建筑物的洪水标准，应根据其级别按表 2.18 确定。

表 2.18　　　　　供水工程永久性水工建筑物洪水标准（重现期/年）

运用情况	永久性水工建筑物级别			
	1	2	3	4
设计	50～100	30～50	20～30	10～20
校核	200～300	100～200	50～100	30～50

堤防工程的洪水标准应根据防护区内防洪标准较高对象的防洪标准确定。穿堤永久性建筑物的洪水标准，应不低于堤防工程洪水标准。

各类水利水电工程临时性水工建筑物的洪水标准，应根据建筑物的结构类型和级别，在表2.19规定的幅度内，结合风险度综合分析，合理选用。对某些特别重要的、失事后果严重的工程，为了增加安全度，应考虑遭遇超标准洪水的应急措施。

表 2.19　　　　　　　　　临时性水工建筑物洪水标准（重现期/年）

临时性水工建筑物类型	临时性水工建筑物级别		
	3	4	5
土石结构	20～50	10～20	5～10
混凝土、浆砌石结构	10～20	5～10	3～5

水电枢纽工程中水工建筑物的洪水标准根据《水电枢纽工程等级划分及设计安全标准》（DL 5180—2003）的规定，应根据工程所处位置分区，按丘陵区和平原、滨海区，分别确定。

2.3.5　建筑物的超高

水利水电工程永久性挡水建筑物顶部在水库静水位以上的超高，包括波浪爬高、风壅水面增高和安全加高3部分。其中安全加高值应不小于表2.20中规定的数值。水利水电工程永久性挡水建筑物顶部高程等于水库静水位与建筑物顶部超高之和，应按《水利水电工程等级划分及洪水标准》（SL 252—2017）规定的运用条件计算，取其最大值。

表 2.20　　　　　　　　永久性挡水建筑物安全加高　　　　　　　　单位：m

建筑物类型及运用情况			永久性挡水建筑物级别			
			1	2	3	4、5
土石坝	设计		1.5	1.0	0.7	0.5
	校核	山区、丘陵区	0.7	0.5	0.4	0.3
		平原、滨海区	1.0	0.7	0.5	0.3
混凝土闸坝、浆砌石闸坝	设计		0.7	0.5	0.4	0.3
	校核		0.5	0.4	0.3	0.2

当水利水电工程永久性挡水建筑物顶部设有稳定、坚固、不透水并且与防渗体紧密结合的防浪墙时，顶部超高可改为对防浪墙顶的要求，但建筑物顶部高程应高于水库正常运用静水位，坝顶高程应不低于校核情况下的静水位。

土石坝土质防渗体顶部在正常蓄水位或设计洪水位以上的超高，应按表2.21的规定取值，并且防渗体顶部高程应不低于校核情况下的静水位，还应核算风浪爬高高度的影响。当防渗体顶部与稳定、坚固、不透水的防浪墙紧密结合时，防渗体顶部高程可不受上述限制，但不得低于正常运用情况的静水位。

表 2.21　　　　　　　　正常运用情况下防渗体顶部超高

防渗体结构形式	超高/m	防渗体结构形式	超高/m
斜墙	0.6～0.8	心墙	0.3～0.6

确定地震区土石坝的顶部超高时，还应另计入地震沉降和地震涌浪高度。当库区有可能发生大体积塌岸和滑坡而引起涌浪时，涌浪高度及对坝面的破坏能力等应进行专门研究。

堤防工程的顶部高程，应按设计洪水位或设计高潮位加堤顶超高确定。堤顶超高包括设计波浪爬高、设计风壅增水高度和安全加高 3 部分。安全加高值应不小于表 2.22 规定的数值。经统一规划的堤防体系，其堤顶超高，应按制定的统一标准确定。流水期容易发生冰塞、冰坝的河段，堤顶高程还应根据历史凌汛水位和风浪情况进行专门分析论证后确定。

表 2.22　　　　　　　　　　　堤防工程顶部安全加高　　　　　　　　　　单位：m

防浪条件	堤 防 级 别				
	1	2	3	4	5
不允许越浪	1.0	0.8	0.7	0.6	0.5
允许越浪	0.5	0.4	0.4	0.3	0.3

当土堤临水侧堤肩设有稳定、坚固、不透水的防浪墙时，防浪墙顶高程计算与上述堤防顶高程计算相同，但此时土堤顶面高程应高出设计静水位 0.5m 以上。

水闸既是挡水建筑物，又是泄水建筑物，水闸闸顶高程应根据挡水和泄水两种运用情况确定。挡水时，闸顶高程不应低于水闸正常蓄水位（或最高挡水位）加波浪计算高度与相应安全加高值之和；泄水时，闸顶高程不应低于设计洪水位（或校核洪水位）与相应的安全加高值之和。水闸安全加高下限值见表 2.23。

表 2.23　　　　　　　　　　　水闸安全加高下限值　　　　　　　　　　单位：m

运 用 情 况		水 闸 级 别			
		1	2	3	4、5
挡水时	正常蓄水位	0.7	0.5	0.4	0.3
	最高挡水位	0.5	0.4	0.3	0.2
泄水时	设计洪水位	1.5	1.0	0.7	0.5
	校核洪水位	1.0	0.7	0.5	0.4

不过水的临时性挡水建筑物的顶部高程，应按设计洪水位加波浪高度，再加安全加高确定，安全加高值按表 2.24 确定。过水的临时性挡水建筑物的顶部高程，应按设计洪水位加波浪高度确定，不需要考虑安全加高。

表 2.24　　　　　　　　　　临时性挡水建筑物安全加高　　　　　　　　单位：m

临时性挡水建筑物类型	建 筑 物 级 别	
	3	4、5
土石结构	0.7	0.5
混凝土、浆砌石结构	0.4	0.3

第3章 挡水建筑物

挡水建筑物主要指坝、堤、堰和闸，有时候水电站厂房也参与挡水。拦河坝按其建筑材料可分为混凝土坝、土石坝和浆砌石坝，混凝土（含碾压混凝土）坝可分为重力坝、拱坝和支墩坝（包括平板坝、连拱坝、大头坝）等型式，土石坝可分为土坝、堆石坝和土石混合坝等型式。

本章着重介绍重力坝、拱坝、土石坝和支墩坝。

3.1 重力坝

重力坝是最早出现的一种坝型。根据历史记载，公元前 2900 年埃及美尼斯王朝在首都孟菲斯城附近的尼罗河上，建成了一座高 15m、长 240m 的挡水坝。中国于公元前 3 世纪，在连通长江与珠江流域的灵渠工程上，修建了一座高 5m 的砌石溢流坝，至今已运行 2000 多年，是世界上现存的、使用历史最久的一座重力坝。

18 世纪，法国和西班牙采用浆砌石修建了早期的重力坝，横断面都很大，接近于梯形。1853 年以后，筑坝设计理论逐步发展，法国工程师们开始拟出一些重力坝的设计准则，如抗滑稳定、坝基应力三分点准则等，出现了以三角形断面为基础的重力坝断面。20世纪初，混凝土工艺和施工机械迅速发展，美国建造了阿罗罗克坝和象山坝等第一批混凝土重力坝。1930 年以后，美国修建了高 183m 的沙斯塔坝和高 168m 的大古力坝，重力坝的设计理论和施工技术有了一个飞跃。在应力计算方面，提出了材料力学法和弹性理论法，包括考虑空间影响的试荷载法；在构造方面，建立了完整的分缝、排水和廊道系统，以及温度、变形、应力等观测系统；在施工方面，机械化程度有了显著提高，发展了柱状浇筑法和混凝土散热冷却以及纵缝灌浆等一整套施工工艺。1950 年以后，瑞士修建了当今世界上最高的重力坝——大迪克桑斯坝，坝高 285m；印度修建了高 226m 的巴克拉坝和高 192m 的拉克华坝；美国修建了高 219m 的德沃夏克坝。苏联在寒冷地区大多修建混凝土重力坝，如高 215m 的托克托古尔坝。在中国，重力坝也是最主要的坝型之一，从 1949—1985 年，在已建成的坝高 30m 以上的 113 座混凝土坝中，重力坝达 58 座，占 51%。20 世纪 50 年代建成了高 71m 的古田一级宽缝重力坝；60 年代建成了高 106m 的三门峡重力坝和高 102.5m 的新安江宽缝重力坝以及高 97m 的丹江口宽缝重力坝；70 年代建成了高 147m 的刘家峡重力坝和高 90.5m 的牛路岭空腹重力坝；80 年代建成了高 165m 的乌江渡拱形重力坝和高 107.5m 的潘家口宽缝重力坝等。长江三峡水利枢纽是世界上最大的水电站，采用实体重力坝，坝高 181m。

1970 年以后，创造出了碾压混凝土坝筑坝技术。它的特点是采用超贫干硬性混凝土，用自卸汽车运料入仓、推土机平仓、振动碾碾压、通仓薄层浇筑，不设纵缝、不进行水管冷却、横缝用切缝机切割等。它具有节省水泥、简化温度控制和施工工艺、缩短工期、降低造价的优点。美国的威洛克里克坝（又译柳溪坝）、日本的岛地川坝、中国福建的坑口坝等都采用了这种施工技术。目前，中国广西红水河龙滩水电站，坝高 216.5m，是世界上最高的碾压混凝土重力坝；此外正在建设的中国澜沧江黄登碾压混凝土重力坝，最大坝高 203m。

3.1.1 重力坝的特点

重力坝利用坝体自重在坝基面上产生摩擦阻力来抵抗水压力，满足抗滑稳定要求，并依靠坝体自重在水平截面上产生的压应力来抵消由水压力引起的拉应力，满足强度要求。

重力坝的坝轴线一般为直线，根据工程地质条件，也可以布置成分段折线。在垂直坝轴线方向坝体设置横缝，将坝体分成若干个独立工作的坝段，以防止因坝基不均匀沉陷和温度变化而引起坝体开裂。为了防止漏水，在横缝内设多道止水。重力坝垂直坝轴线的横剖面基本上呈三角形，结构受力形式为固接于地基上的悬臂梁，如图 3.1 所示。它具有以下特点：

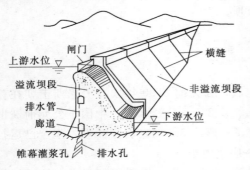

图 3.1 重力坝示意图

（1）筑坝材料抗冲能力强，工作安全，运行可靠。重力坝剖面尺寸大，坝内应力较小，筑坝材料强度较高，耐久性好。因此，抵抗洪水漫顶、渗漏、侵蚀、地震和战争破坏等的能力都比较强。据统计，在各种坝型中，重力坝的失事率相对较低。

（2）对地形、地质条件适应性强。通常，任何形状的河谷都可以修建重力坝。由于坝体和坝基应力较大，一般修建在岩基上，当坝高较小时，对地基进行必要的处理，也可修建在土基上。

（3）泄洪布置方便，施工导流容易。重力坝可以采用坝顶溢流，也可以在坝内设泄水孔，不需设置溢洪道或者泄水隧洞，枢纽布置紧凑。在施工期可以利用坝体导流，不需另设导流隧洞。

（4）施工方便，运行维护简单。重力坝为大体积混凝土，可以采用机械化施工，在放样、立模和混凝土浇筑等环节都比较方便。在运行期维护、扩建、补强、修复等方面也比较简单。

（5）结构受力明确，构造简单。重力坝沿坝轴线被横缝分成若干坝段，各坝段独立工作，结构受力明确，稳定和应力计算都比较简单；同时，坝体构造也比较简单，便于安全监测和维护。

重力坝也具有以下缺点：①坝体剖面尺寸大，材料用量多，内部压应力小，材料的强度不能得到充分发挥；②坝基面面积大，扬压力大，对坝体稳定不利；③坝体体积大，水泥用量大，水化热高，散热差，需要采取严格的温度控制措施。

3.1.2 重力坝的分类

按泄水条件分类，重力坝可分为溢流重力坝和非溢流重力坝。表面溢流坝段和坝内设有泄水孔的坝段统称为溢流坝段。

按坝体结构型式分类，重力坝可分为实体重力坝、宽缝重力坝和空腹（腹孔）重力坝，如图 3.2 所示，还有些特殊结构的重力坝应用较少，如预应力锚固重力坝和装配式重力坝等。实体重力坝因其横缝处理的方式不同也可分为 3 类：①悬臂式重力坝，横缝不设键槽，不灌浆；②铰接式重力坝，横缝设键槽，但不灌浆；③整体式重力坝，横缝设键槽，并进行灌浆。

按筑坝材料分类，重力坝可分为混凝土重力坝和浆砌石重力坝。根据施工方法不同，混凝土重力坝分为浇筑混凝土重力坝和碾压混凝土重力坝。碾压混凝土重力坝剖面与实体重力坝剖面类似。

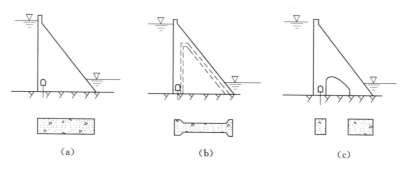

图 3.2　重力坝的结构型式
（a）实体重力坝；（b）宽缝重力坝；（c）空腹重力坝

3.1.3　重力坝的荷载

重力坝或其他水工建筑物结构上的作用，通常是指对结构产生效应（内力、变形等）的各种原因的总称，可分类为直接作用和间接作用。直接作用是指直接施加在结构上的集中力或分布力，也称为"荷载"；间接作用则是指使结构产生外加变形或约束变形的原因，如地震、温度作用等。长期以来，工程界习惯于将两类作用不加区分，均称为"荷载"。重力坝的荷载极为复杂，部分荷载示意图如图 3.3 所示。

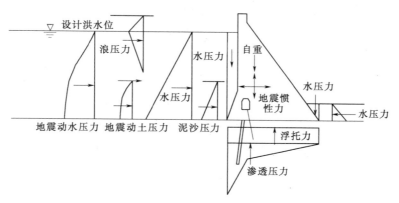

图 3.3　重力坝上的部分荷载示意图

荷载可按其随时间的变异、随空间的变异（固定或可动）和对结构的反应特点（静态或动态）来进行分类。结构上的各种作用，当在时间及空间上相互独立时，则每一种作用均可按单独的作用考虑。其中，按作用随时间的变异性进行分类是最主要的分类，它直接关系到作用变量概率模型的选择，某些作用的取值也与其持续时间的长短有关。按随时间的变异，作用在重力坝或其他水工建筑物结构上的荷载可以分为以下 3 类。

（1）永久荷载。永久荷载是指在设计基准期内量值不随时间变化，或其变化与平均值相比可以忽略不计的作用。主要包括：①结构自重和永久设备自重；②土压力；③淤沙压力（有排沙设施时可列为可变荷载）；④地应力；⑤围岩压力；⑥预应力。

（2）可变荷载。可变荷载是指在设计基准期内量值随时间变化，且其变化与平均值相比不可忽略的作用。主要包括：①静水压力；②扬压力（包括渗透压力和浮托力）；③动水压力（包括水流离心力、水流冲击力、脉动压力等）；④水锤压力；⑤浪压力；⑥外水压力；⑦风荷载；⑧雪荷载；⑨冰压力（包括静冰压力和动冰压力）；⑩冻胀力；⑪楼面（平台）活荷载；⑫桥机、门机荷载；⑬温度作用；⑭灌浆压力；⑮土壤孔隙压力。

（3）偶然荷载。偶然荷载是指在设计基准期内出现概率很小，一旦出现其量值很大且持续时间很短的作用。主要包括：①地震荷载；②校核洪水位时的静水压力。

3.1.4 重力坝的布置

重力坝必须满足稳定、强度和水力学等要求，以保证大坝安全。同时，还要求工程量小、造价低；结构合理、运用管理方便；利于施工、方便维修。

3.1.4.1 总体布置

重力坝一般包括左岸非溢流坝段、河床溢流坝段、右岸非溢流坝段、连接边墩、导墙、坝顶建筑物等，还有坝后式水电站及坝内输水管道等。

重力坝的总体布置应根据地形地质条件，结合枢纽其他建筑物综合考虑。坝轴线一般布置成直线，必要时也可布置成折线（如新安江水电站）或稍带拱形的曲线（也称为拱形重力坝）。总体布置须注意各坝段外形协调一致，尤其上游坝面要保持齐平。但若地形地质及运用条件有明显差别时，也可根据实际情况，分别采用不同的下游坝坡，使各坝段达到既安全又经济的目的。

在河谷较窄而洪水流量较大、且拦河坝前缘宽度不足以并列布置溢流坝段和厂房坝段时，常可采用重叠布置方式。例如，三峡实体重力坝在泄洪坝段上同时设置溢流表孔、泄水中孔和冲沙（泄水）深孔 3 层孔；上犹江空腹重力坝将水电站厂房设在溢流坝内；新安江宽缝重力坝则采用坝后厂房顶溢流的布置方式。

重力坝的设计包括以下几个方面内容：①总体布置；②泄水建筑物水力设计；③坝体断面设计；④稳定分析；⑤应力分析；⑥构造设计；⑦地基处理；⑧泄水设计；⑨监测设计等。

3.1.4.2 重力坝的剖面

重力坝的剖面设计应该采用结构优化设计方法，即考虑设计荷载作用，以坝体工程量最小为目标函数，优化确定满足设计规范要求的最小剖面。但是，结构优化设计方法较为复杂，因此，常用简化方法进行设计。其步骤是：①拟定重力坝的基本剖面；②根据运用以及其他要求，将基本剖面修改成实用剖面；③对实用剖面进行稳定和应力分析验算；④修改剖面，重新验算；⑤经过几次反复修正和计算后，得到满足规范要求的合理的设计剖面。

1. 重力坝的基本剖面

在自重、静水压力和扬压力等主要荷载作用下，满足坝基面抗滑稳定和应力控制条件的最小三角形剖面，称为重力坝的基本剖面，如图 3.4 所示。重力坝承受的主要荷载是静水压力，控制剖面尺寸的主要指标是稳定和强度要求。作用于上游面的水平水压力呈三角形分布，且三角形剖面外形简单、底面和地基接触面积大、稳定性好，因而重力坝的基本剖面是上游近于垂直的三角形。理论分析和工程实践证明，混凝土重力坝上游面可做成折坡，折坡点一般位于 1/3～2/3 坝高处，以便利用上游坝面水重来增加坝体的稳定性；上游坝坡系数常采用 $n=0～0.2$，下游坝坡系数常采用 $m=0.6～0.8$，坝底宽度约为 $B=(0.7～0.9)H$，其中 H 为坝高或最大挡水深度。

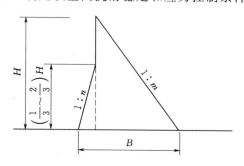

图 3.4 重力坝的基本剖面图

2. 非溢流坝的实用剖面

重力坝的基本剖面拟定后，要进一步根据作用在坝体上的全部荷载以及运用条件，考虑坝顶交通、设备和防浪墙布置、施工和检修等综合需要，把基本剖面修改成实用剖面。

(1) 坝顶宽度。为了满足运用、施工和交通的需要，坝顶必须有一定的宽度。当有交通要求时，应按交通要求布置。一般情况下，坝顶宽度可取坝高的 8%～10%，且不小于3m。碾压混凝土坝坝顶宽不小于5m；当坝顶布置移动式启闭机时，坝顶宽度要满足安装门机轨道的要求。

(2) 坝顶高程。非溢流重力坝的坝顶应高于校核洪水位。坝顶上游侧的防浪墙顶高程应高于波浪高程，其与静水位的高差按式（3.1）计算：

$$\Delta h = h_{1\%} + h_z + h_c \tag{3.1}$$

式中：Δh 为防浪墙顶至静水位的高差，m；$h_{1\%}$ 为超值累积频率为 1% 时波浪高度，m；h_z 为波浪中心线高出静水位的高度，m；h_c 为安全加高，m。

坝顶高程或坝顶上游侧防浪墙顶高程按式（3.2）计算，并选用较大值：

$$\left. \begin{array}{l} \text{坝顶或防浪墙顶高程} = \text{正常蓄水位} + \Delta h_{正常} \\ \text{坝顶或防浪墙顶高程} = \text{设计洪水位} + \Delta h_{设计} \\ \text{坝顶或防浪墙顶高程} = \text{校核洪水位} + \Delta h_{校核} \end{array} \right\} \tag{3.2}$$

当坝顶设防浪墙时，坝顶高程不得低于相应的静水位，防浪墙顶高程不得低于波浪顶高程。

(3) 坝顶布置。坝顶布置的原则是安全、经济、合理、实用。一般情况下，坝顶做成矩形实体结构，必要时为移动式闸门启闭机铺设隐型轨道，采用坝顶部分伸向上游的结构型式，也有采用坝顶部分伸向下游、并做成拱桥或桥梁结构的型式。

坝顶排水一般都排向上游水库。当设置坝顶防浪墙时，防浪墙高度一般为1.2m，厚度应能抵抗波浪和漂浮物的冲击，并与坝体牢固地连在一起。防浪墙在坝体分缝处也留伸缩缝，缝内设止水。

（4）实用剖面型式。常见的重力坝实用剖面如图 3.5 所示。其特点如下：

1）铅直坝面，如图 3.5（a）所示，上游坝面为铅直面，便于施工，利于布置进水口、闸门和拦污设施，但是可能会使下游坝面产生拉应力，此时可修改下游坝坡系数。适用于坝基抗剪强度较高且有防渗排水设施、由应力条件控制剖面尺寸的情况。

2）斜坡坝面，如图 3.5（b）所示，当坝基条件较差时，可利用斜面上的水重来提高坝体的稳定性，适用于坝基抗剪强度较低、由稳定条件控制剖面的情况。

3）折坡坝面，如图 3.5（c）所示，既可利用上游坝面的水重增加稳定，又可利用折坡点以上的铅直面布置进水口，还可以避免空库时下游坝面产生拉应力。这是最常用的实用剖面。

4）铅直坝面，并把基本三角形的顶点适当提高，如图 3.5（d）所示，在坝高及剖面面积相同的情况下底宽较小，当下游水位高时能显著减小扬压力，但在空库遇上地震的情况下，下游面易出现较大的拉应力。

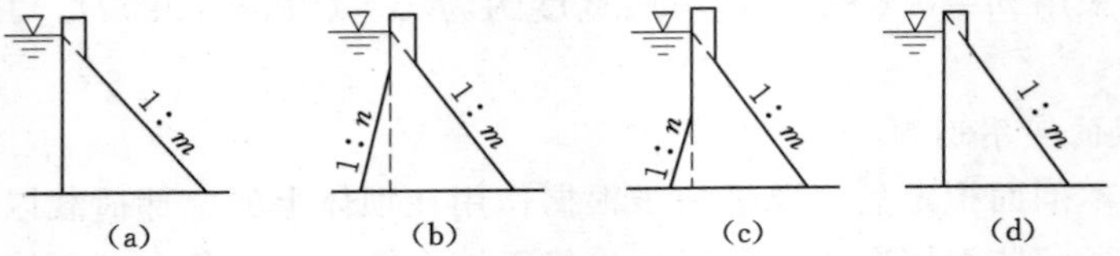

（a）　　　　　　　（b）　　　　　　　（c）　　　　　　　（d）

图 3.5　非溢流坝实用剖面图

3. 溢流坝的实用剖面

溢流重力坝除了需要满足稳定和强度要求以外，还要满足水力学要求。设计要求有较大的流量系数，泄流能力大；水流平顺，不产生不利的负压和空蚀破坏；型体简单、造价低、便于施工等。

（1）溢流面。溢流坝的溢流面由顶部曲线段、中间直线段和底部反弧段 3 部分组成。

顶部曲线段包括溢流堰面曲线和堰顶上游连接曲线。溢流堰面曲线常采用非真空剖面曲线，有克-奥曲线和 WES 曲线（或称幂曲线）两种。克-奥曲线与幂曲线在堰顶以下 $(2/5 \sim 1/2)H_s$ 范围内基本重合（H_s 为定型设计水头），在此范围以外，克-奥曲线确定的剖面较肥大，常超出稳定和强度的需要。克-奥曲线不给出曲线方程，只给定曲线坐标值，插值计算和施工放样均不方便。而 WES 曲线给定曲线方程，便于计算和放样。克-奥曲线流量系数约为 $0.48 \sim 0.49$，小于 WES 曲线流量系数（最大可达 0.502），故溢流堰面曲线多采用 WES 曲线。堰顶上游连接曲线通常由 $2 \sim 3$ 段圆弧组成光滑曲线，以保证进口水流平顺过度。

中间直线段的上端与堰面曲线相切，下端与反弧段相切，坡度一般与非溢流坝段的下游坡相同。

溢流坝面底部反弧段是使沿溢流面下泄水流平顺转向的工程设施，通常采用圆弧曲线，$R = (4 \sim 10)h$，h 为校核洪水位闸门全开时反弧最低点的水深。反弧最低点的流速越大，要求反弧半径越大。当流速小于 16m/s 时，取下限；流速大时，宜采用较大值。一般采用挑流消能，结构简单，施工方便。当采用底流消能、反弧段与护坦相连时，宜采用上限值。

（2）实用剖面型式。溢流坝的基本剖面亦呈三角形，上游坝面可以做成铅直面，也可以做成折坡面。在基本剖面基础上结合堰面曲线修改而成，如图 3.6 所示。

溢流坝和非溢流坝的上游坝面应尽量一致，并对齐，以免产生坝段之间的侧向水压力。溢流坝的下游面则不强求与非溢流坝面完全一致对齐，只要两者各自保持一致对齐即可。

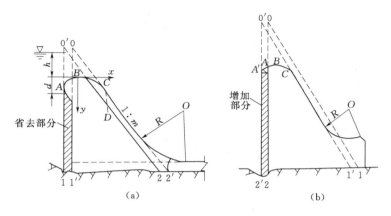

图 3.6　溢流坝实用剖面图
（a）反弧与护坦连接；（b）反弧与挑流鼻坎连接

3.1.5　重力坝的稳定和应力分析

3.1.5.1　重力坝的稳定分析

重力坝的稳定分析是为了验算重力坝在各种荷载组合下的稳定安全度。重力坝主要有沿坝基面或软弱面的滑动和坝体连同坝基的倾倒滑移等破坏型式，抗滑稳定分析是重力坝稳定分析最主要的内容。

（1）计算截面的选取。对于重力坝，要求任意一个剖面（截面）上均满足稳定条件。但是，根据重力坝的特点，其稳定分析可根据坝基的地质条件和坝体剖面型式，选择受力大、抗剪强度较低、最容易产生滑动的截面作为计算截面。通常，岩基上的重力坝，由于坝基面是两种材料的接触面，抗剪强度较低、坝体水平推力大，在施工时混凝土干缩还可能产生裂缝，因而坝体混凝土和基岩的接触面往往是一个薄弱面，只要该接触面满足抗滑稳定要求，则坝体就能满足稳定要求。这样，重力坝的抗滑稳定计算主要是核算坝基面和混凝土层面（包括常态混凝土水平施工缝和碾压混凝土层面）上的滑动稳定性。另外，当坝基内有软弱夹层、缓倾角结构面时，也需要核算其深层滑动稳定性。在特殊条件下，还需要核算岸坡坝段的整体稳定性。

（2）抗滑稳定计算方法。重力坝采用刚体极限平衡法、按承载能力极限状态计算抗滑稳定安全度。一般沿坝轴线取单位长度坝体，假定滑动面为胶结面，滑动体为刚体。此时滑动面上的滑动力作为效应函数，阻滑力为抗力函数，并认为承载能力达到极限状态时刚体处于极限平衡状态。抗滑稳定计算需考虑基本组合和偶然组合两种极限状态。坝基面和混凝土层面以及坝基软弱夹层或缓倾角断层的计算参数取值直接关系到工程的安全性和经济性，必须合理地选用。

（3）提高抗滑稳定的工程措施。除了增加坝体自重外，提高坝体抗滑稳定的工程措施，主要按照增加阻滑力、减少滑动力的原则，通过多方案技术经济比较，确定最佳方案组合。常用的工程措施有：①利用水重；②采用有利的坝基开挖轮廓线；③设置齿墙；④采用防渗排水措施；⑤加固地基；⑥横缝灌浆；⑦采用预加应力措施；⑧空腹抛石。

3.1.5.2　重力坝的应力分析

重力坝的应力分析主要核算大坝在施工期和运用期强度的安全度，并确定坝体应力分布、为坝体混凝土分区提供依据，确定坝体局部应力集中和特殊结构的应力状态。应力分析成果要求坝体内各部位的应力不超过该部位材料的容许应力。

（1）应力分析方法。重力坝的应力分析主要有模型试验和理论分析两种方法，后者包括材料力学法、弹性力学法和有限元法等。设计规范推荐采用材料力学法，但对于高坝，必须采用有限元法进行复核。

材料力学法：沿坝轴线取单位长度的坝体作为固接在地基上的变截面悬臂梁，按平面形变问题考虑，并假定坝体水平截面上的垂直正应力呈直线分布，按材料力学的偏心受压公式计算。该法计算结果在坝体上部 2/3～3/4 坝高范围内较为准确，靠近坝基部分不能反映地基对坝体应力的影响，复杂部位也不能反映真实的应力状态。材料力学计算截面主要包括坝基面、折坡处截面及其他需要计算的截面。

有限元法：将坝体和坝基离散为互不重叠和分离的单元，采用分片插值逼近方法求得平衡微分方程的数值解答。该法可以较好地反映复杂边界、坝体和坝基的材料不均匀性、材料应力应变的非线性、坝基断层破碎带的影响等，还可以考虑温度应力、地震作用等。但是，如何确定安全度标准、应力和变形指标等尚待研究。

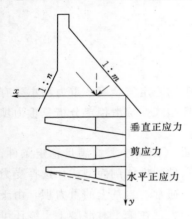

图 3.7　坝体应力分布

（2）重力坝的应力分布规律。根据材料力学法分析成果，重力坝水平截面上的垂直正应力沿水平截面呈直线分布，剪应力沿水平截面呈二次抛物线分布，水平正应力沿水平截面呈三次抛物线分布，如图 3.7 所示。一般，坝基面上坝体应力最大。空库时，坝踵处压应力最大，坝趾处压应力最小，甚至可能出现拉应力；满库时，坝趾处压应力最大，坝踵处压应力最小，甚至可能出现拉应力。

3.1.6　重力坝的材料和构造

3.1.6.1　重力坝的材料

1. 混凝土的强度和耐久性

除浆砌石重力坝外，重力坝的建筑材料主要是混凝土，包括常态混凝土和碾压混凝土。对于水工混凝土，除考虑其强度外，还应考虑其耐久性，按其所处的部位和工作条件，在抗渗、抗冻、抗冲刷、抗侵蚀、低热、抗裂等性能方面提出不同的要求。

普通混凝土强度等级是按标准方法制作养护的立方体试件，在 28d 龄期用标准试验方法测得的具有 95% 保证率的抗压强度标准值确定的，混凝土强度随着龄期的延长而增长。坝体常态混凝土强度标准值的龄期一般用 90d，碾压混凝土的龄期可采用 180d，因此在规定混凝土强度设计值时，应同时规定设计龄期。水工混凝土常用 C10、C15、C20、C25、C30 等几种。

混凝土的耐久性主要是抗渗性、抗冻性、抗磨性和抗侵蚀性。

抗渗性：用抗渗等级表示，由单位渗径长度上的水头损失即渗透坡降确定。

抗冻性：用抗冻等级表示，指混凝土在饱和状态下，经受多次冻融循环而不破坏、也不严重降低强度的性能。抗冻性好的混凝土，抗风化能力强，故在温暖地区也有此要求。

抗磨性：指混凝土抵抗高速水流或夹沙水流的冲刷、磨损的性能，尚无明确标准，一般用提高抗压强度来处理，如 C20 等级以上硅酸盐水泥的混凝土，且骨料坚硬、振捣密实。

抗侵蚀性：指混凝土抵抗环境水侵蚀的性能，尚无明确标准，一般选择适当品种的水泥和骨料，如矿渣水泥或火山灰水泥。

2. 混凝土重力坝的材料分区

由于重力坝各部位的工作条件不同，因而对混凝土的强度等级、抗渗、抗冻、抗冲刷、抗裂等性能要求也不同。为了节省和合理使用水泥，通常将坝体不同部位按不同工作条件分区，采用不同等级的混凝土。如图 3.8 所示，Ⅰ区为上、下游水位以上坝体外部表面混凝土，Ⅱ区为上、下游水位变动区的坝体外部表面混凝土，Ⅲ区为上、下游水位以下坝体外部表面混凝土，Ⅳ区为坝体底部混凝土，Ⅴ区为坝体内部混凝土，Ⅵ区为抗冲刷部位的混凝土，例如溢洪道溢流面、泄水孔、导墙和闸墩等。

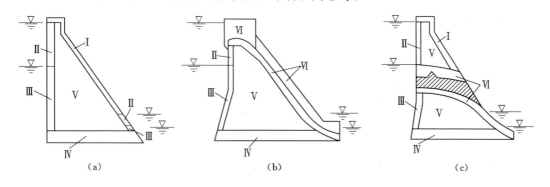

图 3.8 坝体材料分区示意图
(a) 非溢流坝；(b) 溢流坝；(c) 坝身泄水孔

3.1.6.2 重力坝的构造

1. 坝体防渗与排水设施

在混凝土重力坝坝体上游面和下游面最高水位以下部位，多采用一层具有防渗、抗冻、抗侵蚀的混凝土作为坝体防渗设施，防渗指标根据水头和防渗要求而定，防渗厚度一般为 1/20～1/10 作用水头，但不小于 2m。

在靠近上游坝面的坝体内设置排水孔幕，以减小坝体渗透压力。排水孔幕距上游坝面的距离一般为作用水头的 1/25～1/15，且不小于 2.0m。排水孔间距为 2～3m，孔径约为 15～20m。排水孔幕沿坝轴线一字排列，铅直，与纵向排水、检查廊道相通，上下端与坝顶和廊道直通，便于清洗、检查和排水。

排水孔一般用无砂混凝土管，可预制成圆筒形或空心多棱柱形，在浇筑坝体混凝土时，应保护好排水管，防止水泥浆漏入排水管内，阻塞排水管道。

2. 分缝和止水

为了满足运用和施工的要求，防止温度变化和地基不均匀沉降导致坝体开裂，重力坝需要合理分缝。常见的有横缝、纵缝和施工缝。

横缝垂直于坝轴线，将坝体分成若干个坝段。通常沿坝轴线 15～30m 设一道横缝，缝宽的大小，主要取决于河谷地形、地基特性、结构布置、温度变化和浇筑能力等，一般为 1～2cm。横缝分为永久性横缝和临时性横缝。

纵缝平行于坝轴线。主要是为了适应混凝土的浇筑能力，减小施工期的温度应力，待温度正常之后进行接缝灌浆。纵缝按结构布置型式分为铅直纵缝、斜缝和错缝，如图 3.9 所示。

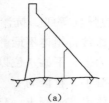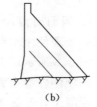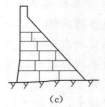

图 3.9 纵缝型式

(a) 铅直缝；(b) 斜缝；(c) 错缝

水平施工缝是坝体上下层浇筑块之间的结合面。一般浇筑块厚度为 1.5～4.0m，靠近基岩面用 0.75～1.0m 的薄层浇筑，以利散热、减少温升，防止开裂。纵缝两侧相邻坝块水平施工缝不宜设在同一高程，以增强水平截面的抗剪强度。水平施工缝的施工质量关系到大坝的强度、整体性和防渗性，处理不好易成为坝体的薄弱层面。

3. 坝内廊道系统

为了满足灌浆、排水、观测、检查和交通等要求，在重力坝的坝体内部设置不同用途的廊道，它们相互连通，构成了坝体内部廊道系统。包括基础灌浆廊道、检查和排水廊道。

基础灌浆廊道设在坝内靠近坝踵部位，要求距上游面应有 1/20～1/10 作用水头，且不小于 4～5m；距基岩面不小于 1.5 倍廊道宽度，一般取 5m 以上。廊道断面为城门洞形，宽度为 2.5～3m，高度 3～3.5m。廊道上游侧设排水沟，下游侧设排水孔及扬压力观测孔，在廊道最低处设集水井，以便自流或抽排坝体渗水。

灌浆廊道随坝基面由河床向两岸逐渐升高，坡度不宜超过 45°。当两岸坡度大于 45° 时，基础灌浆廊道可分层布置，并用竖井连接。当岸坡较长时，每隔适当的距离设一段平洞，并每隔 50～100m 设置横向灌浆机室。

检查和排水廊道沿坝高每隔 20～30m 设置一层。断面采用城门洞形，最小宽度 1.2m，最小高度 2.2m，廊道上游壁至上游坝面的距离应满足防渗要求且不小于 3m。设引张线的廊道宜在同一高程上呈直线布置。廊道与泄水孔、导流底孔净距不宜小于 3～5m。廊道内的上游侧设排水沟。

坝内廊道要相互连通，各层廊道左右岸各有一个出口，并与竖井、电梯井连通，以便于检查和观测。对于坝体断面尺寸较大的高坝，尚需另设纵向和横向廊道。此外，还可根据需要设专门性廊道，廊道周边有较大拉应力的部位需要配置钢筋。

3.1.7 重力坝的地基处理

重力坝承受较大的荷载，对地基的压力较大。天然的基岩，一般不同程度地存在风化、节理、裂隙，甚至断层、破碎带和软弱夹层等缺陷，因此，必须采取适当的工程处理措施。处理后重力坝的地基应满足下列要求：①具有足够的抗压和抗剪强度，以承受坝体的压力；②具有良好的整体性和均匀性，以满足坝基的抗滑稳定要求，减少不均匀沉降；③具有足够的抗渗性和耐久性，以满足渗透稳定的要求，防止渗水作用下基岩变质恶化。

3.1.7.1 坝基开挖和清理

坝基开挖和清理是为了将坝体坐落在坚固、稳定的地基上。开挖的深度根据坝基应力、岩石强度、完整性、工期、费用、上部结构对地基的要求等经综合研究后确定。高坝须建在新鲜、微风化或弱风化下部的基岩上；中坝可建在微风化至弱风化中部的基岩上；坝高小于 50m 时，可建在弱风化中部至上部的基岩上。同一工程中两岸较高部位对基岩的要求可适当放宽。

黏土坝基开挖后，在浇筑混凝土前，要进行彻底、认真的清理和冲洗，清除松动的岩块、打掉凸出的尖角，封堵原有勘探钻洞、探井、探洞，清洗表面尘土、石粉等。

3.1.7.2 坝基加固处理

坝基加固处理的目的是：①提高基岩的整体性和弹性模量；②减少基岩受力后的不均匀变形；③提高基岩的抗压、抗剪强度；④降低坝基的渗透性。

1. 固结灌浆

当基岩在较大范围内节理裂隙发育或较破碎、挖除不经济时，可对坝基进行低压浅层灌注水泥浆加固，这种灌浆称为固结灌浆。固结灌浆可提高基岩的整体性和强度，降低地基的透水性。

固结灌浆孔常采用梅花形或方格形布置。固结灌浆在坝体浇筑一定高度（5m 左右）时进行，采用较高强度等级的膨胀水泥浆，灌浆压力在不掀动基岩的原则下取较大值，视实际情况而定。

2. 断层破碎带处理

断层破碎带的强度低、压缩变形大，易产生不均匀沉降导致坝体开裂，若与水库连通、渗透压力大，则易产生机械或化学管涌，危及大坝安全。

断层破碎带可分为垂直河流方向的陡倾角断层破碎带、顺河流方向的陡倾角断层破碎带和缓倾角断层破碎带等，其加固处理较为复杂，需要根据实际情况进行专门研究。

3. 软弱夹层的处理

岩体层间软弱夹层厚度较小，遇水容易发生软化或泥化，抗剪强度低，特别是倾角小于 30°的连续软弱夹层更为不利。对浅埋的软弱夹层，可将其挖除，回填与坝基强度等级相近的混凝土。对埋藏较深的软弱夹层，应根据埋深、产状、厚度、充填物的性质，结合工程具体情况，采取相应的处理措施，常见的有设置混凝土塞、设混凝土深齿墙、预应力锚索加固、设钢筋混凝土抗滑桩等。

3.1.7.3 坝基防渗和排水

1. 帷幕灌浆

帷幕灌浆是岩基最好的防渗处理方法，可降低渗透水压力，减少渗流量，防止坝基产生机械或化学管涌。常用的灌浆材料有水泥浆和化学浆，应优先采用膨胀水泥浆。化学浆可灌性好、抗渗性好，但价格昂贵。

防渗帷幕应布置在靠近上游坝面的坝轴线附近，自河床向两岸延伸。防渗帷幕的深度应根据作用水头、工程地质、地下水文特性确定。当坝基内透水层厚度不大时，帷幕可穿过透水层，深入相对隔水层 3～5m。

防渗帷幕的厚度应当满足抗渗稳定的要求，即帷幕内的渗透坡降应小于帷幕的容许渗透坡降。防渗帷幕厚度应以浆液扩散半径组成区域的最小厚度为准，其厚度与钻孔排数有关，中高坝可设两排以上，低坝设一排。多排钻孔帷幕灌浆时一排必须达到设计深度，两侧其他各排可取设计深度的 1/3～1/2。孔距一般为 1.5～4.0m，排距宜比孔距略小。防渗帷幕应由河床向两岸延伸一定距离，与两岸相对不透水层衔接起来。当两岸相对不透水层较深时，可将帷幕延伸至原地下水位线与最高库水位交点。

帷幕灌浆应在坝基固结灌浆、且坝体混凝土浇筑到一定的高度（有盖重后）后施工。灌浆压力在孔底应大于 2～3 倍坝前静水头，表层段应大于 1～1.5 倍坝前静水头，但不能破坏岩体。

2. 坝基排水

坝基排水可以进一步降低坝基面的扬压力，一般在防渗帷幕后设置主排水孔幕和辅助排水孔幕。

主排水孔幕在防渗帷幕下游一侧，在坝基面处与防渗帷幕的距离应大于 2m。主排水孔幕一般向下游倾斜，与帷幕成 10°～15°夹角。主排水孔孔距为 2～3m，孔径约为 150～200mm，孔径过小容易堵塞。孔深可取防渗帷幕深度的 2/5～3/5，中高坝的排水孔深不宜小于 10m。

主排水孔幕在帷幕灌浆后施工。排水孔穿过坝体部分要预埋钢管，穿过坝基部分待帷幕灌浆后才能钻孔。渗水通过排水沟汇入集水井，经自流或抽排至下游。

辅助排水孔幕，高坝可设 2～3 排，中坝可设 1～2 排，布置在纵向排水廊道内，孔距约 3～5m，孔深 6～12m。有时还在横向排水廊道或在宽缝内设排水孔，以构成坝基排水系统。如下游水深较大，则需在靠近坝趾处增设一道防渗帷幕，坝基排水要靠抽排，如三峡重力坝。

3.2 拱坝

拱坝是在平面上凸向上游的拱形挡水建筑物。人类修建拱坝的历史悠久，早在 1000 多年前人们就开始修建高达 10 余米的拱坝。13 世纪末，伊朗修建了一座高 60m 的砌石拱坝；16 世纪前后西班牙和意大利分别修建了埃尔切砌石拱坝和蓬塔尔多砌石拱坝；19 世纪欧洲和美国修建了一些不高的混凝土拱坝。进入 20 世纪，人们大量修建拱坝，美国开始修建高混凝土拱坝，如 1910 年建成的巴菲罗比尔拱坝，高 99m。20 世纪 40 年代美国建成著名的胡佛拱坝，高 221m。50 年代以后，意大利、瑞士、法国等西欧国家建成了大量双曲拱坝，日本、美国、苏联等国家也相继修建大量拱坝。

我国最早在 1927 年建成福建省上里砌石拱坝，高 27.3m。新中国成立后修建大量拱坝。据不完全统计，至 1985 年，全国（不含台湾省）已建成坝高超过 15m 的拱坝 800 余座，约占全世界已建成拱坝总数的 1/4 以上。1958 年和 1959 年分别建成高度为 87.5m 的响洪甸重力拱坝和坝高 78m 的流溪河双曲拱坝。20 世纪 70 年代起，我国拱坝建设发展很快，各种拱坝如双曲拱坝、空腹拱坝等相继出现，特别是中小型砌石拱坝的发展迅速。据统计，我国砌石拱坝占拱坝总数的 80%。70 年代，我国建成了高 88m 的石门双曲拱坝和高 80m 的泉水双曲拱坝等 5 座高拱坝；80 年代相继建成了高 112.5m 的凤滩空腹重力拱坝、高 149.5m 的白山重力拱坝、高 178m 的龙羊峡重力拱坝、高 157m 的东江双曲拱坝和高 102m 的紧水滩双曲拱坝等；90 年代又建成了高 162m 的东风双曲拱坝、高 165m 的李家峡双曲拱坝、高 151m 的隔河岩重力拱坝和高 240m 的二滩双曲拱坝等。进入 21 世纪后，我国已建造多座高混凝土双曲拱坝，如锦屏一级（高 305m）、小湾（高 292m）、溪洛渡（高 285.5m）、拉西瓦（高 250m）、构皮滩（高 225m）等，后续还有白鹤滩（高 289m）、松塔（高 313m）、同卡（高 278m）、怒江桥（高 291m）、罗拉（高 295m）等等。

目前，世界上已建成高 100m 以上的拱坝约 150 余座，其中：最高的是中国的锦屏一级坝，高 305m，坝底厚度 63m，厚高比 0.207；最薄的是法国的托拉坝，高 88m，坝底厚度 2m，厚高比 0.023。国外其他高拱坝还有格鲁吉亚的英古里坝，高 271.5m，坝底厚度 86m，厚高比 0.33；意大利的瓦依昂坝，高 261.5m，厚高比 0.084。

3.2.1 拱坝的特点

拱坝的水平剖面为曲线形拱，两端支承在两岸的基岩上；竖直剖面呈悬臂梁形式，底部坐落在河床或两岸基岩上。拱坝的结构作用可视为两个系统，即水平拱系统和竖直梁系统，水荷载和温度荷载等由此两系统共同承担。通常，拱坝不需利用自重维持稳定，而是利用筑坝材料的抗压强度和两岸拱座的反力来维持稳定，其经济性和安全性均很优越，如图 3.10 所示为著名的美国胡佛拱坝。

图 3.10 美国胡佛拱坝

（1）受力条件好。拱坝是固接于基岩的空间壳体结构，可以看成是由一根根悬臂梁和一层层水平拱构成，它同时具有拱的作用和悬臂梁的作用，拱和悬臂梁分担荷载，其大小取决于河谷形状：当河谷深而窄时，拱的作用大，梁的作用小；而当河谷浅而宽时，拱的作用小，梁的作用大。一般来说，拱坝主要依靠两岸拱座和坝基反力来保持稳定，自重对其稳定的影响不大。

（2）坝体的体积小。拱坝通常采用抗压强度较高的混凝土或浆砌石建造，而拱是一种受压结构，因此，拱的作用越显著，越能减小坝的厚度，从而减小工程量。反之，梁的作用越大，坝体越需要依靠其自重来抵抗水压力。一般，拱坝的坝轴线比重力坝长，但坝体总工程量至少比同高度的重力坝减少 1/3～2/3。

（3）超载能力强，安全度高。拱坝是一种周边嵌固的高次超静定结构。当外荷载增大至坝的某一部位因拉应力过大而开裂时，拱坝能调整拱作用和梁作用及其荷载分配，使坝内应力重分配，而不致使坝体结构丧失全部承载能力。

坝体裂缝对于拱坝的威胁不像对其他坝型那样严重。当坝体出现水平缝时，扬压力只会降低悬臂梁的作用，但是，一般薄拱坝是以独立的水平拱设计的，悬臂梁的作用只作为一种安全储备考虑；当坝体出现垂直缝时，坝体拱圈未开裂部分的应力增加，则原来的拱圈变成具有更小曲率半径的拱圈，坝内应力发生重分配，坝体仍可成为无拉应力的有效拱。

从结构的观点来看，拱坝的坝面允许局部开裂。如果拱座岩体坚固，那么拱坝的破坏主要取决于压应力是否超过筑坝材料的强度极限。一般混凝土和砌石体具有塑性和徐变特性，在坝体局部应力特大的部位，如果变形受到限制，则经过一段时间，混凝土和砌石体的徐变变形增大，弹性变形减小，会使这些特大的应力有所降低。因此，拱坝的超载能力强。

拱坝具有的较强超载能力已经由模型试验和工程实践得到验证。例如，意大利的瓦依昂双曲拱坝，1961 年建成，是当时世界上最高的拱坝，1963 年 10 月 9 日晚，水库左岸大面积滑坡，约 2.5 亿 m^3 的山体以约 28m/s 的速度滑入水库，产生了超过坝顶 150m 的涌浪，涌浪翻过坝顶，致使下游一座城镇被夷为平地，1925 人遇难，水库被填满，但是，拱坝并未失事，仅在左岸坝肩附近坝体上产生了两条裂缝。据估计，拱坝当时已经承受了相当于 8 倍设计荷载的作用。

（4）抗震性能好。拱坝是整体的空间结构，坝体较坚韧，富有弹性，又能自行调整结构特性，故其抗震性能较好。例如：意大利的柯尔菲诺拱坝，高 40m，曾遭受破坏性地震，附近城镇的建筑物大都被毁，但该坝没有发生裂缝和其他破坏；我国河北省峡沟水库浆砌石拱坝，高 78m，在满库的情况下，1966 年 3 月遭受强烈地震，震后检查未发现破坏；我国四川沙牌碾压混凝土双曲拱坝，高 132m，2008 年 5 月 12 日遭受汶川地震，地震作用超过设计荷载，震后检查未发现破坏。

（5）施工技术要求高。拱坝坝体断面小，几何形状复杂，故对施工技术、施工质量控制和筑坝材料的强度有较高的要求，对地基处理的要求也更为严格，一般为了得到较为平顺的建基面，坝基开挖量较大。

3.2.2 拱坝的地形和地质条件

1. 拱坝对地形的要求

为了受力均匀，拱坝适宜建在左右两岸对称、岸坡平顺无突变、等高线在平面上向下游收缩的喇叭口峡谷段。坝端下游侧要有足够的岩体支承，以保证坝体的稳定。

坝址处的河谷形状特征可以用河谷"宽高比"及河谷的断面形状两个指标来表示，如

图 3.11 所示。

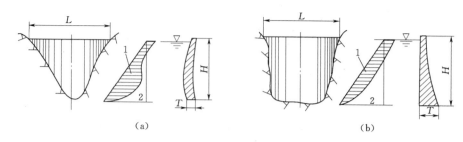

图 3.11 河谷形状对荷载分配和坝体剖面的影响
(a) V 形河谷；(b) U 形河谷

"宽高比"是指坝顶高程处的河谷宽度和最大坝高的比值，用 L/H 表示。L/H 值小，说明河谷窄而深，拱的作用大，梁的作用小，坝体所承受的荷载大部分可通过拱的作用传给两岸基岩，因而坝体可较薄。反之，当 L/H 值大时，河谷宽而浅，拱的作用较小，荷载大部分通过梁的作用传给地基，坝体断面较厚。一般，在 $L/H<1.5$ 的窄深河谷中可修建薄拱坝；在 $L/H=1.5\sim3.0$ 的中等宽度河谷中可修建中厚拱坝；在 $L/H=3.0\sim4.5$ 的宽浅河谷中多修建重力拱坝；在 $L/H>4.5$ 的宽浅河谷中，不利于修建拱坝。但是，随着拱坝筑坝技术水平的不断提高，上述界限已经被突破。例如：中国的陈村重力拱坝，坝高 76.3m，$L/H=5.6$，$T/H=0.7$；美国的奥本三圆心拱坝，坝高 210m，$L/H=6.0$，$T/H=0.29$。这里 T 是坝底最大厚度。

左右岸对称的 V 形河谷最适宜发挥拱的作用，在靠近底部，水压强度最大，拱跨短，因而底拱厚度仍可较薄；而 U 形河谷，靠近底部拱的作用显著降低，大部分荷载需由梁的作用来承担，故坝体厚度较大；梯形河谷的情况则介于 V 形和 U 形两者之间。

2. 拱坝对地质的要求

拱坝是高次超静定结构，地基的变形对坝体应力有显著影响，甚至会引起坝体破坏。因此，拱坝适宜的地质条件是岩石类型单一、坚硬致密、质地均匀、强度高、刚度大、透水性小、耐久性好，同时，还要求两岸拱座基岩坚固完整，边坡稳定，无大的断裂构造和软弱夹层、软弱破碎带，能承受拱端传来的巨大推力而不致产生过大的变形，特别是要避免两岸边坡存在向河床倾斜的节理裂隙或层理构造。

3.2.3 拱坝的类型

1. 按坝体厚高比分类

按坝体厚高比 T/H，拱坝可以分为 3 种：当 $T/H<0.2$ 时，为薄拱坝；当 $T/H=0.2\sim0.35$ 时，为中厚拱坝；当 $T/H>0.35$ 时，为厚拱坝或重力拱坝。

2. 按坝体形态分类

控制拱坝形态的主要参数是拱弧的半径、中心角、拱弧中心沿高程的迹线和拱厚度等。按坝体形态，拱坝可以分为两种：只在水平截面上呈拱形，悬臂梁断面不弯曲或曲率很小的拱坝称为单曲拱坝；在水平截面和铅直截面上都呈拱形的拱坝称为双曲拱坝，如图 3.12 所示。

（1）单曲拱坝。单曲拱坝又称为定外半径定中心角拱坝。对于 U 形或矩形断面的河

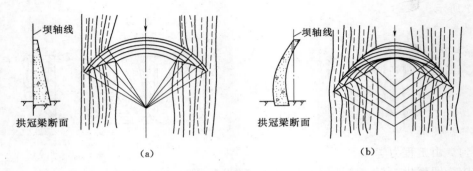

图 3.12　单曲和双曲拱坝示意图

(a) 单曲拱坝；(b) 双曲拱坝

谷，其河谷宽度上下相差不大，各高程中心角比较接近，外半径可保持不变，仅需变化下游半径以适应坝体厚度变化的要求。它的特点是：施工简单，直立的上游面便于布置进水孔和泄水孔及其控制设备，但当河谷上宽下窄时，下部拱的中心角必然会减小，从而降低拱的作用，需要加大坝体厚度，不经济。对于底部狭窄的 V 形河谷，可考虑采用等外半径变中心角拱坝。

(2) 双曲拱坝。对于底部狭窄的 V 形河谷，宜将各层拱圈外半径由上至下逐渐减小，形成变外半径等中心角拱坝，可以大大减少坝体工程量。变外半径变中心角拱坝的梁截面也呈弯曲形状，因而悬臂梁也具有拱的作用。这种形式更能适应 V 形、U 形、梯形及其他形状的河谷，布置更加灵活，应用广泛。它的特点是：坝体应力状态进一步改善，更经济，但是上游面有倒悬出现，结构复杂，设计及施工难度更大。

双曲拱坝具有两个显著优点：①悬臂梁兼有垂直拱的作用，在承受水平向荷载时，既有水平位移又有向上的位移，使梁的弯矩有所减少，而轴向力加大，对降低坝体的拉应力有利；②在水压力作用下，河床中部铅直梁的应力是上游面受压、下游面受拉，这与自重产生的梁应力相反，可以相互抵消一部分。因此，双曲拱坝被广泛采用。

3. 按坝体结构型态分类

按坝体结构型态，拱坝可以分为以下几种：①拱座嵌固的拱坝，坝体嵌固在基岩上，这是最常用的拱坝；②设周边缝的拱坝，沿坝底地基面设置周边缝，以改善坝身和地基的受力条件，如英古里双曲拱坝；③空腹拱坝，当坝体较厚时，坝身内留设空腔，可以减少工程量，降低坝基扬压力，空腔内可以布置厂房，如凤滩空腹重力拱坝；④有重力墩的拱坝，在坝体的端部设重力墩，可以改善地基的地形条件，如龙羊峡重力拱坝。

3.2.4　拱坝的布置

3.2.4.1　拱坝布置的原则

拱坝布置的原则是，根据坝址地形、地质、水文等自然条件以及枢纽综合利用要求统筹布置，在满足拱坝稳定和运用的要求下，通过调整拱坝的体型和尺寸，使坝体材料强度得到充分发挥，控制坝体拉应力在允许范围之内，而拱坝的工程量最小。因拱坝体型比较复杂，断面形状又随地形地质情况而变化，故拱坝布置需有较多的方案，进行全面技术经济比较，从中选择最优方案。对于大型工程，最终选定的布置方案，可由模型试验论证。

拱坝布置复杂，需结合地形地质条件，反复修改，进行多方案比较，最后确定布置方案。

3.2.4.2　拱坝的体型

当坝高已定时，坝体待定的基本尺寸主要是：拱圈的平面形式及各层拱圈轴线的半径和中心角，拱冠梁上下游面的形式以及各高程的厚度。首先要拟定的是平面拱圈的形式及其中心角、半径和厚度，以及拱冠梁的尺寸。

（1）拱圈形式。合理的拱圈形式应当是压力线接近拱轴线，使拱截面的压应力分布尽可能均匀。由工程力学知识可知，当单独一个拱圈在上游面承受均布水压力时，其最合理的形态应为圆弧拱。但是对于拱坝来说，由于其结构性能具有水平拱和垂直梁的作用，拱、梁系统共同承担外荷载，且水平拱所分担的部分水压力往往是从拱冠向拱端逐渐减小，是非均布的。因此，最经济合理的拱圈形式就不一定是圆弧拱，需综合考虑经济、设计及施工等因素。

（2）坝顶厚度。坝顶厚度基本上代表了坝顶拱圈的刚度，加大坝顶厚度不仅能改善坝体上部下游面的应力状态，还能改善梁底上游面应力，有利于降低坝踵拉应力。坝顶厚度由剖面设计确定，并满足运行和交通要求，一般不小于3m。初拟时，可按下列经验公式估计：

混凝土拱坝：　　　　　　$T_C=0.0145(2R_a+H)$ 或 $T_C=0.01H+cL_1$　　　　　（3.3）

砌石拱坝：　　　　　　　　$T_C=0.4+0.01(L_1+3H)$　　　　　　　　　　（3.4）

式中：T_C 为坝顶厚度，m；R_a 为顶拱拱轴线的半径，m；H 为坝高，m；L_1 为顶拱两端利用基岩面间的直线距离，m；c 为系数，可取 $c=0.012\sim0.024$。

（3）坝底厚度。坝底厚度主要取决于坝高、坝型、河谷形状等因素，是表征坝体厚薄的主要指标。一般参考已建成拱坝的坝高和河谷形状初步拟定，再通过计算和修改布置确定合适的尺寸。初拟时，可按式（3.5）估计：

混凝土拱坝：　　　　　　　　$T_B=\dfrac{K(L_1+L_{n-1})H}{[\sigma]}$　　　　　　　　　（3.5）

砌石拱坝：　　　　　　$\dfrac{T_B}{H}=0.0132\left(\dfrac{L_1}{H}\right)^{0.269}+\dfrac{2H}{1000}$　　　　　（3.6）

式中：T_B 为坝底厚度，m；K 为经验系数，可取 $K=0.0035$；L_1、L_{n-1} 分别为第1层和第 $n-1$ 层拱圈所对应的拱端利用基岩面之间的直线距离，m；H 为坝高，m；$[\sigma]$ 为允许压应力，MPa。

（4）拱冠梁剖面形态。拱冠梁剖面的形态对拱坝的竖直曲率和自重应力有很大影响。目前大多数较高的拱坝都采用双曲拱形式，即竖直剖面的上下游面均有一定的曲率。图3.13是几座拱坝的典型拱冠梁剖面图。

3.2.5　拱坝的荷载

拱坝上的荷载及其组合与重力坝类似。作用荷载有自重、静水压力、动水压力、扬压力、泥沙压力、浪压力、冰压力、温度荷载和地震荷载等，其计算方法与重力坝基本相同。但是，温度荷载对于超静定结构的拱坝而言具有特殊的意义，这里简要介绍温度荷载及其影响。

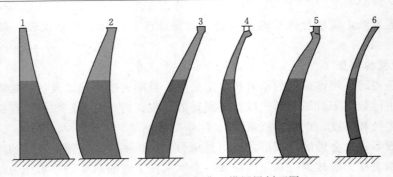

图 3.13　几座拱坝的典型拱冠梁剖面图

1—响洪甸；2—莫里；3—安沙聂；4—瓦利加林纳；5—阿扎里也塔；6—阿布山聂那

1. 封拱温度和温度荷载

混凝土浇筑后，在其凝固过程中，水泥发生复杂的物理和化学反应，产生水化热，混凝土的温度不断上升，待物理和化学反应结束，水化热也停止产生，混凝土的温度达到最高，随后由于散热等因素，混凝土的温度开始下降，直到最后随环境温度的影响而变化。大体积混凝土升温过程较快，而降温过程较为缓慢。浇筑后混凝土的温度变化如图 3.14 所示。其中，T_c 为入仓温度，T_f 为封拱温度，T_p 为混凝土达到的最高温度。

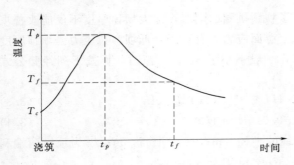

图 3.14　浇筑后混凝土温度变化示意图

拱坝建成并经过充分冷却后，当施工期混凝土产生的水化热基本散尽、坝体混凝土温度趋于相对稳定时，对坝体各施工缝进行灌浆，使各坝块固结形成整体，称为封拱，这时相应的混凝土温度称为封拱温度。工程中，一般选择在年平均气温或略低时进行封拱。在缺乏资料时，可以选用以下游年平均气温、上游年平均水温为边界条件求得的坝体稳定温度场作为封拱温度场。

拱坝封拱形成整体后，在上下游水温、气温周期性变化的影响下，坝体内产生相对于封拱温度的温度变化所引起的荷载，称为拱坝的温度荷载。拱坝的温度荷载与拱坝的运行工况有关，且在坝体内的分布较为复杂，一般可以把实际温度荷载分为均匀温度荷载、沿坝体厚度的温度梯度荷载和非线性温度荷载 3 部分，如图 3.15 所示。

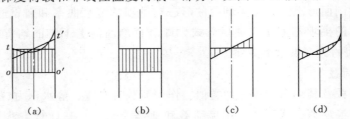

图 3.15　拱坝的温度荷载

（a）实际温度荷载；（b）均匀温度荷载；（c）温度梯度荷载；（d）非线性温度荷载

2. 温度荷载的影响

温度荷载是拱坝设计中的主要荷载之一。在水压力和温度荷载共同引起的径向变位中，温度荷载约占总变位的 1/3～1/2，对坝顶部分的影响则更大。通常假定温度荷载由拱圈承担。

当坝体温度低于封拱温度（温降）时，拱轴线收缩，坝体向下游位移，产生的弯矩和剪力的方向与水库水压力所产生的相同，但轴力方向相反，结果是拱端的上游面受拉、下游面受压，而拱冠则上游面受压、下游面受拉。因此，温降对拱坝应力不利，而对坝肩稳定有利。

当坝体温度高于封拱温度（温升）时，拱轴线伸长，坝体向上游位移，产生的弯矩和剪力的方向与水库水压力所产生的相反，但轴力方向相同，结果是拱端的上游面受压、下游面受拉，而拱冠则上游面受拉、下游面受压。因此，温升对拱坝坝肩稳定不利，而对拱坝应力有利。

拱坝温度荷载对坝体稳定和应力的影响如图 3.16 所示，其中"＋"表示压应力，"－"表示拉应力。

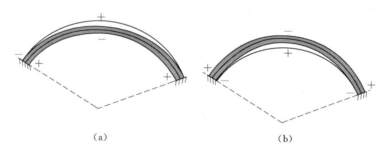

图 3.16　拱坝温度荷载影响示意图
(a) 温降；(b) 温升

3.2.6　拱坝的稳定和应力分析

3.2.6.1　稳定分析

1. 分析方法

拱坝的稳定分析主要有模型试验法和数值计算法两类。

模型试验法包括弹性结构应力模型试验和地质力学模型试验，前者主要量测坝体及地基的变形和应力，后者可以模拟不连续性岩体的构造、软弱结构面和断层破碎带等自然条件，以及岩体自重、强度、变形模量、抗剪指标等岩石力学特性。通过试验，可以了解拱座从加荷开始直至破坏的整个过程和破坏机理、拱坝的超载能力和变形特性、裂缝的分布规律以及需要加固的部位和地基处理的效果等。但是，模型试验工作量大，费用高，不易改变形状及尺寸，也难以做到与原型完全相似，一般只有大型工程采用。

数值计算法主要包括刚体极限平衡法、有限元法、离散元法、非连续变形分析和数值流形方法等。刚体极限平衡法的基本假定是：①将滑移体视为刚体，不考虑其中各部分间的相对位移；②只考虑滑移体上力的平衡，不考虑力矩的平衡，认为后者可由力的分布自行调整满足，在拱端作用的力系中不考虑弯矩的影响；③忽略拱坝的内力重分布作用，认为作用在岩体上的力系为定值；④达到极限平衡状态时，滑裂面上的剪力方向将与滑移方向平行，指向相反，数值达到极限值。刚体极限平衡法是半经验性的计算方法，具有长期的工程实践经验，采用的抗剪强度指标和安全系数是配套的，方法简便易行，概念清楚，是国内外最常用的稳定分析方法。

2. 稳定分析内容

拱坝所承受的荷载大部分都是通过拱的作用传到两岸拱座岩体，拱坝所具有的一切优点都是建立在拱座稳定的基础上，其重大事故基本上都与拱座滑动失稳有关。1959 年法国马尔帕塞拱坝因左岸拱座失稳而破坏后，许多国家在拱坝设计规范中都明确规定必须进行拱座稳定分析，对两岸拱座的稳定性做出评价，必要时采取适当工程措施，以保证拱座的稳定。因此，拱坝的稳定主要是拱座的稳定。

拱坝的稳定分析包括：①局部稳定分析，即取任一高程单位高度的拱圈，分析其稳定性；②拱座整体沿滑动面向下游滑动的整体稳定分析，即由拱座上游开裂面、侧裂面、底裂面等构造面和临空面组成"楔形体"，分析其稳定性；③坝体绕一岸旋转滑动的整体稳定分析，即当河谷两岸地质情况差异较大时，分析坝体可能绕另一岸旋转滑动的稳定性。

通常，平行河流方向或向河谷中央倾斜的节理可能导致滑动，而在下游斜入山体内的节理、裂隙则对稳定影响不大。如果拱座岩体节理、裂隙的走向既平行于河流，而倾角又平行于或较缓于山坡，则对拱座稳定最为不利。

3. 提高坝肩稳定性的工程措施

提高拱坝坝肩稳定性的工程措施有：①通过挖除某些不利的软弱部位岩体和加强固结灌浆等坝基处理措施来提高基岩的抗剪强度；②采用深开挖，将拱端嵌入坝肩岩体深处，避开不利的结构面，增大下游抗滑体的重量；③加强坝肩帷幕灌浆及排水措施，减小岩体内的渗透压力；④调整水平拱圈的形态，采用三心圆拱或抛物线等扁平的变曲率拱圈，使拱端推力偏向坝肩岩体内部；⑤如果坝基承载力较差，可采用局部扩大拱端厚度、推力墩或人工扩大基础等措施。

3.2.6.2　应力分析

拱坝是一个空间壳体，其几何形状和边界条件都很复杂，一般难以用严格的理论计算求得拱坝坝体的应力状态，需要作一些必要的假定和简化，使计算简便且成果能满足工程需要。拱坝应力分析的常用数值方法有圆筒法、纯拱法、拱梁分载法、壳体理论计算方法和有限元法等，试验则常用结构模型试验法。

(1) 圆筒法。把拱坝当作是一个放在静水中的铅直圆筒，采用薄壁圆筒公式进行计算。该法只能求得拱圈上的切向应力，不能考虑温度荷载、地震荷载和地基变位等，不能反映拱坝的真实工作条件。它适用于等截面的圆形拱圈、小型拱坝。

(2) 纯拱法。假定拱坝由一系列互不影响的独立水平拱圈组成，不考虑梁的作用，荷载全部由拱圈承担，每层拱圈简化为两端固接的平面拱，用结构力学方法计算拱圈的应力。该法可计入每层拱圈的地基变位、温度作用、水压力作用，但忽略了拱坝的整体作用，计算得到的应力偏大，尤其是重力拱坝。在采用拱梁分载法计算时，用来计算水平拱圈的应力。它适用于峡谷中的拱坝、中小型工程。

(3) 拱梁分载法。假定拱坝由一系列的水平拱圈和铅直悬臂梁组成，荷载由拱和梁共同承担，按拱、梁相交点（共轭点）变位一致的条件将荷载分配到拱、梁两个系统上。梁按静定结构计算应力，拱按弹性固端拱、用纯拱法计算应力。该法可计算地基变位、水压力、温度荷载、地震荷载等，是拱坝应力分析的基本方法，其计算结果较为合理，但计算量大，需借助计算机，适用于大、中型拱坝。

如果选择拱冠梁作为所有悬臂梁的代表与各层拱圈组成拱梁系统，按拱、梁交点径向线变位一致的条件来建立变形协调方程，并进行荷载分配，则称为拱冠梁法。它可大大减少计算工作量，中小型拱坝广泛采用。

（4）壳体理论计算方法。早在 20 世纪 30 年代，P·托克尔就提出了采用壳体理论来近似计算拱坝的应力。但是，由于坝体形状和几何尺度的变化以及边界条件的复杂性，使得这一方法受到很大限制。后来由于计算机技术的发展，使这一方法取得了新进展，网格法就是应用有限差分法求解壳体方程的一种计算方法。它适用于薄拱坝。

（5）有限元法。将地基和坝体离散成不同大小、数量有限的单元，以节点相连接，用离散模型代替连续体结构，求解积分方程，计算坝体变位和应力。该法可以考虑材料非均质、各向异性，可以考虑材料非线性，也可以考虑任何性质的荷载，如渗透力、自重、温度荷载、灌浆压力、预应力、地震作用、地基变位等，还能反映施工过程、复杂边界条件等对坝体变位和应力的影响，但是，计算量相当大，必须借助于计算机才能完成，适用于各种拱坝。

3.2.7 拱坝的材料和构造

3.2.7.1 拱坝的材料

拱坝的材料有混凝土（含碾压混凝土）、浆砌块石和浆砌条石等，中小型工程中多采用浆砌石，高坝则多用混凝土（含碾压混凝土）。拱坝对材料的要求比重力坝高。

建筑拱坝的混凝土应严格保证设计准则所要求的强度、抗渗、抗冻、抗冲刷、抗侵蚀及低热等性能要求。抗压强度取决于混凝土的等级，一般采用 90d 或 180d 龄期的抗压强度为 20～25MPa，而抗拉强度一般为抗压强度的 3%～6%。此外，还需注意混凝土的早期强度。控制表层混凝土 7d 龄期的等级不低于 C10，以确保早期的抗裂性。高坝接近地基部分的混凝土，其 90d 龄期等级不低于 C25，内部混凝土 90d 龄期不低于 C20。

坝体上游面混凝土应检验其抗渗性能。在寒冷地区，应检验拱坝上下游水位变动区及所有暴露面混凝土的抗冻性能。坝体厚度小于 20m 时，混凝土尽量不分区。对于高坝，如坝体中部和两侧拱端的应力相差较大，可设不同分区。另外，同一层混凝土分区的最小宽度不小于 2m。

3.2.7.2 拱坝的构造

（1）坝顶。拱坝坝顶的结构型式和尺寸应按运用要求确定。当无交通要求时，非溢流坝段坝顶宽度一般应不小于 3m。坝顶路面应有横向坡度和排水系统。在地震区由于坝顶易开裂，可穿过坝体横缝布置钢筋，以增强坝的整体性。在溢流坝段应结合溢流方式，布置坝顶工作桥、交通桥，其尺寸必须满足泄流启闭设备布置、运行操作、交通和观测检修等要求。对于地震区的坝顶工作桥、交通桥等结构，应尽量减轻自重，并提高结构的抗震稳定性。

（2）坝内廊道及排水。考虑到拱坝厚度较薄，应尽可能少设廊道，以免对坝体削弱过多。对于中低高度的薄拱坝，可以不设坝内廊道，考虑分层设置坝后桥，作为坝体交通、封拱灌浆和观测检修之用。坝后桥应该与坝体整体连接。廊道之间均应相互连通，可采用电梯、坝后桥及两岸坡道等。廊道与坝内其他孔洞的净距离不宜小于 3～5m，以防止应力集中，该净距也可通过应力分析确定。纵向廊道的上游壁离上游坝面的距离一般约为 1/20～1/10 的坝面作用水头，且不小于 3m。

坝基一般设置基础灌浆廊道，其底部高程约在坝基面以上 3～5m，其断面尺寸应根据灌浆机具尺寸和工作空间的要求进行设计。

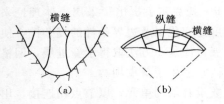

图 3.17 拱坝的横缝和纵缝

（3）坝体分缝。由于温度控制和施工的需要，像重力坝一样，拱坝也是分层分块进行浇筑或砌筑的，而且在施工过程中设置伸缩缝（属于施工缝），即横缝和纵缝，如图 3.17 所示。当坝体混凝土冷却到稳定温度或低于稳定温度 2～3℃ 以后，再用水泥浆将伸缩缝封填，以保证坝体的整体性。

横缝是沿半径向设置的收缩缝，布置时需考虑混凝土可能产生裂缝（如坝基条件、温度控制和坝体应力分布状态等）、结构布置（如坝身泄洪孔尺寸、坝内孔洞等）、以及混凝土浇筑能力等因素。间距 15～20m，缝内设置键槽，以提高坝体的抗剪强度。纵缝一般在坝体厚度大于 40m 时考虑设置，相邻坝体之间的纵缝应错开，间距 20～40m。

收缩缝又可分为宽缝与窄缝两种。宽缝多用于浆砌石拱坝，宽度约 0.7～1.2m，直接用混凝土填塞，缝内设有键槽。窄缝多用于混凝土拱坝。收缩缝必须进行灌浆。

（4）特殊地形地质条件下的特殊构造。当坝址河谷断面很不规则时，可在基岩与坝体之间设置垫座，使坝体变为有规则的形状，同时使坝体与垫座的接触面成为一条永久缝，称为周边缝。这种坝体与其边界的连接方式为铰接，其与常见拱坝的固接方式有所不同。

周边缝（铰接拱）能够改善坝体边界弯曲应力，使坝体断面减薄。设置周边缝后，坝体即使有裂缝，延伸到缝边就会停止发展，即使垫座发生开裂，也不致影响到坝体。周边缝在拱坝径向剖面上多为圆弧曲线，英古里双曲拱坝就是采用这种型式。

3.2.8 拱坝的地基处理

拱坝的地基处理和岩基上的重力坝基本相同，只是处理要求更加严格，对两岸坝肩的处理也更为重要。它包括坝基开挖、固结灌浆和接触灌浆、帷幕灌浆、坝基排水、断层破碎带处理等。

（1）坝基开挖。一般，高坝要求开挖至新鲜或微风化下部岩体，中、低坝要求开挖至微风化或弱风化中、下部岩体，且整个坝基利用基岩面的纵坡应平顺、无突变。

（2）固结灌浆和接触灌浆。拱坝坝基一般都需要进行全面的固结灌浆，以提高基岩的整体性和强度。对节理、裂隙发育的坝基，还需扩大固结灌浆范围。对于坡度大于 50°～60°的陡坡、上游坝基接触面、基岩中开挖的所有的槽、井、沟等回填混凝土的顶部，都应进行接触灌浆，以提高接触面上的抗剪强度和抗压强度，防止接触面渗漏。

（3）帷幕灌浆。防渗帷幕线应布置在压应力区，并尽可能靠近上游面。帷幕灌浆可利用坝体内的廊道进行，当坝体较薄或未设廊道时，可在上游坝脚处进行。当有坝肩绕渗、并影响拱座岩体稳定或引起库水的大量渗漏损失时，防渗帷幕还应深入两岸山体内，与重力坝类似，但要求更严。

（4）坝基排水。在防渗帷幕后设坝基排水孔和排水廊道。高坝、两岸地形较陡或地质条件复杂的中坝应在两岸设置多层排水平洞，在平洞内设排水孔，以充分降低两岸岩体内的地下水位和坝基扬压力。

（5）断层破碎带处理。对于断层破碎带，需根据具体情况，分析研究断层破碎带对坝体及地基的应力、变形、稳定和渗漏的影响，必要时须采取开挖回填、混凝土塞或传力墙等工程措施。处理原则可参照重力坝的地基处理办法，对特殊地质情况，则需专门的研究。

3.3　土石坝

土石坝是土坝、堆石坝和土石混合坝的总称，又称当地材料坝，是指由当地土料、石料或混合料，经过抛填、碾压堆筑成的挡水坝。当坝体材料以土和砂砾为主时，称为土坝；当坝体材料以石渣、卵石、爆破石料为主时，称为堆石坝；当两类材料均占相当比例时，称为土石混合坝。

土石坝是一种古老的坝型，在全世界所建造的众多挡水坝中，大多为土石坝。根据土石坝的发展进程，大致可以分为 3 个阶段，即古代（19 世纪中期以前）、近代（19 世纪中期至 20 世纪初期）和现代（20 世纪初期以后）。

早在 5000 年前古埃及就已开始建造土坝，用来灌溉、防洪。古代中国也大约在公元前 600 年开始填筑土堤，防御洪水，并创造了多种型式的土石坝，如堰、堨、陂、圩、埝等。受技术条件的限制，古代土石坝多数仅是凭经验建造。在坝体断面形状、筑坝材料及坝体构造等方面都存在很大的任意性。另外，土料的开采和运输全靠人力，土料的压实也靠人力或畜力，建筑方法极为原始。

近代土石坝的设计理论一直落后于其他坝型，但逐步总结了建坝经验和失事教训，筑坝高度也不断提高。首先，近代土石坝的上下游坝坡变陡，但仍然凭借经验确定。1850 年，法国工程师科林曾提出一种类似于现在使用的坝坡稳定分析方法，并建议在土料强度试验成果的基础上确定坝坡，但当时并未引起重视和应用。其次，对于坝体构造，1820 年苏格兰土木工程师特尔福德提出用夯实黏土作土石坝的防渗心墙，随后又出现了砌石心墙土石坝，到 20 世纪初这种砌石心墙坝被混凝土心墙坝取代。此后，便逐渐形成了土石坝的三大基本坝型，即均质坝、心墙坝和斜墙坝。

1925 年，太沙基的《土力学》专著问世，使得"土力学"成为一门独立的学科，并逐渐被应用于土石坝工程中。此后，随着岩土力学、动力分析、施工技术和计算机技术的发展，土石坝筑坝技术发展较快，特别是应用有限元法对土石坝的应力、变形、稳定等问题的分析逐步深入，取得了较为满意的结果。

现代土石坝在坝高、筑坝材料和坝型方面不断发展，在高坝中所占的比例逐渐增大。自 20 世纪 30 年代美国建成高 100m 以上的盐泉坝之后，高土石坝便大量地被设计采用。1968 年，美国建成了当时世界上最高的奥罗维尔斜心墙土坝，坝高 234m。统计资料表明，全世界 100m 以上的高坝中，土石坝所占的比重逐步增大，20 世纪 50 年代以前为 31％，60 年代为 38％，70 年代为 56％，80 年代为 65％。目前世界上已建成的最高的土石坝是塔吉克斯坦的努列克坝，高 300m。

20 世纪 30—40 年代，美国、南美和苏联一些地区曾一度盛行水力冲填坝。到 50 年代后，大型运输车辆和碾压设备出现，使得碾压式土石坝造价降低，再加上水力冲填坝筑坝速度慢、施工期易发生滑坡等原因，除填筑尾矿坝外，水力冲填技术已不再采用。对早期较高的抛投式面板堆石坝，因堆石体挡水后变形量大，当坝高较大时混凝土面板常因变形太大发生裂缝漏水，所以改用土心墙作为防渗体。60 年代，重型振动碾应用于压实堆石和砂卵石，有效地减小了堆石体变形，解决了混凝土面板开裂漏水问题，且坝体填筑单价降低，因此混凝土面板堆石坝又被采用，并得到迅速发展。随着化学工业的发展，土工膜的物理力学性质和抗老化能力得到提高，已被广泛应用于低坝防渗，并逐渐被应用到中高土石坝工程中，目前已有坝高 100m 级的土石坝采用土工膜防渗。另外，还有采用爆破技术修筑定向爆破堆石坝，但一般坝高较低。

据统计，截至 2011 年年底，我国已建成水库 9.8 万余座，其中 90％以上是土石坝；至 2005 年年底已建成的坝高超过 30m 的大坝共 4800 余座，其中 59％为土石坝。我国已建成最高的土石坝为糯扎渡心墙堆石坝，最大坝高 261.5m，最高的面板堆石坝是水布垭混凝土面板堆石坝，坝高 233m。正在建设的坝高 300m 以上的土石坝有双江口心墙堆石坝（高 314m）、如美心墙堆石坝（高 315m）等。

3.3.1　土石坝的特点和工作条件

3.3.1.1　土石坝的特点

与混凝土坝相比，土石坝的优点主要体现在以下几个方面：①筑坝材料能就地取材，材料运输成本低，还能节省大量钢材、水泥、木材等建筑材料；②适应地基变形的能力强，其散粒体材料能较好地适应地基变形，对地基的要求在各种坝型中是最低的；③构造简单，施工技术容易掌握，便于机械化施工；④运行管理方便，工作可靠，寿命长，维修加固和扩建均较容易。

与其他坝型相比，土石坝的缺点主要体现在以下几个方面：①施工导流不如混凝土坝方便，因而增加了相应的工程造价；②坝顶不能溢流，因此需在坝外单独建造泄水建筑物；③坝体工程量大，土料填筑质量受气候条件的影响较大，特别是黏性土料。

某土石坝上游坡如图 3.18 所示。

图 3.18　某土石坝上游坡

3.3.1.2 土石坝的工作条件

土石坝由散粒体材料填筑而成,材料的强度低,易遭受破坏,因此,其工作条件与其他坝型不同。

(1)渗流影响。由于散粒材料颗粒间孔隙大,因此,坝体挡水后,在上下游水位差作用下,库水会经过坝身、坝基和岸坡及其结合面向下游渗漏。在渗流影响下,浸润面以下土体全部处于饱和状态,使得土体的有效重量降低,内摩擦角和黏聚力减小;渗透水流对坝体颗粒产生拖曳力,增加了坝坡滑动的可能性,进而对坝体稳定造成不利影响,当库水位骤降时,易引起上游坝坡滑动;若渗流出口处等渗透坡降超过材料临界坡降,还会引起坝体和坝基的渗透破坏,严重时会导致大坝失事。

(2)冲刷影响。降雨时,雨水自坡面汇流至坡脚,会对坝坡造成冲刷,甚至发生坍塌现象;雨水还可能渗入坝身内部,降低坝体的稳定性。另外,库内风浪对坝面也会产生冲击和淘刷作用,易对坝坡面造成破坏。

(3)沉降影响。由于坝体材料孔隙率较大,在自重和外荷载作用下,坝体和坝基的压缩变形较大。如沉降量过大会造成坝顶高程不足而影响大坝的正常工作,而过大的不均匀沉降会导致坝体开裂或使防渗体结构遭到破坏,形成坝内渗水通道而威胁大坝的安全。

(4)其他影响。此外,还有其他一些不利因素危及土石坝的安全运行。例如:在严寒地区,气温低于零度时库水结冰形成冰盖,对坝坡产生较大的冰压力,易破坏护坡结构;位于水位以上的黏土,在反复冻融作用下会产生裂缝;在夏季高温干旱作用下,坝体土料可能干裂导致集中渗漏;对于地震区修建的土石坝,在地震动作用下还会增加坝坡滑动的可能性,粉砂地基还容易引起地震液化破坏;动物(如白蚁、獾子等)在坝身内筑造洞穴、植物根系腐烂等形成集中渗漏通道,也威胁土石坝的安全。

3.3.2 土石坝的类型

按施工方法分类,土石坝可以分为碾压式土石坝、水力冲填坝、水坠坝、水中填土坝或水中倒土坝、土中灌水坝和定向爆破堆石坝,其中碾压式土石坝应用最为广泛。

按坝体材料和防渗结构分类,碾压式土石坝还可以分为均质坝和分区坝(如心墙坝、斜墙坝、斜心墙坝、土石混合坝、面板坝等),如图3.19所示。

(1)均质坝。坝体绝大部分由均一的透水性较弱的黏土填筑而成,整个坝体起防渗作用。一般,均质坝土料的渗透系数不大于1×10^{-4} cm/s。该类坝材料单一,结构简单,施工工序简单。但是,由于黏性土料的抗剪强度较低,因此坝坡缓,剖面大,施工受气候的影响大。一般适用于中小型坝,高坝不采用。如我国松涛水库均质坝,坝高78.7m。

(2)土质心墙坝和斜墙坝。防渗体采用渗透性较弱的黏性土料,而坝壳采用透水性较强的砂石料。防渗体设在坝体横剖面中央或稍偏向上游的土石坝称为心墙坝或斜心墙坝,防渗体设在坝体上游面或接近上游面的土石坝称为斜墙坝。一般心墙和斜墙土料的渗透系数不大于1×10^{-5} cm/s。

土质心墙坝的黏性土料比例较小,施工受气候影响小。但是,施工时要求心墙与坝体同时上升,施工干扰大。该类坝型可适用于大中小型各类工程,如我国石头河水库黏土心墙坝,坝高105m。

土质斜墙坝的斜墙和坝体的施工干扰小。但是,斜墙坝的抗震性能和适应不均匀沉降

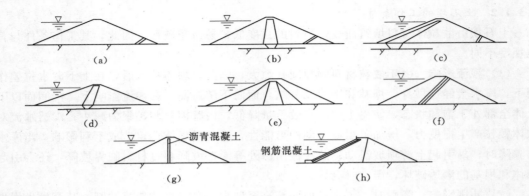

图 3.19 土石坝类型示意图

(a) 均质坝；(b) 土质心墙坝；(c) 土质斜墙坝；(d) 土质斜心墙坝；(e) 多种土质坝；

(f) 土石混合坝；(g) 沥青混凝土心墙坝；(h) 钢筋混凝土面板坝

的能力较差。该类坝型可适用于大中小型各类工程，如我国密云水库主坝白河黏土斜墙坝，坝高 66m。

土质斜心墙坝的土质防渗体介于心墙坝与斜墙坝之间，是一种近代新坝型。该类坝型便于施工，可以改善坝体应力状态，避免裂缝，其特点介于心墙坝与斜墙坝之间。适用于大中小型各类工程，如美国奥罗维尔黏土斜心墙坝，坝高 234m；我国小浪底黏土斜心墙坝，坝高 154m。

（3）人工防渗材料心墙坝和斜墙坝。防渗体采用沥青混凝土、钢筋混凝土或其他人工材料，其余部分用土石料构成的坝称为人工材料心墙坝或斜墙坝。

人工防渗材料位于坝体中部，称为人工防渗材料心墙坝，目前常用的人工防渗材料为沥青混凝土或者钢筋混凝土。如长江三峡水利枢纽工程茅坪溪副坝为沥青混凝土心墙坝，坝高 104m，坝顶长 1840m；黄河三门峡水利枢纽工程副坝为钢筋混凝土心墙坝，坝高 24m。

人工防渗材料位于坝体上游面，称为人工防渗材料斜墙坝（或面板坝），目前常用的人工防渗材料为钢筋混凝土，坝体为堆石料或砂砾石料，称为钢筋混凝土面板坝。如湖北省水布垭钢筋混凝土面板堆石坝，坝高 233m；新疆乌鲁瓦提钢筋混凝土面板砂砾石坝，坝高 131.8m；青海省黑泉钢筋混凝土面板砂砾石坝，坝高 123.5m。

（4）多种土质坝和土石混合坝。严格来说，多种土质坝和土石混合坝也是属于分区坝。坝体由几种不同性质的土料所构成的坝称为多种土质坝，将多种土质坝的某些部位以石料代替，即成为土石混合坝。

3.3.3 土石坝的设计要求

土石坝的筑坝材料为散粒体材料，颗粒间孔隙大，抗剪强度低，黏聚力小，因此，决定了土石坝的设计和施工具有自身的独特性。一般说来，土石坝的设计需要遵循以下原则和要求。

（1）不允许水流漫顶。对洪水估计偏低、坝顶高程不足、溢洪道尺寸偏小、水库运用不当等都会造成土石坝漫顶事故。据统计资料，在土石坝的失事中，因水流漫顶而失事的约占 30%。例如，发生在我国河南省的"75·8"事故，1975 年 8 月初因暴雨洪水漫顶导致大中小各型水库共 62 座土石坝溃决，死亡 26000 多人，超过 1000 万人受灾，京广铁路中断运行 1 个多月，被称为人类科技史上最大的灾难。因此，需要设计泄洪能力足够大的泄水建筑物；充分估计坝体沉降，预留超高；避免水库近坝区的滑坡涌浪；运行时加强管理，优化调度水库。

（2）满足渗流控制要求。土石坝易存在坝体渗流和绕坝渗流问题。如果渗流量过大，则影响水库效益。此外，还要防止坝体和坝基的渗透变形。因此，要求设计合理的防渗体，保证施工质量；做好坝体与地基、岸坡或其他建筑物的连接，合理布置反滤及排水设施。

（3）坝体坝基稳定可靠。据资料统计，土石坝的失事中，因滑坡破坏造成的约占25%。因此，要求选择合适的坝坡坡度，既能保持稳定，又最经济。特别需要注意土石坝的抗地震破坏能力，确保在地震作用下坝体稳定可靠。

（4）抵抗其他自然界的破坏作用。土石坝还要考虑抵抗其他自然力的破坏作用，如风浪淘刷坝坡、雨水冲刷坝体、冬季冰冻裂缝、夏季日晒龟裂、白蚂蚁蛀空坝体等。

3.3.4 土石坝的剖面和构造

土石坝的基本剖面根据坝高、坝的等级、坝型和筑坝材料特性、坝基情况以及施工运行条件等，参照已建工程的实践经验初步拟定，然后通过渗流和稳定分析复核，最终确定合理的剖面形状。土石坝剖面的基本尺寸和构造主要包括坝顶高程、坝顶宽度、上下游坡度、防渗结构和排水设施的形式及尺寸等。

3.3.4.1 坝顶高程

坝顶高程由水库静水位和风浪壅高、波浪爬高、安全加高等确定。坝顶超出静水位的超高可按式（3.7）计算：

$$\Delta = R + e + A \tag{3.7}$$

式中：Δ 为坝顶超出静水位的超高，m；R 为波浪在坝坡上的爬高，m；e 为风浪壅高，m；A 为安全加高，m。R、e 和 A 可根据坝的等级和运用要求，按照设计规范计算确定。

坝顶高程需要根据正常运用和非常运用的静水位加相应的安全超高计算确定。一般应考虑以下几种情况：①正常蓄水位加正常运用情况的安全超高；②设计洪水位加正常运用情况的安全超高；③校核洪水位加非常运用情况的安全超高；④正常蓄水位加非常运用情况的安全超高再加地震安全超高。上述情况取其最大值作为坝顶高程。

上述坝顶高程是指坝体沉降稳定后的数值，因此，竣工时的坝顶高程应预留足够的沉降量。当坝顶设置防浪墙时，上述坝顶高程是指防浪墙顶高程，同时，防浪墙高度应不小于 1.0～1.2m，坝顶高程应高出正常运用情况下的静水位 0.5m，且不低于非常运用情况下的静水位。

3.3.4.2 坝顶宽度

坝顶宽度应根据运行、施工、构造、交通和人防等方面的要求综合研究后确定。当无特殊要求时，高坝的坝顶最小宽度可选用 10～15m，中低坝可选用 5～10m。当坝顶有交通要求时，其宽度应按照道路等级要求根据交通部门的规范设计。坝顶宽度必须考虑心墙或斜墙顶部及反滤层布置的需要。在寒冷地区，坝顶还须有足够的厚度以保护黏性土料防渗体免受冻害。

3.3.4.3 坝坡

土石坝坝坡的确定，需综合考虑坝型、坝高、坝的等级、坝体及坝基材料的性质、所承受的荷载、施工和运用条件等因素。设计时可先参照已建成坝的实践经验或用近似方法初拟坝坡，然后经渗流和稳定计算来确定经济的坝体断面。

（1）上游坝坡长期浸泡于水中，土的抗剪强度下降，会降低坝体的稳定性。所以，上游坝坡常比下游坝坡缓，水下部分常比水上部分缓，但堆石坝上、下游坝坡坡率的差别要比砂土料为小。

（2）土质斜墙坝上游坝坡的稳定受斜墙土料特性控制，斜墙坝的上游坝坡一般较心墙坝缓。而心墙坝，特别是厚心墙坝的下游坝坡，因其稳定受心墙土料特性的影响，一般较斜墙坝缓。

（3）黏性土料的稳定坝坡为一曲面，上部坡陡，下部坡缓，所以用黏性土料做成的坝坡，常沿高度分成数段，从上而下逐渐放缓，相邻坡率差值取 0.25 或 0.5。砂土和堆石的稳定坝坡为一平面，可采用均一坡率。

（4）采用粉土、砂、轻壤土修建的均质坝，透水性较大，为了保持渗流稳定，一般要求适当放缓下游坝坡。砂壤土、壤土的均质坝比砂或砂砾料坝体的坝坡缓些。

坝高越大，坝坡也越缓。碾压式土石坝的上下游坝坡常沿高程每隔 10～30m 设置一条马道，其宽度不小于 1.5～2.0m，用以拦截雨水，防止冲刷坝面，同时也兼作交通、检修和观测之用，还有利于坝坡稳定。马道一般设在坡度变化处，下游坝坡上的马道，常结合施工和上坝公路，设置成斜马道。

3.3.4.4 坝顶构造

土石坝坝顶一般都做护面。上游侧常设防浪墙，防浪墙可用混凝土或浆砌石修建，高度为 1.0～1.2m；下游侧设缘石。为了排水，坝顶应做成向一侧或两侧倾斜的横向坡度，坡率为 2%～3%。典型的坝顶构造如图 3.20 所示。

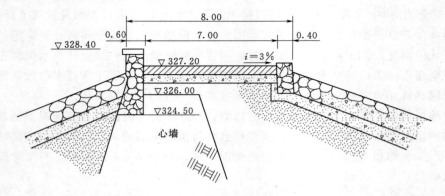

图 3.20 土石坝坝顶构造示意图

3.3.4.5 防渗体

（1）土质心墙。土质心墙一般布置在坝体中部，有时稍偏上游并稍为倾斜。心墙坝顶部厚度一般不小于 3m。心墙厚度根据土料的允许渗透坡降确定，一般心墙底部厚度不宜小于作用水头的 1/4。黏土心墙两侧边坡多在 1∶0.3～1∶0.15 之间。心墙的顶部应高出设计洪水位 0.3～0.6m，且不低于校核洪水位，当有可靠的防浪墙时，心墙顶部高程也不应低于设计洪水位。心墙顶与坝顶之间应设有保护层，厚度不小于该地区的冰冻或干燥深度，同时按结构要求不宜小于 1m。心墙与坝壳之间应设置反滤层或过渡层。岩石地基上的心墙，还要设混凝土垫座，或修建 1～3 道混凝土齿墙，齿墙高度为 1.5～2.0m，嵌入基岩的深度为 0.2～0.5m，同时还需要进行帷幕灌浆。

（2）土质斜墙。斜墙顶厚（指与斜墙上游坡面垂直的厚度）不宜小于 3m。底厚不宜小于作用水头的 1/5。斜墙顶应高出设计洪水位 0.6～0.8m，且不低于校核洪水位。如有可靠的防浪墙，斜墙顶部也不应低于设计洪水位。斜墙顶部和上游坡都必须设保护层，厚度不小于冰冻和干燥深度，一般用 2～3m。一般内坡不宜陡于 1∶2.0，外坡常在 1∶2.5以上。斜墙与保护层以及下游坝体之间，应根据需要分别设置反滤层或过渡层。

（3）人工材料防渗体。人工材料防渗体有钢筋混凝土、沥青混凝土、木板、钢板、浆砌块石和复合土工膜等，较常用的是钢筋混凝土、沥青混凝土和复合土工膜。人工材料防渗体多用在堆石坝中，如钢筋混凝土面板堆石坝、沥青混凝土心墙坝、复合土工膜砂砾石坝等。

3.3.4.6　排水设施

土石坝虽设有防渗体，但仍有一定水量渗向大坝下游。设置坝体排水设施，可以将渗入坝体内的水有计划地排到坝外，以达到降低坝体浸润面和孔隙水压力、防止渗透变形、增加坝坡稳定性、防止冻胀破坏等目的。常用的土石坝排水设施有以下几种：

（1）贴坡排水。贴坡排水紧贴下游坝坡的表面设置，它由 1～2 层堆石或砌石构筑而成，在堆石与坝坡之间设置反滤层。其顶部应高于坝体浸润面的逸出点，超出高度，对Ⅰ、Ⅱ级坝不小于 2.0m，Ⅲ、Ⅳ、Ⅴ级坝不小于1.5m，并保证坝体浸润面位于冻结深度以下。底部必须设排水沟，其深度要满足结冰后仍有足够大的排水断面，如图 3.21 所示。

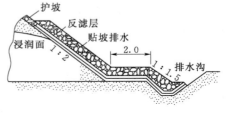

图 3.21　贴坡排水

贴坡排水构造简单、节省材料、便于维修，但不能降低坝体浸润面。多用于浸润面很低且下游无水的情况。

（2）棱体排水。在下游坝脚处用块石堆成棱体，顶部高程超出下游最高水位，超出高度应大于波浪沿坡面的爬高，且对Ⅰ、Ⅱ级坝不小于 1.0m，Ⅲ、Ⅳ、Ⅴ级坝不小于 0.5m，并使坝体浸润面距坝坡的距离大于冰冻深度。堆石棱体内坡一般为 1∶1.5～1∶25，外坡为 1∶2.5～1∶1.5，或更缓。顶宽应根据施工条件及检查观测需要确定，但不小于 1.0m，如图 3.22 所示。

棱体排水可降低坝体浸润面，防止渗透变形，保护下游坝脚不受尾水淘刷，且有支撑坝体、增加稳定性的作用。但石料用量较大、费用较高，与坝体施工有干扰，检修也较为困难。

（3）褥垫排水。褥垫排水是伸展到坝体内的排水设施。在坝基面上平铺一层厚约 0.4～0.5m 的块石，并用反滤层包裹。褥垫伸入坝体内的长度应根据渗流计算确定，对黏性土均质坝不大于坝底宽的 1/2，对砂性土均质坝不大于坝底宽的 1/3。如图 3.23 所示。

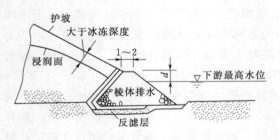

图 3.22 棱体排水

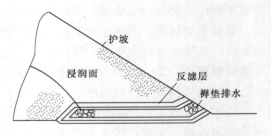

图 3.23 褥垫排水

褥垫排水向下游方向设有 0.5%～1% 的纵坡。当下游水位低于排水设施时，褥垫排水降低坝体浸润面的效果显著，还有助于坝基排水固结。但当坝基产生不均匀沉降时，褥垫排水层易断裂，且检修困难，施工时干扰较大。

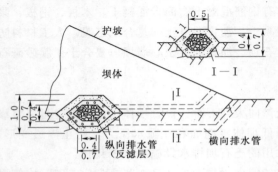

图 3.24 管式排水

（4）管式排水。管式排水的构造如图 3.24 所示。埋入坝体的暗管可以是带孔的陶瓦管、混凝土管或钢筋混凝土管，还可以是由碎石堆筑而成。由平行于坝轴线的集水管收集渗水，经由垂直于坝轴线的横向排水管排向下游。横向排水管的间距为 15～20m。

管式排水的优缺点与褥垫式排水相似。排水效果不如褥垫式好，但用料少。一般用于土石坝岸坡及台地地段的排水，因为这里坝体下游经常无水，排水效果好。

（5）综合式排水。为发挥各种排水型式的优点，在实际工程中常根据具体情况将 2～3 种排水型式组合在一起，形成综合式排水，常见的有贴坡排水与棱体排水组合、棱体排水与褥垫排水组合等综合式排水。如图 3.25 所示。综合式排水的优缺点正好综合各组合排水的优缺点。

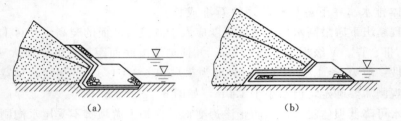

图 3.25 综合式排水
（a）贴坡排水与棱体排水组合；（b）棱体排水与褥垫排水

3.3.4.7 护坡与坝坡排水

（1）护坡。为防止波浪淘刷、冰层和漂浮物的损害、顺坝水流的冲刷等对坝坡的危害，土石坝的上游面必须设置护坡。上游护坡防护范围为从坝顶到上游最低水位以下2.5m，或者至坝底。上游护坡型式主要有抛石（堆石）护坡、砌石（料石）护坡和混凝土和钢筋混凝土板护坡、人工预制块护坡等。

抛石（堆石）护坡是将适当级配的石块倾倒在坝面垫层上的一种护坡，其优点是施工进度快、节省人力，但工程量比砌石护坡大。砌石（料石）护坡是用人工将块石铺砌在碎石或砾石垫层上，要求石料比较坚硬并耐风化，有干砌石和浆砌石两种。混凝土和钢筋混凝土板护坡是采用混凝土预制板或者现浇混凝土进行护坡，底部需设砾石或碎石垫层，板上设排水孔。人工预制块通常是混凝土预制块，有多种体型，由人工铺筑形成护坡。

同样，为防止雨水、大风、水下部位的风浪、冰层和水流作用、动物穴居、冻胀干裂等对坝坡的破坏，土石坝的下游面也需设置护坡。常采用简化型式，如砌石、堆石、卵石和碎石、草皮等。防护范围为坝顶护至排水棱体，无排水棱体时护至坝脚。

（2）坝坡排水。为了防止雨水冲刷，在下游坝坡上常设置纵向和横向连通的排水沟，包括纵向排水沟、横向排水沟和岸坡排水沟。

纵向排水沟在坝面上沿马道内侧布置，用浆砌石或混凝土板铺设成矩形或梯形断面。若坝较短，纵向排水沟拦截的雨水可引至两岸的排水沟排至下游。若坝较长，则应沿坝轴线方向每隔50～100m左右设置横向排水沟，以便排除雨水。

岸坡排水沟沿土石坝与岸坡的结合处布置，以拦截山坡上的雨水。

3.3.4.8 土石坝的填筑标准

对于土石料来说，填筑压实得越密实，其整体抗剪强度、抗渗性、抗压缩等性能就越好，因不均匀沉陷引起裂缝的可能性就越小，坝体的稳定性和安全性也越高。但是需要较大的击实功能，造价高。因此，结合筑坝材料的性质、筑坝地区的气候条件、施工条件以及坝体不同部位的具体要求，规定适宜的土石料填筑压实标准，既可获得设计期望的稳定性和安全性，又可降低工程造价。

为达到设计的填筑标准，对1级、2级坝和各级高坝应通过专门的现场碾压试验进行校核，并确定碾压参数；对3级、4级、5级坝可在施工初期，结合施工质量控制进行校核。

1. 黏性土料填筑标准

不含砾或含少量砾的黏性土料的填筑标准，常以压实度和最优含水率作为设计控制指标。设计干重度以击实试验最大干重度乘以压实度确定，即

$$P = \frac{\gamma_d}{\gamma_{dmax}} \tag{3.8}$$

式中：P 为填土的压实度；γ_d 为设计填筑干重度，一般为 $16 \sim 17 \text{kN/m}^3$；γ_{dmax} 为标准击实试验最大干重度。

对1级、2级坝和高坝，压实度应为0.98～1.00；对3级、4级、5级坝，压实度应不低于0.96～0.98。黏性土的填筑含水量一般控制在最优含水量附近，其上下限偏离最优含水量不超过2%～3%。

黏性土的最大干重度、最优含水率与击实功能之间存在着密切关系。因此，在确定填筑标准时，首先确定一个适宜的含水率，以使土料在一定的击实功下具有较好的力学性

质。在一定击实功下，对应于最大干重度的含水率称为最优含水率。通常，击实功越大，黏性土最优含水率越低。当实际含水率小于最优含水率时，增加击实功对提高密实度效果较明显；而当实际含水率大于最优含水率时，则增加击实功产生的效果并不明显。

2. 非黏性土料填筑标准

非黏性土的压实特性与含水量关系不大，主要与粒径级配和压实功有密切关系，常用相对紧密度表示如下：

$$D_r = \frac{e_{\max} - e}{e_{\max} - e_{\min}} \tag{3.9}$$

式中：D_r 为相对紧密度；$e_{\max}$、$e_{\min}$ 分别为砂砾料最大、最小孔隙比；e 为砂砾料设计孔隙比。

由相对紧密度 D_r 可以换算成干重度 γ_d，作为施工控制指标，即

$$\gamma_d = \frac{\gamma_{d\max} \gamma_{d\min}}{(1 - D_r)\gamma_{d\max} + D_r \gamma_{d\min}} \tag{3.10}$$

式中：$\gamma_{d\max}$、$\gamma_{d\min}$ 分别为砂砾料的最大、最小干重度，由试验得出。

非黏性土料的填筑标准要求达到密实状态，相对紧密度不低于 0.70～0.75。在地震区，浸润面以上相对紧密度不低于 0.70，浸润面以下按设计烈度大小而定，一般不低于 0.75～0.85。当非黏性土中粗粒含量小于 50％时，应保证细料（小于 5mm 的颗粒）的相对紧密度满足以上要求。

3.3.5　土石坝的渗流和稳定分析

3.3.5.1　渗流分析

1. 分析方法

土石坝挡水后，在上下游水位差作用下，水流将通过坝体、坝基和两岸坝肩自高水位

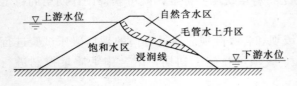

图 3.26　土坝渗流示意图

侧向低水位侧运动，形成渗流场，如图 3.26 所示。坝体内渗透水流的自由水面称为浸润面，浸润面与坝体剖面的交线称为浸润线。

渗流分析的目的是：①确定坝体浸润面的位置，为验算坝坡稳定分析提供荷载，同时考察防渗和排水结构型式的合理性；②确定坝体、坝基和两岸坝肩的渗流量，估计水库的渗漏损失；③确定坝体、坝基和两岸坝肩的渗透坡降及渗透流速，检查是否发生渗透变形，论证渗流控制措施的合理性；④确定库水位降落时上游坝壳内自由水面的位置，估算孔隙水压力，为上游坝坡稳定分析提供荷载。

土石坝渗流是个复杂的空间问题，在河谷较宽、坝轴线较长的河床部位，常可简化为平面问题来分析。常用的渗流分析方法有流体力学法、水力学法、流网法、有限元法和模拟试验法等。

流体力学法求解 Laplace 方程或热传导方程等边值问题，只有在边界条件简单的情况下才有解，且计算较繁。水力学法是在一些假定条件下的近似解法，计算简单，能满足工程精度要求，所以在实践中被广泛采用。流网法是一种简单图解方法，能够求解渗流场内

任一点渗流要素，但对不同土质和渗透系数相差较大的情况难以采用。模拟试验法常采用电模拟，以电压模拟渗流水头，需要一定的设备，且费时较长。随着计算机技术的快速发展，有限元法等数值方法已在渗流分析中得到了广泛的应用，对于复杂问题和重要工程，多采用有限元法来分析。该法采用数值方法求解一定边界条件下的 Laplace 方程或热传导方程，可以解决稳定和非稳定，非均质和各向异性，具有防渗体、排水孔洞等复杂结构和复杂边界条件的渗流问题，还可以求得流网，计算渗流场的各种渗流要素，判别渗流安全性。

2. 渗透变形和反滤层

土石坝坝体、坝基和两岸坝肩中的渗流，由于物理或化学的作用，导致土体颗粒流失，土壤发生局部破坏，称为渗透变形。据统计，国内土石坝由于渗透变形造成的失事约占失事总数的 45%。

渗透变形的型式及其发生发展过程与土料性质、颗粒级配、水流条件以及防渗、排水措施等因素有关，一般有管涌、流土、接触冲刷和接触流失等类型，接触冲刷和接触流失如图 3.27 所示。工程中最为常见的是管涌和流土。

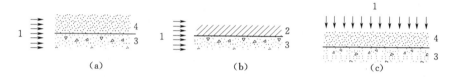

图 3.27　接触渗透变形示意图
(a)、(b) 接触冲刷；(c) 接触流失
1—渗流方向；2—黏性土或混凝土；3—砂砾土；4—砂性土

管涌是指渗透坡降足够大时，坝体或坝基中的无黏性土细颗粒被渗透水流带走并逐步形成渗流通道的现象，多发生在坝的下游坡或闸坝下游地基面渗流逸出处。黏性土因颗粒之间存在黏聚力且渗透系数较小，故一般不易发生管涌破坏，而在缺乏中间粒径的非黏性土中极易发生。

流土是指渗透坡降足够大时，在渗流作用下产生的土体浮动或流失现象。发生流土时土体表面发生隆起、断裂或剥落。它主要发生在黏性土及均匀非黏性土体的渗流出口处。

接触冲刷是指当渗流沿着两种不同土层的接触面流动时，沿层面带走细颗粒的现象。

接触流失是指当渗流垂直于渗透系数相差较大的两相邻土层的接触面流动时，把渗透系数较小土层中的细颗粒带入渗透系数较大的另一土层中的现象。

防止土体发生渗透变形，常用的工程措施有：①采取水平或垂直防渗措施，以尽可能地延长渗径，减小渗透坡降；②采取排水减压措施，以降低坝体浸润面，减小下游渗流出口处的渗透压力；③设置反滤层和盖重，对可能发生管涌的部位，设置反滤层拦截可能被渗流带走的细颗粒，而对下游可能产生流土的部位，设置盖重以增加土体抵抗渗透变形的能力。

设置反滤层是提高土体抵抗渗透破坏能力的一项有效措施，它可起到滤土、排水的作用。通常，在土质防渗体（包括心墙、斜墙、铺盖、截水槽等）与坝壳或坝基透水层之间，以及下游渗流逸出处，均需设置反滤层。当坝壳或坝基为砂性土且与防渗体之间的层间关系满足反滤要求时，可不设置专门的反滤层；对防渗体上游部位反滤层的要求可以适当降低。

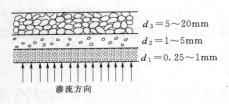

图 3.28 反滤层构造示意图

反滤层应满足下列要求：①透水性大于被保护土体，能顺畅地排除渗透水；②使被保护土不发生渗透变形；③不致被细粒土淤堵失效；④在防渗体出现裂缝的情况下，土颗粒不会被带出反滤层，能使裂缝自行愈合。反滤层一般由 2～3 层不同粒径的砂石料组成，石料采用耐久的、抗风化的材料，层的设置大体与渗流方向正交，且沿渗流方向粒径应由小到大，如图 3.28 所示。反滤层也可以采用土工织物设置，它具有施工简单、速度快造价低的优点，近年来在工程中得到广泛应用。

3.3.5.2 稳定分析

1. 土石坝稳定破坏型式

土石坝由散粒体材料填筑而成，其稳定破坏主要有滑动、液化及塑性流动 3 种状态。

坝坡的滑动是由于坝体的边坡太陡，坝体填料的抗剪强度太小，致使边坡的滑动力矩超过抗滑力矩，从而发生坍滑；或由于坝基土的抗剪强度不足，坝体连同坝基一起发生滑动，尤其是当坝基存在软弱土层时，滑动往往是沿着该软弱层发生。坝坡的滑动面可能是圆柱面、折面、平面或复杂曲面，如图 3.29 所示。

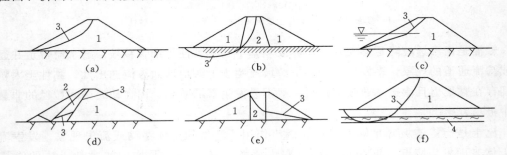

图 3.29 土石坝滑动破坏型式
1—坝壳/坝体；2—土质防渗体；3—滑动面

土体的液化常发生在用细砂或均匀的不够紧密的中粗砂料建成的坝体或坝基中。液化的原因是由于饱和的松砂受振动或剪切而发生体积收缩，孔隙中的水分不能立即排出，部分或全部有效应力转变为孔隙水压力，土体的抗剪强度亦即减小甚至变为零，砂粒也就随水流动而"液化"。促使饱和砂土液化的客观因素可以是地震、爆炸等造成的振动，也可以是打桩时引起的振动等等。

土坝的塑性流动是由于坝体或坝基内的剪应力超过土料的抗剪强度，变形远超过弹性限值，不能承受荷载，发生坝坡或坝脚土被压出或隆起，或坝体和坝基发生严重裂缝、过量沉陷等情况。坝体或坝基为软黏土时，若设计处理不当，极易产生这种破坏。

2. 抗滑稳定分析方法

通常，土石坝需要进行坝坡抗滑稳定验算。坝坡稳定分析的方法主要有数值解析法和试验分析法。数值解析法又可分为滑动面法和应力应变分析法（或强度分析法）。对于大型土石坝或Ⅰ、Ⅱ级土石坝，需要进行塑性流动分析，强震区的土石坝存在可液化土层时需要进行液化验算。

滑动面法基于刚体极限平衡原理，包括圆弧滑动法（如瑞典法、毕肖普法等）、折线滑动面法、复合滑动面法、楔形体法和摩根斯特-普赖斯（Morgenstern-Price）法等。这些方法都是通过假定滑动面，计算该滑动面上的抗滑力矩和滑动力矩的比值，即安全系数。滑动面法受力明确，计算方便，经多年使用已积累了丰富的经验，是规范推荐的土石坝抗滑稳定分析方法。缺点是假定的滑动面形状与实际情况未必相符，且有限个滑动面的计算结果未必能找出最小安全度的滑动面位置，此外滑动体是按刚体考虑的，与实际情况不符。

应力应变分析法应用弹性理论或塑性理论，以坝体连同坝基为分析对象，计算出坝体和坝基内部各点的应力和应变，来判断坝体和坝基的稳定性。按应力应变的非线性本构关系建立数学模型，借助非线性有限元法等数值方法，可求得各点的应力和位移，将各点应力与土体强度相比，即可知道是否安全。但是土、砂砾及堆石等材料容易产生变形，且应力应变关系复杂，数学模型不唯一，因此用数值分析法研究土体的应力应变和稳定问题尚待深入探讨。规范虽然要求对1级、2级高坝及建于复杂和软弱地基上的土石坝进行应力应变计算，但未给出用应力应变法验算稳定安全度的定量判据。

坝坡稳定分析选用的滑裂面形状，一般有如下几种：①曲线滑裂面，当滑裂面通过黏性土的部位时，其形状常是上陡下缓的曲面，该曲面近似为圆柱面，在计算中常用圆弧代替；②直线或折线滑裂面，滑裂面通过无黏性土时，如薄心墙坝、斜墙坝等，滑裂面的形状可能是直线或折线形，当坝坡干燥或全部浸入水中时呈直线形，当坝坡部分浸入水中时呈折线形，斜墙坝的上游坡通常沿斜墙与坝体交界面滑动；③复合滑裂面，当滑裂面通过性质不同的几种土料时，如厚心墙坝或由黏土和非黏性土构成的多种土质坝、坝基存在软弱夹层等，可能形成由直线和曲线组成的复合形状滑裂面。

3. 提高坝坡稳定性的工程措施

土石坝产生滑坡的原因主要是由于坝体抗剪强度偏低、坝坡偏陡，提高坝坡抗滑稳定安全系数的工程措施主要有：①提高填土的填筑标准；②坝脚加压重；③加强防渗排水措施；④放缓坝坡；⑤设置加筋等。

3.3.6 土石坝的裂缝

3.3.6.1 裂缝类型及其成因

按裂缝的成因，土石坝的裂缝可分为变形裂缝、干缩和冻融裂缝、水力劈裂缝和滑坡裂缝等。

1. 干缩和冻融裂缝

干缩裂缝是由于土体表面失去水分收缩，而土体内部不收缩或收缩甚微，表层土体受内部土体约束产生拉应力，形成裂缝。常见于含水量较高、薄膜水较厚的细粒土体。

冻融裂缝是土体冻结后，气温骤降，表层土体发生收缩，受到内部未降温土体约束而产生拉应力，在表层形成裂缝。常见于含水量较高的细粒土体。

干缩和冻融裂缝仅限于表层土体，一般不至于威胁大坝的安全。

2. 变形裂缝

这类裂缝主要由不均匀沉降所引起。由于不均匀变形，在坝的某些部位产生较大的拉应变和剪应变，因而产生裂缝。这种裂缝一般规模较大，并深入坝体，是破坏坝体完整性的主要裂缝。特别是防渗体的拉伸裂缝，对坝的安全威胁很大，应尽量避免。变形裂缝可以分为纵向裂缝、横向裂缝和水平裂缝。

(1) 纵向裂缝。纵向裂缝的走向平行于坝轴线。多出现于坝坡，有时也出现在坝顶，也可能出现在坝体内部。裂缝的宽度往往较大。这种裂缝是由于土坝横向不均匀变形引起的，在黏土心墙坝、黏土斜墙坝以及压缩性较大的软黏土地基和湿陷性黄土地基上的土坝等均有可能出现，如图 3.30 所示。

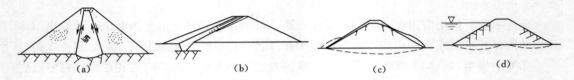

图 3.30　纵向裂缝示意图
(a) 心墙坝；(b) 斜墙坝；(c) 软黏土地基沉陷；(d) 湿陷性黄土地基沉陷

(2) 横向裂缝。横向裂缝的走向垂直于坝轴线。这是由于坝体在坝轴线方向的不均匀沉降而引起的拉伸缝，在地形局部变化处，如岸坡陡峭以及坝体埋有刚性建筑物的区域，易产生局部的拉伸区而出现裂缝，如图 3.31 所示。横缝常贯穿防渗体，对坝的危害最大。

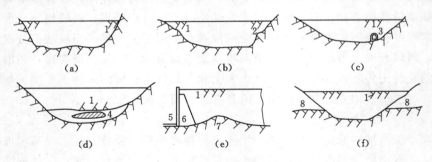

图 3.31　横向裂缝示意图
1—横缝；2—台阶；3—埋管；4—高压缩性土；5—导墙；
6—刺墙；7—基岩面突起；8—湿陷性黄土

(3) 水平裂缝。水平裂缝多发生于窄心墙坝中，如图 3.32 所示。它是由坝体和坝基不均匀沉降引起的，是一种内部裂缝，有时贯通上下游，形成集中渗漏通道。这种缝不易发现，往往出现事故后才知道，危害性很大。

图 3.32　拱效应和水平裂缝示意图

3. 水力劈裂缝

水力劈裂缝是在孔隙水压力作用下，土体局部有效压应力减小至零或小于零时，发生拉伸破坏所形成的裂缝，一般在水压力减退后张开裂缝又可自行闭合。如果心墙拱效应使心墙的垂直压力降低到小于该处的孔隙水压力时，会因水力劈裂而产生水平裂缝。因其他原因而产生的水平裂缝也可能因水力劈裂作用而扩展。有时对防渗体进行钻孔灌浆时，在灌浆压力的作用下也可能出现水力劈裂。水力劈裂缝多发生于水库初次蓄水时，是一种危害性很大的裂缝。

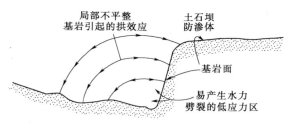

图 3.33 不平整基岩面引起拱效应

此外，在防渗体与基岩表面局部不平整处也会产生拱效应，如图 3.33 所示。拱效应使防渗体与基岩的接触压力降低，当小于孔隙水压力时造成水力劈裂。美国堤堂坝失事，一个重要原因是深入基岩的截水槽槽壁坡度较陡，达 60°～65°，引起槽内填土产生拱作用，计算的槽内竖向应力仅为上部覆土重的 60%，因而水库初期蓄水时，该处发生了水力劈裂。

4. 滑坡裂缝

滑坡常引起裂缝，在顶部呈张开缝、底部隆起处产生许多细小裂缝，如图 3.34 所示。这种缝延伸较长、较深，有较大的错距，也较宽。这是坝坡失稳前滑动土体开始发生位移而在周界上出现的裂缝，是滑坡的前兆。

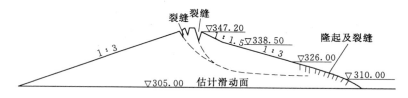

图 3.34 滑坡裂缝示意图

3.3.6.2 土石坝裂缝防治

防止土石坝发生裂缝，应从设计、施工和运行管理等方面入手：①合理设计土石坝的剖面和细部结构，选择适宜的筑坝材料并采用合理的设计参数；②严格控制施工质量，精心施工，科学管理；③运行期避免不利的水库操作方式，加强监测和维护。对已发现的裂缝，应加强监测，分析原因并及时进行处理。

3.3.7 地基处理

虽然土石坝对地基变形的适应性比混凝土坝好，但也需要进行地基处理。合理的地基处理主要是为了满足渗流控制（包括渗透稳定和控制渗流量）、稳定控制以及变形控制等方面的要求，以保证坝的安全运行。

3.3.7.1 砂砾石地基

砂砾石地基的承载力通常是足够的，而且地基因压缩产生的沉降量也不大。因此，对砂砾石地基的处理主要是解决防渗问题，通过采取"上堵"和"下排"相结合的措施，达到控制地基渗流的目的。

渗流控制的基本方式有垂直防渗、水平防渗和排水减压等。前两者体现了"上堵"的基本原则，后者则体现了"下排"的基本原则。垂直防渗可采取黏性土截水槽、套井黏土防渗墙、混凝土截水墙、混凝土防渗墙、水泥黏土灌浆帷幕、高压喷射灌浆等基本型式，水平防渗常用防渗铺盖。

坝基垂直防渗设施一般设在坝体防渗体底部位置，对均质坝来说，可设在距上游坝脚 1/3～1/2 坝底宽度处。垂直防渗设施能可靠而有效地截断坝基渗透水流，在技术条件可行而又经济时，应优先采用。

3.3.7.2　细砂及淤泥地基

均匀饱和的细砂地基在地震等动力荷载作用下极易发生液化，失去抗剪强度而导致工程失事。常用的加固处理措施有：①当细砂层较薄且接近地表面时可将其全部挖除，使坝基面下移至坚实地层上；②若细砂层较厚，可用上下游截水墙或板桩将其封闭，切断其液化流失的途径，但造价高；③在坝趾附近设置砂井排水，及时消散因地震可能引起的超孔隙水压力，防止发生液化，但要注意砂井本身不被淤塞；④选用新技术措施对松砂进行人工加密，如强夯法、爆炸振密法、振动水冲法等。

地基中的淤泥层，天然含水量高、重度小、抗剪强度低、承载力小，影响坝的稳定，一般不宜用作坝基，如淤泥层较薄，能在短时间内固结，可不必清除；对分布范围不大、埋藏较浅的宜全部挖除。软黏土抗剪强度低，压缩性高，当土层较薄时一般应予以清除。当厚度较大、分布较广，难以挖除时，可以进行预压以提高强度和承载力，或者通过铺垫透水材料（如土工织物）和设置砂井、插塑料排水带等措施，加速土体排水固结，使大部分沉降在施工期发生，并调整施工速度，结合坝脚压重，使荷载的增长与地基土强度的增长相适应，保证地基稳定。

3.3.7.3　软黏土和黄土地基

软黏土的特点是天然含水量大、压缩性高、透水性差、抗剪强度低、承载能力小，影响坝的稳定性。当软土层分布范围不大、埋藏较浅且层厚较薄时，一般应全部挖除；当软土层埋藏较深、厚度较大或分布较广、挖除及换土有困难时，可在坝基中设置排水砂井，以加速地基排水固结，并控制填土进度，使其有足够的时间固结。

黄土地基在我国西北地区分布较广，其主要问题是湿陷大，可能引起坝的开裂和失稳。处理的办法是：①预先浸水使之湿陷；②将表层较松软土层挖除换土、压实；③夯实表层土，破坏黄土的天然结构，使其密实。

3.3.7.4　岩石地基

对于岩石地基，应清基，将表面覆盖层挖除。对 1 级、2 级坝坝基应把表面的风化岩层挖除，表面的松散石块也应挖除，把坝体建在弱风化层或微风化层上，防渗体应建在微风化或新鲜岩石上；对于 3 级、4 级、5 级坝也可建在较好的强风化层或弱风化层上，防渗体可建在较完整的弱风化基岩上。

坝基开挖时，应尽量将坝肩岸坡基岩开挖平顺，坡度不宜过陡，不应挖成台阶状。岸坡开挖坡度一般不陡于 1∶0.7～1∶0.5，局部坡度不陡于 1∶0.3；在防渗体部位，岸坡一般不陡于 1∶0.75，局部坡度不陡于 1∶0.5。岸坡应开挖成顺坡，不宜有凸坡，也不允许有倒坡和陡壁。

当岩石坝基范围内有断层、破碎带、张开裂隙等不利地质构造时，应根据其产状、宽度、组成物性质、延伸深度和所在部位等研究其渗漏、管涌、溶蚀等方面对坝体和坝基的影响。当岩石地基有较大透水性，或有化学溶蚀的可能性时，需要进行防渗处理。

基岩内断层的处理主要是考虑渗流、管涌及溶蚀的影响，在帷幕通过断层、破碎带等不利构造时，应适当加大帷幕厚度或加做铺盖，必要时进行高压喷射灌浆或做混凝土防渗墙。

对于地表或浅层的溶洞，可挖除洞内的破碎岩石和充填物，并用混凝土塞进行防渗。对于深埋溶洞，可采用灌浆处理或者回填混凝土处理。

3.3.7.5 土坝与坝基、岸坡及刚性建筑物的接合

土坝与坝基、岸坡及刚性建筑物的接合处是防渗的薄弱部位，处理不好，极易发生接触渗透破坏，因此，需要十分重视。包括土坝坝体与坝基的接合，土坝与岸坡的接合，土坝与混凝土坝、埋管及挡墙等刚性建筑物的接合等，其中，土坝与刚性建筑物的接合一般有两种类型：第一种是土坝与刚性建筑物采用翼墙式连接；第二种是土坝与刚性建筑物采用插入式连接，即混凝土坝、挡墙等插入土坝坝体中。

3.3.8 混凝土面板堆石坝

最早的堆石坝可追溯到 19 世纪中叶，修建于美国加利福尼亚（California）州金矿地区。它的发展经历了 3 个主要阶段：第一阶段（1850—1940 年），主要是刚性防渗体的抛填式堆石坝，采用钢筋混凝土面板或者木面板，少数为沥青混凝土面板，用自卸卡车或侧卸火车在高架栈桥上抛石堆筑，填筑高度 25～100m，代表性坝如美国 1931 年建成的盐泉（Salt Spring）坝，高 100m；第二阶段（1940—1960 年），主要是黏性土料作防渗斜墙或心墙的堆石坝，采用高塑性、适应堆石体变形能力好的黏性土料作防渗体，代表性坝如澳大利亚的因兰德（Inland）斜墙堆石坝，高 58m，美国的斯蒂文斯（Stevens）心墙堆石坝，高 99m；第三阶段（1960 年至今），主要是钢筋混凝土面板堆石坝，采用振动碾压和滑模技术建筑，早期代表性坝如美国 1966 年建成的新埃克斯奇格（New Exchequer）坝，高 150m，澳大利亚 1971 年建成的塞萨纳（Cechana）坝，高 110m，和巴西 1980 年建成的阿利亚河口（Fozdo Areia）坝，高 160m。目前已建成的世界上最高的钢筋混凝土面板堆石坝是我国清江上的水布垭坝，高 233m。

3.3.8.1 混凝土面板坝的构成

混凝土面板坝以堆石（砂砾石）体为支承结构，采用混凝土面板作为防渗体，并将其设置在堆石体上游面。以堆石体为支承结构的面板坝称为面板堆石坝，而以砂砾石体为支承结构的面板坝称为面板砂砾石坝。面板坝一般由防渗系统、垫层、过渡层、主堆石体、次堆石体等组成。如图 3.35 所示为我国最早建设的西北口混凝土面板堆石坝剖面。

1. 防渗系统

面板坝防渗系统包括 L 形挡墙、钢筋混凝土面板、趾板、灌浆帷幕和止水设施等。

L 形挡墙设于坝顶，既可挡水，又可防浪，多用钢筋混凝土修建，延伸至两岸与坝头基岩或结构物相连接。挡墙与面板的连接按周边缝设计，其建基高程应高于正常蓄水位。

钢筋混凝土面板是坝体主要的防渗设施，由压实的碎石垫层或挤压式边墙支承，它将水压力传递给堆石体。面板应满足如下要求：①具有较小的渗透系数，满足挡水防渗要

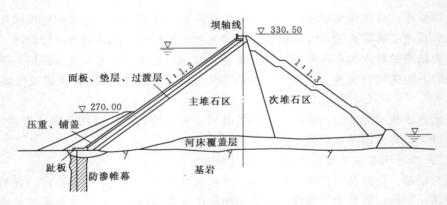

图 3.35 西北口混凝土面板堆石坝剖面图

求；②应有足够的抗冻、抗渗及抗风化能力，以满足耐久性要求；③有足够的柔性，以适应坝体的变形；④应有一定的强度和抗裂能力，能承受局部的不均匀变形。

趾板的主要作用是将坝身防渗体与地基防渗结构紧密结合起来，提供地基灌浆的压重，同时也可作为面板底部的支撑和面板滑模施工的起始点。

灌浆帷幕的主要作用是减小坝基岩体的渗漏。

止水设施布置于周边缝和面板缝中，主要起防渗作用。周边缝是指趾板与面板之间的接缝，主要起协调趾板和面板之间相对变形的作用，其工作条件复杂，是面板坝止水体系中最薄弱的环节；面板缝是指面板和面板之间的接缝，主要起协调面板和面板之间相对变形的作用。

修建在深厚覆盖层上的面板坝，通常采用混凝土防渗墙作为坝基覆盖层的防渗体，防渗墙与趾板之间设置混凝土连接板，三者之间布置止水设施，以协调防渗墙、连接板与趾板之间的不均匀变形。

2. 垫层

垫层位于面板下游侧，是混凝土面板坝中最重要的组成部分之一。它是面板的基础，也作为坝体防渗的第二道防线。

3. 过渡层

过渡层位于垫层下游侧，主要起垫层和主堆石体之间的过渡协调作用。

4. 堆石（砂砾石）体

堆石（砂砾石）体是混凝土面板坝的主体部分，主要用来承受荷载，要求堆石体压缩性小、抗剪强度大，在外荷载作用下变形量小，且应具有较好的透水性。

3.3.8.2 面板堆石坝的特点

通常所说的面板堆石坝是指现代混凝土面板堆石坝，它具有如下几个显著特点：

（1）具有良好的抗滑稳定性。水荷载的水平推力大致为堆石体及水重的 1/7 左右，且水荷载的合力在坝轴线的上游传给地基。

（2）具有很好的抗渗稳定性。堆石一般都有棱角，随着填筑高程的增加，即使下部的堆石会有一部分被压碎，也是有棱角的，因而一般不会发生渗透变形。同时，渗透压力的影响很小，所以混凝土面板堆石坝具有良好的抗震性能。

（3）坝体施工不受雨季影响，且防渗面板与堆石体施工不会相互干扰。

（4）坝坡陡，坝底宽度小于其他土坝，故坝体工程量小，其他建筑物如导流洞、泄洪洞、溢洪道、发电引水洞或尾水洞等均较短。

（5）施工速度快、造价低、工期短。面板堆石坝的坝坡一般为 1：1.4～1：1.3，可比土质防渗体堆石坝节省较多的工程量，在缺少土料的地区，其优点更为突出。

（6）面板浇筑前在对堆石坝体进行适当保护后，可宣泄施工期洪水。

（7）面板位于上游面，可兼起防浪护坡的作用，经济合理；同时便于维护检修，即使不放空水库，也可潜水检修。但是，面板抗漂浮物冲击、抗严寒冰冻、抗环境水侵蚀作用的性能稍差。

3.3.8.3 堆石体的材料分区

堆石体是面板堆石坝承受荷载的主体结构，应选用新鲜、坚硬、软化系数小、抗侵蚀和抗风化能力强的岩石。为了降低造价，方便施工和缩短工期，并尽可能采用从坝基、溢洪道和水工地下洞室开挖所得的石料，需要对坝体堆石体进行石料分区，选出最佳分区布置方案，使开挖料尽可能随即上坝，减少临时堆存和二次转运。

堆石体分区应根据各区的应力状况，分别提出各区对石料性质、粒径级配、碾压后密实度和变形模量、透水性以及施工工艺的要求。堆石坝体的分区一般分为上游铺盖区（1A）、压重区（1B）、垫层区（2）、过渡区（3A）、主堆石区（3B）、次堆石区（3C）、主堆石区和下游堆石区的可变界限（4）、下游护坡（5）、混凝土面板（6）等，如图 3.36 所示。其中，垫层起直接支承面板并将面板所受水压力向下游堆石体

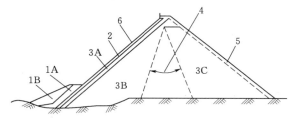

图 3.36　混凝土面板坝堆石体分区示意图
1A—上游铺盖区；1B—压重区；2—垫层区；3A—过渡区；
3B—主堆石区；3C—次堆石区；4—主堆石区和下游堆石区的可变界限；5—下游护坡；6—混凝土面板

均匀传递的作用，还要有一定的抗渗能力，是最为重要的一个区；过渡区起垫层与堆石区之间过渡作用，重要性稍次；主堆石区靠近中央及其上游部位，受水压力作用较大，离面板较近，也很重要，对该区石料特性与技术要求相应也较高；次堆石区靠近下游部位，仅起保持坝的整体稳定和下游坝坡稳定的作用，对该区石料特性和技术要求相对较低。各区石料的最大粒径不能超过该区每层碾压厚度。

3.3.8.4 混凝土面板、底座及 L 形挡墙

面板坝的上游面主要靠钢筋混凝土面板连同其下部的底座（趾板）、顶部的防浪墙以及接缝止水构成完整的挡水防渗前缘。

1. 混凝土面板

面板是混凝土面板坝防渗系统重要的组成部分，长期在高水力梯度作用下工作，应具有较高的抗渗性能，抗渗等级一般不低于 P6，严寒地区应有更高要求。同时，面板是"斜躺"在垫层面上的结构，其受力变形主要取决于堆石体的变形，应有一定的强度要求，一般可采用 C25 混凝土。

根据面板所承受的水压力强度分布规律，除小型面板坝的面板厚度可为常数外，中高坝的面板厚度从坝顶向下需逐渐增大。一般，不同高程处面板厚度 t 与该高程处作用水头 H 的关系可简写为

$$t = a + bH \tag{3.11}$$

式中：a 为面板顶部厚度，一般取 0.3m；b 为系数，可取 0.001～0.0037。

早期用抛填法建造的面板坝，$b = 0.0065～0.0075$。目前，对于面板厚度应用范围仍有各种观点。有的认为较薄的面板有适应堆石体变形的较大柔性；有的则认为采用上下等厚的面板有造价经济和施工方便的优点；还有的认为面板不能太薄。目前应用较多的是 $b = 0.003$。

为使面板易于伸缩以适应堆石体变形并减小结构应力和温度应力，通常将面板分成若干条块，相邻条块间内设止水，即伸缩缝。每一条块从上到下为一整体结构，便于浇筑时

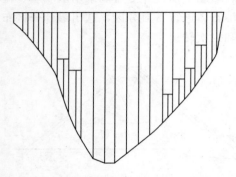

图 3.37　塞萨纳坝面板伸缩缝布置图

采用滑模施工。面板条块分缝的水平间距取决于堆石体变形和温度应力大小、坝址河谷形状及施工条件等因素，一般为 12～18m。显然，在河谷狭窄陡峻的坝址，应采用较小的间距。图 3.37 为塞萨纳坝的面板伸缩缝布置图。该坝所在河谷狭窄，河床部位伸缩缝间距为 12.2m，两侧岸坡较陡处条块的全部或下部伸缩缝距为 6.1m，使其能更好地适应地形和堆石体的变形。采用 6.1m 下部缝距的部分面板条块，在其拼缝处设置水平伸缩缝，水平缝以上的条块宽仍为 12.2m。

面板坝一般采用如图 3.38 所示 A、B 两种型式的伸缩缝及其止水结构。两种型式的缝内均不留间隙，不加填料，仅在接缝混凝土面上涂刷沥青，使其易于分离移动。两侧部位用 A 型缝，其止水结构保证适应缝张开。中央部位用 B 型缝，因蓄水后面板的综合变形指向河中央，缝将受压挤紧，不会使止水片拉断，故仅在底部设一道止水铜片。但是当压紧变形量较大时，易将缝两侧混凝土压碎。我国天生桥一级混凝土面板堆石坝就出现了较大范围的面板压碎现象。

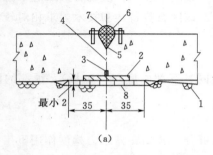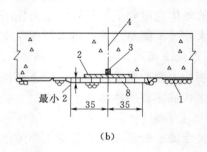

（a）　　　　　　　　　　　　　　　（b）

图 3.38　混凝土面板伸缩缝结构示意图

（a）A 型伸缩缝；（b）B 型伸缩缝

1—垫层；2—氯丁橡胶板；3—止水铜片；4—接缝面；5—氯丁橡胶管；
6—塑性止水填料；7—铝片或聚氯乙烯片；8—混凝土或砂浆

混凝土面板可以在上下方向分期施工，这时需要设水平向施工缝。施工缝内不需止水铜片，接缝两边的混凝土接触面直接胶结，上下方向的面板钢筋都穿过接缝，使面板上下方向浇筑完成后在结构上成为整体。

2. 趾板

趾板是面板的底座，也是大坝防渗系统的一部分。它是坝体防渗（面板）和坝基防渗的连接结构。趾板与面板用接缝连接，该接缝称为周边缝。趾板与地基的连接视地质条件而定，若为岩基，则趾板可直接修筑在基岩上，挖除覆盖层；若为深覆盖层地基，则趾板与坝基防渗体相连，具体结构型式视坝基防渗型式和尺寸而定。如图 3.39 所示为岩基上的趾板型式示意图，如图 3.40 所示为深覆盖层地基上趾板型式示意图。

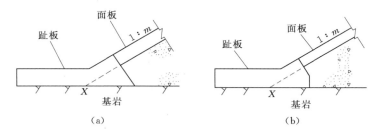

图 3.39 岩基上的趾板型式示意图

趾板布置应考虑如下几条原则：①满足坝基渗流控制和止水系统工作可靠的要求，并结合地基处理措施确定；②满足填筑坝体与坝基（包括岸坡）之间变形协调的要求，保证面板端部具有良好的受力与变形条件；③满足施工方便的要求。

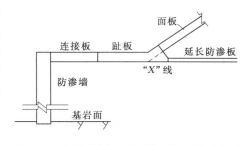

图 3.40 深覆盖层地基上的趾板型式示意图

3. 坝顶挡墙

混凝土面板坝普遍都在其顶部上游侧设置不透水的挡墙，其形状为 L 状，故称为 L 形挡墙，如图 3.41 所示。挡墙既起挡水作用，又起挡土作用，也是防浪墙。挡墙延伸到两岸与坝头基岩或结构物相连接，形成完整的防渗系统。因此，它是坝体防渗结构的一个组成部分。许多面板坝都设置 L 形钢筋混凝土挡墙，以降低造价。挡墙的建基高程应高于正常蓄水位，并在坝体填筑时预留超高。

3.3.8.5 周边缝及止水

周边缝是指面板与趾板之间的接缝。它自坝顶的一端起，沿面板与岸坡趾板的相交线下延，跨过河谷，再沿另一岸岸坡趾板与面板的相交线上升，至坝顶的另一端止，是一条通过全部面板底面的连续接缝。由于趾板直接浇筑并锚固于基岩，蓄水后变位极小，但是面板自浇筑完成至水库蓄水，却有多种因素导致明显变位，因此，面板与趾板的变形不协调，周边缝工作条件较差，是面板坝防渗系统中最为薄弱的部位。周边缝变位示意图如图3.42 所示，其中数字 1、2、…、8 表示缝面节点编号。

周边缝的止水需以大坝运行过程中可能产生的位移为基础，结合地形条件和已建类似工程的经验进行设计。

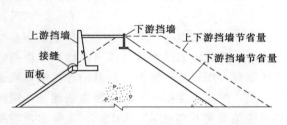
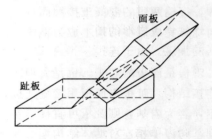

图 3.41　混凝土面板坝坝顶挡墙示意图　　　　图 3.42　周边缝变位示意图

3.4　支墩坝

支墩坝是由一系列支墩及其起支承作用的上游挡水盖板所组成的挡水建筑物。库水压力、泥沙压力等荷载由盖板传给支墩，再由支墩传至地基。

通常的大体积混凝土坝（实体重力坝）因承受的扬压力较大，不得不加大坝体体积来维持稳定。宽缝重力坝将坝体横缝加宽形成空腔以减小扬压力，从而可节省 10%～20% 的混凝土工程量；支墩坝则将空腔进一步扩大，进一步减小扬压力，并利用上游斜面上的水重来维持稳定，节省混凝土工程量。我国 20 世纪 50 年代修建了佛子岭、梅山、磨子潭、柘溪、桓仁等多座支墩坝，其中，柘溪大头坝坝高 104m，梅山连拱坝坝高 88.24m。目前，世界上最高的平板坝是墨西哥 1941 年建成的罗德里格兹（Rodriguze）坝，坝高 73m；最高的大头坝是巴西和巴拉圭共建的伊泰普（Itaipu，1975—1991）坝，坝高 196m；最高的连拱坝是加拿大 1968 年建成的丹尼尔·约翰逊（Daniel Johnson）坝，坝高 214m。

3.4.1　支墩坝的类型和特点

3.4.1.1　支墩坝的类型

按挡水盖板的型式，支墩坝可分为平板坝、连拱坝和大头坝，如图 3.43 所示。支墩坝的支墩型式也有多种，如单支墩、双支墩、框格式支墩和空腹支墩等。

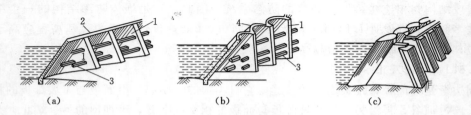

图 3.43　支墩坝的类型
(a) 平板坝；(b) 连拱坝；(c) 大头坝
1—支墩；2—平面盖板；3—刚性梁；4—拱形盖板

平板坝是支墩坝的最简单型式，其盖板为钢筋混凝土板，并常以简支的型式与支墩连接。因此，平板的迎水面不发生拉应力，受温度变化和地基变形的影响也不大。但面板的跨中弯矩较大，其经济性往往受水头大小的限制。坝高一般在 40m 以下，只有当面板采用预应力结构时，才能加大坝高。

连拱坝由拱形的挡水面板（拱筒）承受水压力，受力条件较优。能较充分地利用建筑材料的强度。由于连拱坝为超静定结构，温度变化、地基变形对支墩和面板的应力均有影响，因而连拱坝对地基的要求也更高。

大头坝通过扩大支墩头部利用其头部起挡水作用。其体积较平板坝、连拱坝大，也称为大体积支墩坝。它能较充分地利用材料强度，坝体一般不用钢筋。大头和支墩共同组成单独的受力单元，对地基的适应性较好，受气候条件限制较小。因此，大头坝的适用范围广泛。我国已建有多座单支墩和双支墩的高大头坝。

3.4.1.2 支墩坝的特点

与其他混凝土坝相比，支墩坝有以下一些特点。

（1）混凝土工程量小。支墩坝采用上游倾斜的挡水面，可以利用上游水重来增加坝体的抗滑稳定性，支墩间留有空隙便于坝基排水，减小作用在坝底面上的扬压力，从而大大节省混凝土用量。与实体重力坝相比，大头坝可节省混凝土 20%～40%，连拱坝可节省混凝土 30%～60%。

（2）能充分利用材料强度。由于支墩可随受力情况调整厚度，因而可较充分利用建筑材料的抗压强度。连拱坝则可进一步将盖板做成拱形结构，使材料的强度更能充分发挥。但是上游面板混凝土的抗裂和抗渗性能要求较高。

（3）坝身可以溢流。大头坝接近宽缝重力坝，坝身可以溢流，单宽流量可以较大，已建的溢流大头坝单宽流量可达 100m³/(s·m) 以上。平板坝因其结构单薄，单宽流量不宜过大，以防坝体振动。连拱坝坝身一般不做溢流设施。

（4）坝身钢筋含量较大。平板坝和连拱坝钢筋用量较大，一般情况下每方混凝土可达 0.3～0.4kN，而大头坝一般不用钢筋，仅在大头局部和孔洞周边布置部分钢筋，每平方米混凝土约为 0.02～0.03kN，与宽缝重力坝相近。

（5）对坝基地质条件要求随不同面板型式而异。因为支墩应力较高，所以对地基的要求较重力坝更高，尤其是连拱坝对地基要求则更为严格。平板坝因面板与支墩常设成简支连接，对地基的要求有所降低，在非岩石或软弱岩基上亦可修建较低的平板坝。

（6）施工条件有所改善。一方面，因支墩间存在空腔减少了基坑开挖清理等工作量，便于在一个枯水期将坝体抢修出水面，支墩间的空腔还可布置底孔，便于施工导流；另一方面，因坝体施工散热面增加，故混凝土温度应力、收缩应力较小，温控措施简易，可以加快大坝上升速度。但立模也相应复杂且模板用量大，尤其是连拱坝，混凝土等级比重力坝的高，故单位方量造价较高。

（7）侧向稳定性差。一方面，因支墩本身单薄又互相分立，侧向稳定性比纵向（上下游方向）稳定性低，如遭受坝轴线方向的地震，则其抗侧向倾覆的能力差；另一方面，支墩是一块单薄的受压板，当作用力超过其临界值时，即使应力分析所得支墩应力未超过材料的破坏强度，支墩也会因丧失纵向稳定性而破坏。

3.4.2 平板坝

平板坝由支墩和平面盖板组成。平面盖板即面板，由支墩支撑，其连接方式有简支式和连续式两种，如图 3.44 所示。一般采用简支式，以避免面板上游产生拉应力，并可适应地基变形。

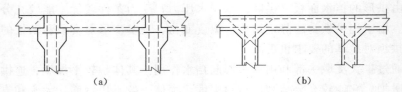

(a)   (b)

图 3.44 平板坝面板与支墩的连接方式

(a) 简支式；(b) 连续式

面板的顶部厚度必须满足气候、构造和施工要求，一般不小于 0.2～0.5m，底部厚度由结构计算确定，并保证受拉区不发生裂缝。

支墩间距一般为 5～10m，支墩厚 0.3～0.6m，从上向下逐渐加厚。基本剖面的上下游坡及支墩厚度由抗滑稳定和支墩上游面的拉应力条件决定。在支墩体积相同的前提下，上游坡越缓，对抗滑稳定越有利；但上游坡越缓，越易产生拉应力。通常，上游坝面倾角为 40°～60°，下游坡角为 60°～80°，并在支墩之间用刚性梁加强，以增加其侧向稳定性。支墩的水平截面基本上呈矩形，在上游面需加厚成悬臂式的墩肩，以支撑面板，其宽度一般为 0.5～1.0 倍面板厚度。墩肩断面一般为折线形。墩肩与支墩连接处，可做成圆弧形，以避免应力集中。

平板坝适用于气候温和地区、中低水头枢纽。如我国 20 世纪 70 年代建成的古田二级（龙亭）水电站平板坝，坝高 43.5m。

平板坝可以做成非溢流坝或溢流坝，既可建在岩基上也可建在非岩基或软弱岩基上，但需将 2～3 个坝段连在一起，在坝底做成有排水孔的连续底板。

3.4.3 连拱坝

连拱坝是挡水盖板呈拱形的一种轻型支墩坝，其倾向上游的拱状盖板称拱筒，拱筒与支墩刚性连接而成为超静定结构。因此，温度变化和地基不均匀变形对坝体应力的影响显著，适宜建在气候温和的地区和良好的岩基上。

连拱坝支墩的基本剖面为三角形，其尺寸受抗滑稳定与支墩上游面的拉应力这两个因素控制。一般是上游坡角在 45°～60° 之间，下游坡角在 70°～80° 之间。

连拱坝能充分利用材料强度，拱壳可以做得较薄，支墩间距也可大一些，所以在支墩坝中，以连拱坝的混凝土工程量最小，但施工复杂，钢筋用量也多。

由于坝身比较单薄，施工、温度及运行期的不利荷载作用都会引起混凝土开裂并有可能进一步扩展，因此要求拱壳混凝土有较高的抗拉和抗渗性能。在严寒地区，坝体还受冰冻和风化的影响，需要在下游面设防寒隔墙。

连拱坝的拱壳一般采用圆弧形。支墩有单支墩和双支墩两种，后者侧向刚度较大，多用在高连拱坝中。例如：我国 1956 年修建的梅山连拱坝，拱圈采用 180° 中心角的等厚半圆拱，顶拱圈厚 0.60m，底拱圈厚 2.30m，内半径为 6.75m，支墩间距 20m，采用空腹双支墩式；加拿大 1968 年建成的丹尼尔·约翰逊连拱坝，坝长 1220m，河谷中间一跨最大，跨距达 162m，顶拱圈厚 6.7m，底拱圈 25.3m，两侧等跨距布置，如图 3.45 所示。

早期连拱坝多为钢筋混凝土结构，但也有不少连拱坝的拱及支墩采用素混凝土建造，如丹尼尔·约翰逊连拱坝。我国在中小型工程中还修建了不少砌石连拱坝，如自贡市老蛮桥砌石连拱坝，高 21m，拱跨 43m。

图 3.45　丹尼尔·约翰逊连拱坝

连拱坝的支墩和拱筒一般采用混凝土结构，支墩与拱筒之间多用刚性连接。为了减小温度应力和防止因支墩沉陷引起拱坝开裂，也有采用脱开的布置型式。拱与支墩的连接如图 3.46 所示，拱与地基的连接一般设有齿墙，如图 3.47 所示。

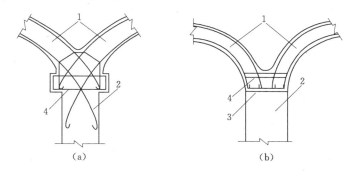

图 3.46　拱与支墩的连接型式
（a）刚性连接；（b）脱开连接
1—拱；2—支墩；3—缝；4—钢筋

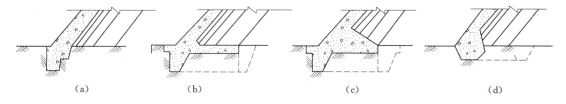

图 3.47　拱与地基的连接型式

连拱坝不宜从坝顶溢流，多另设溢洪道，但当泄流量不大时，可将溢流堰或底孔设在支墩内，或在支墩上建造陡槽。泄水管或引水钢管可穿过拱筒，支墩之间可布置水电站厂房。

3.4.4　大头坝

大头坝介于宽缝重力坝和轻型支墩坝（平板坝、连拱坝）之间，属于大体积混凝土结构。我国建造的支墩坝中以大头坝最多，如 1957 年在淮河支流上修建了高 82.4m 的磨子潭双支墩大头坝，随后又建成了坝高 100m 以上的湖南柘溪大头坝和辽宁桓仁大头坝等，中小型工程也修建了许多该类支墩坝。

大头坝的溢流性能接近宽缝重力坝。既可直接从坝顶泄水，也可在坝身设置泄水管等，其单宽流量可达 $100m^3/(s \cdot m)$ 以上。对坝顶式泄水，应采用封闭式支墩。对泄水管或输水管，当采用双支墩时，可从双支墩内空腔穿过坝体；当采用单支墩时，则需在支墩内设埋藏式管并将穿管处支墩局部加厚。

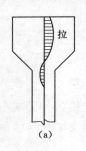 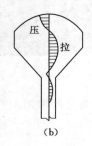 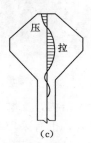

（a）　　　　　　　（b）　　　　　　　（c）

图 3.48　大头坝的头部型式

（a）平头形；（b）圆弧形；（c）钻石形

大头坝的基本剖面和宽缝重力坝接近，但水平剖面较为复杂。为增加大头坝的侧向刚度，可在支墩之间设加劲肋或建双支墩大头坝。

3.4.4.1　头部型式

大头坝的头部型式主要有平头形、圆弧形和钻石形 3 种，如图 3.48 所示。平头形施工简便，但应力状态不好，挡水面常有拉应力，易产生劈头裂缝，故在工程中很少采用。圆弧形所受水压力沿弧径向汇聚，应力状态好，但立模较复杂。钻石形介于前两者之间，应力状态接近圆弧形，施工又较方便，因而大都采用这种型式。

3.4.4.2　支墩型式

大头坝的支墩通常有 4 种型式，即开敞式单支墩、封闭式单支墩、开敞式双支墩、封闭式双支墩，如图 3.49 所示。

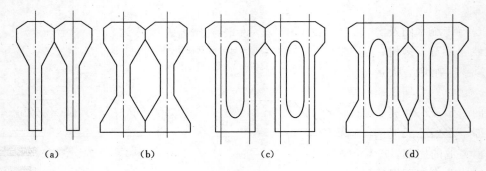

（a）　　　　　　（b）　　　　　　　（c）　　　　　　　（d）

图 3.49　大头坝支墩的水平剖面

（a）开敞式单支墩；（b）封闭式单支墩；（c）开敞式双支墩；（d）封闭式双支墩

（1）开敞式单支墩。优点是结构简单，施工方便，便于观察检修等；主要缺点是侧向刚度低，寒冷地区保温条件差。高大头坝较少采用。

（2）封闭式单支墩。将开敞式单支墩的下游面扩大后互相紧贴，可提高侧向刚度；墩间空腔被封闭，保温条件好；便于布置坝顶溢流，采用最广泛。

（3）开敞式双支墩。侧向刚度高，支墩内设空腔，可改变头部应力状态。导流底孔或坝身引水管可从空腔穿过。缺点是施工较复杂，多用于高坝。

（4）封闭式双支墩。与前3种型式相比侧向刚度最高，但施工也最复杂，较少采用。

3.4.4.3 大头跨度

影响大头跨度的主要因素有地形、地质、坝高、施工、地震以及经济性等。对同一河谷，跨度大，则支墩数目减少，墩厚加大。一般情况下，减少支墩数目节省的混凝土工程量与增加支墩厚度的混凝土工程量相当，因此，跨度大小对坝体混凝土总量影响不大。但支墩厚度加大可提高其侧向刚度，便于机械化施工；但不足之处是支墩加厚，相应大头面积加大，混凝土量增加，要求提高混凝土浇筑能力，施工散热相对困难，温度应力大。对于单支墩大头坝，常用跨度为9～18m；对于双支墩大头坝，坝高在50m以上时，常用跨度为18～27m。

溢流大头坝的大头跨度必须与溢流孔口尺寸相一致；厂房坝段、电站引水管坝段的大头跨度必须与机组间距相协调。

3.4.4.4 支墩平均厚度

支墩越薄，其侧向刚度越差。过于单薄的支墩，侧向刚度不足，抗冻耐久性也差，故支墩厚度应满足一定的要求。常用的支墩大头跨度与平均厚度之比为1.4～2.4，坝高越大，取值越大。

3.4.4.5 上下游坡度

上下游坡度根据抗滑稳定和上游面不出现拉应力的要求试算确定，已经建造的大头坝，其上下游边坡大多在1:0.6～1:0.4之间。

弧形（或直线）坝面、采用浮标开关，控制操作液压系统，达到无人管理，根据洪水涨落，实现活动坝面的自动升降。液压坝既保留了传统活动坝型的优点，又克服了传统活动坝型的缺点。液压坝的主要优点包括：压坝坝体跨度大，力学结构科学，结构简单，支撑可靠，易于建造；可基本保持原河床，可畅泄洪水、上游堆积泥沙、卵石和漂浮物而不阻水；与传统水闸及类似的橡胶坝相比，过流能力大，泄流量大；适用于橡胶坝不宜建造的多砂、多石、多树、多竹和寒冷地区的河流；施工简单，施工工期短，和传统水闸相比，减少了闸墩、大量金属结构埋件及闸门启闭设备，混凝土工程量少，从而节约了大量资金；此外只要坝扇面结构和液压系统正常维护，工程耐久性较橡胶坝要长。

同时，液压坝的主要缺点包括：①降坝操作的前提条件是在液压泵站通电情况下进行，如果暴雨等天气条件下造成液压系统断电，导致无法降坝；②液压坝主液压缸的基座位于消力池的底部，全部的油管和软管也位于消力池底部，而消力池长期是有淤积和常年水位的，造成液压坝检修困难的问题；③运行期间，液压设备维护稍麻烦，液压坝每间隔约5年时间，需要为液压系统补充液压油。

第4章 泄水建筑物

水工建筑物中的输水建筑物包括隧洞、渠道、溢流坝、坝身泄水孔、溢洪道和水闸等结构。其中隧洞既可泄水，也可输水。溢流坝、水闸既是挡水建筑物，又是泄水建筑物。本章主要介绍河岸溢洪道、溢流坝、水工隧洞、水闸等建筑物的结构和水力设计。

4.1 河岸溢洪道

4.1.1 河岸溢洪道的类型及布置原则

按照在水利枢纽中的位置可将溢洪道分为河床溢洪道（如溢流坝、坝身泄水孔等）和河岸溢洪道两类。河床溢洪道即在混凝土坝中溢洪道与挡水建筑物相结合并建于河床中，如溢流坝、滑雪道式溢洪道等。但不是所有坝型都适合修建坝身溢洪道，如土坝、堆石坝，或河谷狭窄没有足够的空间布置河床溢洪道，此时应将溢洪道布置在河岸。

河岸溢洪道在布置和运用上分为正常溢洪道和非常溢洪道两大类。正常溢洪道用来宣泄设计洪水，有正槽溢洪道、侧槽溢洪道、井式溢洪道、虹吸溢洪道等4种型式，工程中常采用正槽溢洪道和侧槽溢洪道。

正槽溢洪道结构布置图如图4.1所示，其特点是开敞式正面进流，泄槽与溢流堰轴线正交，过堰水流与泄槽方向一致，此型式应用最广。其结构组成有进水段（引水渠）、控制段、泄槽（陡槽）、消能段、尾水渠。进水渠和尾水渠在实际工程中是否需要设置应视具体情况而定。正槽溢洪道优点在于结构简单，进流量大，泄流能力强，工作可靠，施工、管理、维修方便，因而被广泛采用。其不足之处是当两岸地势较高且岸坡较陡时，开

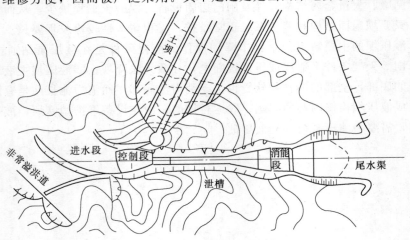

图 4.1　正槽溢洪道结构布置图

挖方量大。

侧槽溢洪道结构布置图如图 4.2 所示，其特点是水流过堰后急转弯近 90°，再经过泄槽、斜井或隧洞下泄。其结构组成为溢流堰、侧槽、调整段、泄槽、出口消能段、尾水渠。

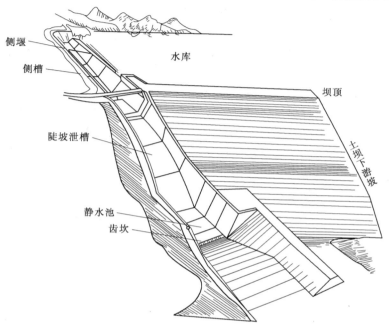

图 4.2　侧槽溢洪道结构布置图

非常溢洪道的作用是宣泄超过设计标准的洪水，分为自溃式和爆破引溃式。

溢洪道的布置应遵循以下原则：

（1）地形方面。溢洪道应位于路线短和土石方开挖量少的地方，比如坝址附近有高程合适的马鞍形垭口往往是布置溢洪道较理想之处。

（2）地质方面。溢洪道应力争位于较坚硬的岩基上。坚硬的岩石虽开挖困难，但可省去衬砌；软弱的岩石开挖容易，但衬砌、消能防冲措施工程量大。因此应综合分析地质地形条件后选择溢洪道的线路并应避免在可能坍滑的地带修建溢洪道。

（3）水流条件方面。溢洪道应位于水流顺畅且对枢纽其他建筑物无不利影响之处，这通常应注意以下几方面：①控制堰下游应开阔，使堰前水头损失小；②控制堰如靠近土石坝，其进水方向应不致冲刷坝的上游坡；③泄水陡槽在平面上最好不设弯段；④泄槽末端的消能段应远离坝脚，以免造成对坝身的冲刷；⑤水利枢纽中如尚有水力发电、航运等建筑物时，应力争溢洪道泄水时不造成电站水头的波动，不影响过坝船筏的安全。

（4）施工方面。溢洪道开挖出渣路线及弃渣场所应能合理安排，使开挖方量的有效利用更具有经济意义。此外还要解决与相邻建筑物的施工干扰问题。

4.1.2　正槽溢洪道进水渠、控制段、泄槽、出口消能段、尾水渠设计

1. 进水渠

进水渠设计应满足以下要求：进流平顺，水头损失小，渠内流速宜限制在 1.5～

3.0m/s 以下；沿水流方向的中心线尽量布置成直线或平缓的曲线，转弯时其半径不小于4～6 倍渠底宽度；渠底应平缓或设成不大的逆坡，渠底高程常低于堰顶。对实用堰，渠底高程与堰顶高程的差值应大于（1/5～1/3）水头，以争取较大的泄流能力；对宽顶堰，其差值不受限制，渠底可与堰顶齐平；根据最大泄量拟定渠道断面；近堰一段过水断面应呈喇叭口型，自堰两边边墩起向上游逐渐加宽成为渐变过渡段，其长度取堰顶水头的 5～6 倍，衬砌厚度约需 20～30cm。

2. 控制段

控制段包括溢流堰、闸门、闸墩、工作桥、交通桥等结构，常建在较好的地基上，是控制溢洪道泄流能力的关键部位。控制段宜尽量靠近上游，以减少入流时的水头损失。其溢流堰的堰顶高程与工程量关系极大，由于控制段承受的荷载较大，因此，确定溢流堰顶高程时，除考虑选用合理的单宽流量外，还应考虑地形的特点。

溢洪道通常选用宽顶堰、实用堰和驼峰堰等型式，宽顶堰、实用堰如图 4.3 所示。溢流堰体形设计的要求是：尽量增大流量系数，在泄流时不产生空穴水流或诱发危险振动的负压等。

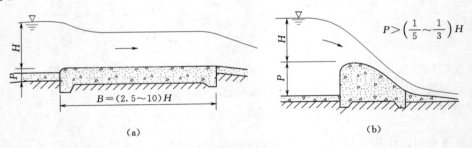

图 4.3　常用的控制堰
(a) 宽顶堰；(b) 非真空实用堰

溢流堰顶可设置闸门，也可不设置闸门。不设闸门时，堰顶高程就是水库的正常蓄水位；设闸门时，堰顶高程低于水库的正常蓄水位。对于大、中型水库的溢洪道，一般都设置闸门；小型水库对上游水位稍有增高所加大的淹没损失和加高坝身及其他建筑物的工程费用都不是很大，从施工简单、管理方便以及节省工程费用等方面考虑，一般都不设置闸门。

3. 泄槽

泄槽是设在溢洪堰下游的一段用来输水的陡槽。它将过堰水流引向消能建筑物，是长距离输水建筑物。泄槽的工作特点是：在溢流堰后用泄槽与消能段相接，为使槽内水流呈急流状态（佛汝德数 $Fr>1$），其纵坡常为大于临界坡度的陡坡（$i>i_{cr}$），因此又称其为陡槽。由于泄槽内水流流速较高，设计时必须考虑高速水流产生的冲击波、脉动和空蚀现象，在布置和构造上予以重视，一般应加高、加固泄水槽的边墙，以确保溢洪道的安全。

泄槽的纵剖面通常尽量适应地形、地质条件，以减少开挖和衬砌工程量，并注意有较好的水流条件。泄槽的纵坡一般做成为大于临界坡度的陡坡，通常 $i=1\%～5\%$，有时可达 10%～15%。泄槽平面就水流条件而言尽可能直线、等宽、对称布置 [图 4.4 (a)]，但工程中也常采用收缩式［以减小工程量，图 4.4（b）］、扩散式［减小单宽流量，图 4.4（c）］、弯曲段（解决洪水归河问题）。当泄槽长度较大，兼用收缩、等宽、扩散的腰型泄槽［图 4.4（d）］也是常见的。岩基上泄槽横断面形式为矩形，土基上为梯形。

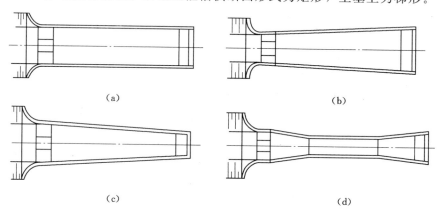

	(a)		(b)

(c)	(d)

图 4.4 泄槽平面布置图

4. 出口消能段

出口消能段位于泄水槽出口处，作用是为了消除下泄水流具有破坏作用的动能，从而防止建筑物被水流冲刷，保证安全。常用的消能方式为挑流消能和底流消能。

挑流消能和底流消能设计见重力坝消能部分。

5. 尾水渠

流经泄槽的急流经过消能后，不能直接进入原河道，需布置一段尾水渠。尾水渠的设计要求渠道短、直、平顺，底坡尽量接近原河道的坡度，以使水流能平稳顺畅地归入原河道，且不影响其他建筑物的安全。

4.1.3 侧槽溢洪道设计

当坝址两岸山势陡峻，采用正槽溢洪道将导致开挖量巨大，甚至很难布置时，宜采用侧槽溢洪道（图 4.2）。侧槽溢洪道的特点，是溢流堰轴线大致顺着河岸等高线布置，水流过堰后即转向约 90°进入一条与堰轴线平行的侧槽内，然后再通过槽末所接的泄水道下泄，其泄水道可以是开敞明渠，也可以是泄水隧洞。

侧槽溢洪道适用于狭窄河谷的水利枢纽，对采用土石坝等的枢纽无适当地形修建河岸式正槽溢洪道的情况尤为适用。侧槽溢洪道的溢流前缘和堰顶高程可随地形、地质条件而调整，如可以做到以较长的溢流前缘调得较低的水库水位，以减少坝高，节省投资，或者调高溢流堰顶高程，增加正常挡水位，可取得较好的经济效益。

侧槽溢洪道由溢流堰、侧槽、泄洪槽或无压泄洪洞、出口消能设施及尾水渠组成。侧槽中的水流条件比较复杂，在槽中有横向旋滚，水流互相撞击、紊动剧烈。侧槽不同部位的横断面所通过的流量不同，从上游端起向下游不断加大，直至末端流量达到最大，此后该流量不再变化而沿泄水道下泄。这个流量亦即溢流堰全长范围内的总溢流量。因此，侧槽范围内的水流是沿程变化的非均匀流。

侧槽断面型式常采用窄而深的梯形。侧槽多建在完整坚实的岩基上，且要有质量较好的衬砌。一般不宜在土基上修建侧槽溢洪道。

4.2　溢流坝

　　溢流重力坝既是挡水建筑物，又是泄水建筑物；溢流坝的设计既要满足稳定和强度的要求，又要满足水力条件的要求。例如要有足够的泄流能力；应使水流平顺地通过坝面，避免产生振动和空蚀；应使下泄水流对河床不产生危及坝体安全的局部冲刷；不影响枢纽中其他建筑物的正常运行等。所以溢流坝剖面设计涉及孔口尺寸、溢流堰形态以及消能方式等的合理选定。

4.2.1　溢流坝孔口尺寸的拟定

　　1. 孔口型式

　　溢流坝孔口型式有坝顶溢流式和设有胸墙的大孔口溢流式两种，如图 4.5 所示。

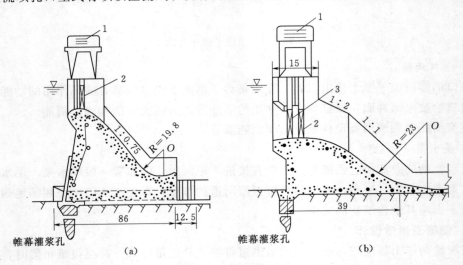

图 4.5　溢流坝泄水方式示意图
(a) 坝顶溢流式；(b) 大孔口溢流式
1—移动式启闭机；2—工作闸门；3—检修闸门

　　对坝顶溢流式，当闸门全开时，其泄流能力与水头 $H^{1.5}$ 成正比，随着水库水位的升高，泄流量也迅速加大。当遭遇意外洪水时，其超泄能力较大，且有利于排除冰凌和其他漂浮物；闸门启闭操作方便，易于检修，安全可靠，所以在重力坝枢纽中得到广泛采用。

　　大孔口溢流式是将堰顶高程降低，利用胸墙遮挡部分孔口以减小闸门的高度，因此可以利用洪水预报提前放水腾出较大的防洪库容，从而提高水库调洪能力。当库水位低于胸墙时，泄流状态与坝顶溢流式相同；而当库水位高出胸墙底缘一定高度时，就呈大孔口泄流状态，此时下泄流量与水头 $H^{0.5}$ 成正比，超泄能力不如坝顶溢流式大，也不利于排泄漂浮物。

　　2. 孔口尺寸

　　溢流坝孔口尺寸的拟定包括过水前缘总宽度、堰顶高程、孔口的数目和尺寸。应根据洪水流量和容许单宽流量、闸门型式以及运用要求等因素，通过水库的调洪演算、水力计算和方案的技术经济比较确定。

溢流前缘总净宽 B 可表示为

$$B = \frac{Q}{q} \tag{4.1}$$

式中：Q、q 分别为通过溢流孔的下泄流量和容许的单宽流量。

单宽流量 q 是决定孔口尺寸的重要指标，在 Q 既定的条件下，q 越大，溢流前缘宽度 B 越小，交通桥、工作桥等造价也越低，对山区狭窄河道上的枢纽布置越方便；但却增加了闸门和闸墩的高度，同时将相应提高对下游消能防冲的要求。若选用过小的单宽流量，虽可降低消能工的费用，但会增加溢流坝的造价和枢纽布置上的困难。因此，q 的选择是一个技术经济比较问题。一般来说，当河谷狭窄、基岩坚硬，且下游水深较大时，可选用较大的单宽流量，以减小溢流前缘的宽度，便于枢纽布置；当河床基岩较软弱或存在地质构造等缺陷时，宜选用较小 q 值。以往国内外的工程实践中，对软弱基岩常取 $q = 20 \sim 50 \mathrm{m}^3/(\mathrm{s \cdot m})$，较好的基岩取 $q = 50 \sim 70 \mathrm{m}^3/(\mathrm{s \cdot m})$，特别坚硬、完整的基岩取 $q = 100 \sim 150 \mathrm{m}^3/(\mathrm{s \cdot m})$。近年来随着坝下消能措施的不断改善，$q$ 的取值有加大趋势。我国乌江渡拱形重力坝校核情况单宽流量超过 $200 \mathrm{m}^3/(\mathrm{s \cdot m})$。国外如西班牙、葡萄牙等国有的工程采用单宽流量高达 $300 \mathrm{m}^3/(\mathrm{s \cdot m})$。

对于设置了闸门的溢流坝，当过水净宽 B 确定之后，需用闸墩将溢流段分隔成若干等宽的溢流孔，设每孔净宽为 b，孔数为 n，闸墩厚度为 d，则溢流段总宽度为

$$B_0 = B + (n-1)d = nb + (n-1)d \tag{4.2}$$

选择 n 和 b 时，要考虑闸门的形式和制造能力、闸门跨度与高度的合理比例、运用要求和坝段分缝等因素。若每孔宽度过小，则闸门、闸墩数增多，溢流段加宽；若孔宽过大，则闸门尺寸加大，启闭设备加大，相应的制造和安装均较复杂。我国目前大、中型混凝土坝闸门宽度一般常用 $b = 8 \sim 16 \mathrm{m}$，有排泄漂浮物要求时，可加大到 $18 \sim 20 \mathrm{m}$，闸门宽高比为 $1.5 \sim 2.0$ 左右，应尽量采用闸门规范中推荐的标准尺寸。

在确定溢流孔口宽度的同时，也应确定溢流坝的堰顶高程。这是因为由溢流前缘总净宽 B 和堰顶水头 H_0 所决定的溢流能力应与要求达到的下泄流量 Q 相当。对于采用坝顶溢流的堰顶水头 H_0 可利用式（4.3）计算：

$$Q = \varepsilon m B \sqrt{2g} H_0^{3/2} \tag{4.3}$$

式中：m 为流量系数，与堰型有关，非真空实用剖面堰在设计水头下一般 $m = 0.49 \sim 0.50$；ε 为侧收缩系数，与闸墩形状、尺寸有关，一般 $\varepsilon = 0.90 \sim 0.95$；$g$ 为重力加速度。

当采用有胸墙的大孔口泄流时，按式（4.4）计算：

$$Q = \mu A \sqrt{2gH_0} \tag{4.4}$$

式中：A 为孔口面积；μ 为孔口流量系数，当 $H_0/D = 2.0 \sim 2.4$ 时，$\mu = 0.74 \sim 0.82$；D 为孔口高度；H_0 为包含行进水头在内的作用水头。

4.2.2　溢流坝的剖面设计

溢流坝的基本剖面也是三角形。为满足泄水的要求，其实用剖面是将坝顶和坝体下游斜面修改成溢流面。溢流面形状应具有较大的流量系数，泄流顺畅，坝面不发生空蚀。溢

流面由顶部曲线段、中间直线段和下部反弧段组成，上游可做成铅直或折坡面，如图 4.6 所示。

对重要工程一般在初拟形状和尺寸之后，用水工模型试验加以验证和修改。

1. 溢流面曲线

顶部曲线段（溢流堰）的形状对泄流能力和流态有很大的影响。根据在设计水头下堰面是否允许出现真空（负压），分为真空实用堰和非真空实用堰两种类型。虽然真空实用堰流量系数较大，但出现负压容易引起坝体振动和堰面空蚀，因此应用不多。对于坝顶溢流式孔口，工程中常采用的非真空实用堰为克-奥曲线和幂曲线（WES 曲线）两种。用前者给出的曲线坐标所确定的剖面较宽厚，常超过稳定和强度的要求，且施工放样不方便，国内目前已较少采用。后者是由美国陆军工程师兵团水道实验站提供的，故称 WES 曲线。它具有流量系数较大、剖面较小和便于施工放样的优点，目前国内外广泛采用。如图 4.7 所示的溢流面幂曲线可用下式表示：

$$x^n = K H_d^{n-1} y \tag{4.5}$$

式中：H_d 为定型设计水头，按堰顶最大作用水头 H_{max} 的 75%～95%；K、n 分别为与上游坝面坡度有关的系数与指数，当坝面铅直时，$K=2.0$，$n=1.850$，当上游坝面倾斜时，可参见有关规范。

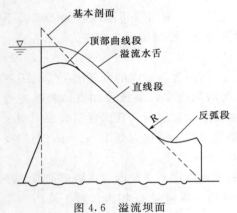

图 4.6　溢流坝面

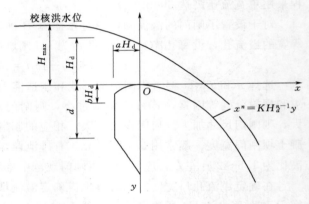

图 4.7　WES 型堰面曲线

溢流面曲线坐标的原点取在溢流堰顶点 O，上游可采用椭圆曲线，方程为

$$\frac{x^2}{(aH_d)^2} + \frac{(bH_d - y)^2}{(bH_d)^2} = 1 \tag{4.6}$$

溢流面中间直线上、下两端分别与顶部曲线和下部反弧段相切。反弧段通常采用圆弧曲线，反弧半径的大小与坝高、堰上水头及消能方式有关。

2. 溢流坝的下游联接

经过溢流坝下泄的水流集中了巨大能量，如不采取必要措施，必将对下游河床、河岸造成冲刷破坏，甚至对坝体安全形成严重威胁。因此，有必要采取妥善的消能防冲设施，以保证大坝的安全运行。

混凝土溢流重力坝坝后消能设施，最常见的有底流消能、挑流消能、面流消能和戽流消能 4 种方式。

（1）底流消能。底流消能是在坝址下游设置一定长度的混凝土护坦，过坝水流在护坦上发生水跃，形成旋滚，使高速水流的能量通过掺气、水分子相互撞击、摩擦而达到一定程度的消耗，以减少或防止下游发生严重冲刷，如图4.8所示。产生底流式水跃的基本条件是下游水深必须等于或大于水跃的第二共轭水深，这样才能保证在靠近坝址处发生临界水跃或淹没水跃，以达到集中消能的目的。但在自然情况下，下泄各种流量不一定都满足这个条件，这就需要采取措施，如挖深成池或设消力坎来加大下游水深。

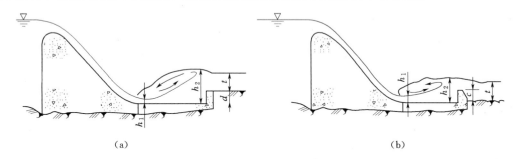

图4.8 底流消能示意图

（a）消力池；（b）消力坎

底流消能常用于水头较低的溢流坝和水闸。当水头较高时，水跃的第二共轭水深很大，要求下游水深也很大，需要大量的挖方和更坚固的护坦，因此采用底流消能是不经济的。

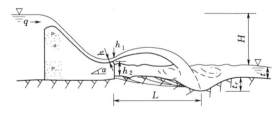

图4.9 挑流消能示意图

（2）挑流消能。挑流消能是利用溢流坝下游反弧段的挑流鼻坎，将下泄的高速水流以自由射流的形式挑向下游河道，而后落入距坝较远的下游河床中，如图4.9所示。挑流水舌在挑射过程中经扩散、掺气消能，残余能量则冲刷河床，加深水垫，达到平衡。由于冲坑离坝较远，只要冲坑深度在一定范围内，则不致危及坝身安全。

挑流消能方式构造简单，不需在河床建造护坦，节省水泥和钢材，减少石方开挖，缩短工期，且溢流面及跳流鼻坎检修方便，因而对于高水头溢流坝，若下游河床基岩较完整、水垫较深，则采用挑流消能常是经济合理的。

挑流消能设计内容包括：选择鼻坎型式、反弧半径、鼻坎高程和挑射角，计算水舌挑射距离和冲刷坑深度等。

设计挑流消能希望水流挑射得远些，同时又对下游冲刷得浅些。但这两方面常是矛盾的，挑射距离远些的，冲刷也浅些。通常以冲坑最深点至坝趾的距离 L 与冲坑的最大深度 t_k 之比作为挑流消能效果的比较指标。

（3）面流消能。面流消能是利用溢流坝面末端的鼻坎，将主流挑至下游水面，在主流下面形成旋滚的水体，其流速低于表面，且旋滚水体的底部流动的方向是指向坝趾，并使主流沿下游水面逐步扩散，已达到消能防冲的目的，如图4.10所示。

面流消能适用于下游水深较大，水位变幅较小，有漂木、排冰等要求的情况。面流消

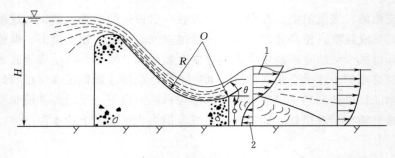

图 4.10　面流消能示意图

1—表面主流；2—底部旋滚

能主要靠表层主流波浪和底部旋滚的作用，消能效率不高，下游水面波动强烈，可延绵数百米甚至数公里，影响电站稳定运行和下游通航条件，甚至冲刷两岸，我国富春江水电站和西津水电站的溢流坝都曾发生这方面的问题。

面流消能的水力计算在理论上研究还不充分，但有许多经验公式可供采用，设计时可查阅有关水力学文献。对于重要工程，一般应通过水工模型试验确定其反弧半径、鼻坎高度和挑射角等尺寸。

（4）戽流消能。戽流消能是在坝趾设置一个半径较大的反弧形戽斗，如图 4.11 所示。下泄水流部分在戽内形成旋滚，主流挑向下游水面，形成所谓"三滚一浪"，即戽内的旋滚，库后的底滚，主浪涌浪及其后的面滚。利用旋滚和涌浪，产生强烈的掺混和紊动，达到消除能量的目的。这种戽坎的位置比面流消能的鼻坎更靠下游，但比底流消能的尾坎更靠近上游。其消能效率也介于面流和底流消能之间。因存在涌浪，消能也不充分，致使下游在较长距离内波浪较大，对两岸岸坡有一定的冲刷。设计消力戽的主要参数为选择反弧半径、戽底高程、戽坎高程和戽坎挑角。一般宜通过水工模型试验确定。

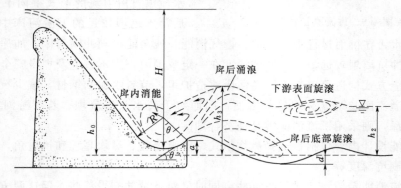

图 4.11　戽流消能示意图

4.3　水工隧洞

4.3.1　水工隧洞的功用及特点

以输水为目的，在岩体中开挖而成，四周被围岩包围起来的水工建筑物称为水工隧洞

（不包括埋管和回填管）。水工隧洞有如下功能：泄洪、引水（满足发电、灌溉、给水等所需要）、放空水库（检修或其他原因需要）、排沙、施工导流，如图4.12所示。

水工隧洞的类型很多，按功能不同可分为泄洪洞、泄水洞、引水洞、输水洞、放空洞、排砂洞、施工导流洞等；按流态不同可分为有压隧洞和无压隧洞；按衬砌方式不同可分为不衬砌隧洞、喷锚、混凝土衬砌隧洞或钢筋混凝土衬砌隧洞等；按流速不同可分为高速水流隧洞和低速水流隧洞。

水工隧洞与其他水工建筑物相比有以下特点：

（1）结构方面。隧洞开挖前岩体处于整体稳定状态；开挖后，原有的地应力平衡被打破，引起岩体变形，严重时可能导致岩石崩塌，因此需进行开挖衬砌支护。

（2）水力方面。有压隧洞内的水流相当于管流，因此有压隧洞受内水压力作用。若衬砌漏水，压力水渗入围岩裂隙，将产生附加渗透压力，导致岩体失稳，故要求坚固的衬砌。

无压隧洞内的水流相当于明渠流，在高速水流作用下，在固体不平整边界上会引起空蚀。

（3）施工方面。无论围岩开挖或衬砌，其工作面比地面上小得多，洞线长，干扰大，处理不当可能影响整个工程的工期。

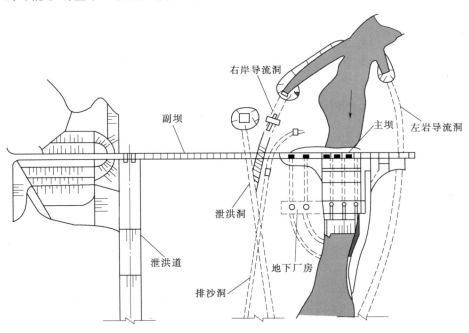

图4.12 某水电站枢纽平面布置图

4.3.2 隧洞断面型式选择及衬砌构造

断面型式与水流条件、工程地质条件和施工条件等有关。

有压隧洞由于内水压力较大，一般采用水流条件及受力条件都较好的圆形断面，无压隧洞多采用圆拱直墙形（城门洞形）断面，如图4.13所示。

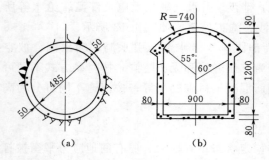

图 4.13 隧洞横断面图

(a) 圆形断面；(b) 城门洞形断面

衬砌就是沿隧洞开挖洞壁的四周或一部分做成的人工护壁。其作用为：阻止围岩变形发展，保证其稳定；加固围岩，承受围岩压力、内水压力和其他荷载；防止渗漏；保护岩石免受水流、空气、温度、干湿变化等侵蚀破坏；平整围岩，减小表面糙率。

按衬砌设置目的分为抹平衬砌和受力衬砌两类。抹平衬砌是用混凝土、喷混凝土或浆砌石做成的护面，它不承受荷载，仅起平整表面、减小糙率、防止渗漏、保护岩石不受风化的作用。受力衬砌分单层、组合、预应力、喷锚等，一般衬砌（单层）厚度为 1/12～1/8 洞径且不小于 25cm。

4.3.3 隧洞出口消能设计

对发电引水隧洞或输水隧洞，出口直接接输水建筑物；对泄水隧洞，有压洞出口常设闸门以控制过流量，闸前为由圆变方的渐变段，闸后出口接扩散段与消能设施。无压洞出口仅设门框，防止洞脸及其以上岩坡崩塌，并与扩散消能设施边墙相接。

泄水隧洞出口消能方式多采用挑流消能和底流消能，如图 4.14 所示。挑流消能结构

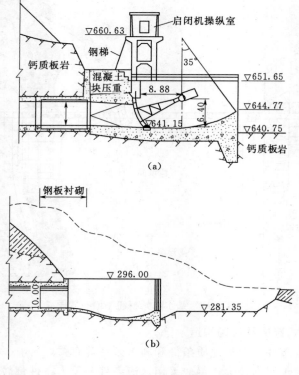

图 4.14 泄水隧洞的出口结构图

（a）有压隧洞的出口结构；（b）无压隧洞的出口结构

简单、施工方便。当隧洞出口高程高于或接近下游水位，且地形、地质条件允许时，应优先采用比较经济合理的扩散式挑流消能。当隧洞轴线与河道水流交角较小时，采用斜向挑流鼻坎，靠河床一侧鼻坎较低，使挑射主流偏向河床，以减轻对河岸的冲刷。而平台扩散水跃消能是常用于泄水隧洞的底流消能方式，无论有压或无压泄水洞都适用。

4.4 水闸

水闸是一种调节水位、控制流量的低水头水工建筑物，主要依靠闸门控制水流，具有挡水和泄（引）水的双重功能，在防洪、治涝、灌溉、供水、航运、发电等方面应用十分广泛。因水闸多数修建在软土地基上，所以它在抗滑稳定、防渗、消能防冲及沉陷等方面都有其自身的工作特点：

（1）土基的抗滑稳定性差。当水闸挡水时，上、下游水位差造成较大的水平水压力，使水闸有可能产生向下游一侧的滑动；同时，在上下游水位差的作用下，闸基及两岸均产生渗流，渗流将对水闸底部施加向上的渗透压力，减小了水闸的有效重量，从而降低了水闸的抗滑稳定性。因此，水闸必须具有足够的重量以维持自身的稳定。

（2）渗流易使闸下产生渗透变形。土基渗流除产生渗透压力不利闸室稳定外，还可能将地基及两岸土壤的细颗粒带走，形成管涌或流土等渗透变形，严重时闸基和两岸的土壤会被淘空，危及水闸安全。

（3）过闸水流其有较大动能，容易冲刷破坏下游河床及两岸。

（4）软土地基上建闸，由于地基的抗剪强度低，压缩性比较大，在水闸的重力和外荷载作用下，可能产生较大沉陷，尤其是不均匀沉陷会导致水闸倾斜，甚至断裂，影响水闸正常使用。

4.4.1 水闸的类型

按承担的主要任务分为进水闸、拦河闸、泄水闸、排水闸、挡潮闸、分洪闸、冲沙闸、排冰闸、排污闸等。

按闸室的结构型式分为开敞式水闸、胸墙式水闸和封闭式水闸，又称涵洞式水闸等，如图 4.15 所示。

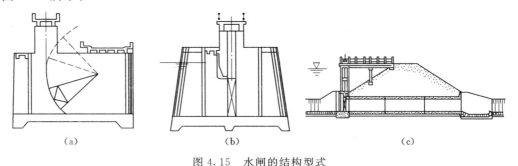

（a）　　　　　　　　　　　（b）　　　　　　　　　　　（c）

图 4.15　水闸的结构型式
（a）开敞式水闸；（b）胸墙式水闸；（c）封闭式水闸

按施工方法分为现浇式水闸、装配式水闸和浮运式水闸。

其他划分方式：根据已建水闸工程的设计经验，一般以设计或校核过流流量的大小作为划分水闸规模的依据，例如，过闸流量等于或大于 1000m³/s 者为大型水闸，100～1000m³/s 者为中型水闸等。也有以设计水头高低（反映为闸高）作为划分水闸规模的依据的，例如，闸高在 8～10m 以上者为大型水闸等。

4.4.2　水闸的组成、功用及布置

水闸由上游连接段、闸室和下游连接段 3 部分组成，其各组成部分在平面和空间上的位置如图 4.16 所示。

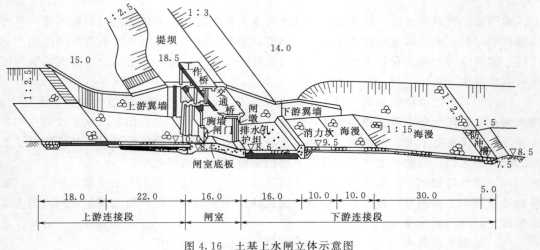

图 4.16　土基上水闸立体示意图

上游连接段的作用主要是引导水流平顺、均匀地进入闸室，避免对闸前河床及两岸产生有害冲刷，减少闸基或两岸渗流对水闸的不利影响。一般由铺盖、上游翼墙、下游护底、防冲槽或防冲齿墙及两岸护坡等部分组成。铺盖紧靠闸室底板，主要起防渗、防冲作用；上游翼墙的作用是引导水流平顺地进入闸孔及侧向防渗、防冲和挡土；上游护底、防冲槽及两岸护坡用来防止进闸水流冲刷河床、破坏铺盖，保护上游两侧岸坡。

闸室段是水闸的主体部分，起挡水和调节水流作用，包括底板、闸墩、闸门、胸墙工作桥和交通桥等。底板是水闸闸室基础，承受闸室全部荷载并较均匀地传给地基，兼起防渗和防冲作用，同时闸室的稳定主要由底板与地基间的摩擦力来维持；闸墩的主要作用是分隔闸孔，支撑闸门，承受和传递上部结构荷载；闸门则用于控制水位和调节流量；工作桥和交通桥，用于安装启闭设备、操作闸门和联系两岸交通。

下游连接段的作用是消能、防冲及安全排出流经闸基和两岸的渗流。一般包括消力池、海漫、下游防冲槽、下游翼墙及两岸护坡等。消力池主要用来消能，兼有防冲作用；海漫的作用是继续消除水流余能、扩散水流、调整流速分布、防止河床产生冲刷破坏；下游防冲槽是防止下游河床冲坑继续向上游发展的防冲加固措施；下游翼墙则用来引导过闸水流均匀扩散，保护两岸免受冲刷；两岸护坡的作用是保护岸坡，防止水流冲刷。

4.4.3　消能防冲设计

与高水头泄水建筑物相比，水闸下泄的水流具有如下一些特点：①闸下水流具有剩余能量，开始泄流时下游无水或水位很低，各种不同泄量和相应的下游水位情况下，难以保证都发生完全水跃，因而水流还有未消耗的能量；②佛汝德数 Fr 较小，易产生波状水

跃；③进口流态不对称时会产生折冲水流，应采取相应措施消耗能量，防止冲刷。

为了保证水闸的正常运用，防止河床冲刷，一方面尽可能消除水流的动能，消除波状水跃，并促使水流横向扩散，防止产生折冲水流；另一方面要保护河床和河岸，防止剩余动能引起的冲刷。水闸的消能方式，一般都采用底流式水跃消能。底流式的主要消能结构是消力池，在池中利用水跃进行消能。消力池后面紧接海漫，在海漫上继续消除水流的剩余动能，使水流扩散并调整流速分布，以减少底部流速，从而保护河床免受冲刷。海漫末端需设置防冲槽或防冲齿墙。海漫及防冲槽示意图如图 4.17、图 4.18 所示。

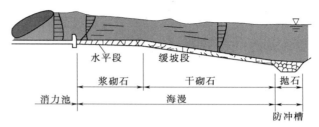

图 4.17　海漫布置及其流速分布示意图

4.4.4　水闸的防渗设计

为了减小闸室渗透压力和防止地基发生渗透破坏，必须采取合理的防渗措施。

如图 4.19 所示，在上下游水位差 ΔH 的作用下，闸基产生渗流，并从护坦上的排水孔等处逸出。铺盖、板桩和闸底板等不透水部分与地基的接触线称为地下轮廓线（即图 4.9 中折线 1、2、3、…、10、11）。它是闸基渗流的第一根流线，其长度称为闸基防渗长度（又称渗径长度）。

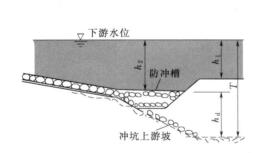

图 4.18　防冲槽示意图

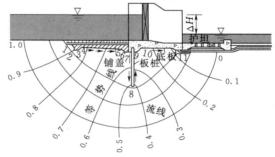

图 4.19　水闸地下轮廓及流网

对于某一土质闸基，必须使闸基防渗长度 L 达到一定的数值即 $L \geqslant C\Delta H$，式中 ΔH 为上下游水位差；C 称为渗径系救，它是水闸设计的一个重要参数，见表 4.1。

表 4.1　　　　　　　　　　　　　　　　C　值　表

地基类别 排水条件	粉砂	细砂	中砂	粗砂	中、细砂	粗砾类卵石	轻粉质砂壤土	砂壤土	壤土	黏土
有反滤层	9～13	7～9	5～7	4～5	3～4	2.5～3.0	7～9	5～7	3～5	2～3
无反滤层	—	—	—	—	—	—	—	—	4～7	3～4

当闸基防渗长度初步拟定后，尚需有合理的布置，才能充分发挥其作用。水闸地下轮廓布置可根据设计要求和地基特性，参照已建水闸工程的实践经验来进行。所谓地下轮廓

布置，就是确定闸基防渗的轮廓形状及其尺寸。布置的原则是防渗与导渗相结合。地下轮廓布置与地基土质的关系较大，对于不同地基具有不同的布置特点。

（1）黏性土地基。黏性土地基的土壤颗粒之间具有黏聚力，不易产生管涌，但土壤与闸底板之间的摩擦系数小，不利于闸室稳定。所以在黏性土地基上，防渗布置应考虑如何减小闸底板上的渗透压力，提高抗滑稳定性。如图 4.20 所示，防渗措施一般常用铺盖，而不用板桩，以防破坏黏粒结构。对于排水设施，一般布置在闸室下游护坦的下面；也可布置在闸室底板下面。

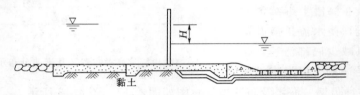

图 4.20　黏性土地基的地下轮廓线布置图

（2）砂性土地基。在砂性土地基中，土壤与底板之间的摩擦系数较大，这对闸室的抗滑稳定性有利。但是由于土壤颗粒之间无黏聚力或黏聚力很小，容易产生管涌。因此，防渗布置主要考虑如何延长渗径来降低渗透流速或坡降。当砂层很厚时，可采用铺盖与板桩相结合的布置型式，排水设备布置在闸底板之后的护坦下，如图 4.21（a）所示。必要时，还可在铺盖始端增设短板桩以加长渗径，这在铺盖兼作阻滑板时更有意义。如果砂层较薄，下面有相对不透水层时，可用板桩将砂层切断，如图 4.21（b）所示。

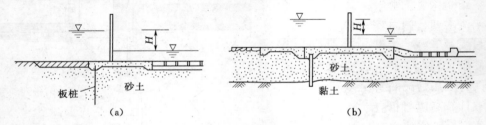

图 4.21　砂性土基的地下轮廓线布置图

4.4.5　闸室结构设计

闸室是水闸的主体部分。闸室结构在整体上属于空间结构，受力比较复杂，如果采用有限元法进行结构计算，能够较为准确地计算出结构构件的受力情况。但是，有限元法计算复杂，工作量大。因此，除了受力条件复杂的大型水闸外，一般是将闸室结构分解成若干受力构件，采用结构力学和材料力学的方法进行内力计算，并进行构件配筋设计。

1. 底板

闸室底板的作用是承受上部荷载，防止水流冲刷，延长闸下渗径。底板结构型式最常见的是平底板，即宽顶堰。此外，还有采用低堰底板、箱式底板、斜底板、反拱底板、钻孔灌注桩底板等其他型式。这里主要介绍平底板。

平底板按其与闸墩的连接方式，分为整体式和分离式两种。

（1）整体式平底板。闸室底板与闸墩一起浇筑，在结构上形成一个整体，称为整体式底板。整体式底板能够将上部桥梁、设备及闸墩的重量传递给地基，使地基应力趋于均匀。整体式平底板可用于地基条件较差的情况。

整体式底板一般在 1～3 个闸室之间设一道永久变形缝，形成数孔一联，以适应温度变化和地基不均匀沉降，如图 4.22（a）所示。

（2）分离式平底板。分离式平底板的两侧设置分缝，底板与闸墩在结构上互不传力，如图 4.22（b）所示。闸墩和上部设备的重量通过闸墩传到地基，底板只起防渗、防冲的作用。

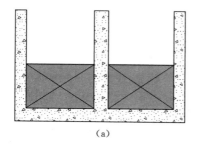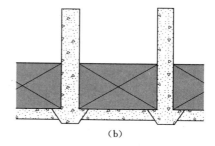

（a） （b）

图 4.22　水闸底板型式
（a）整体式；（b）分离式

2. 闸墩、胸墙与闸门

（1）闸墩。闸墩的结构型式应根据闸室结构抗滑稳定性和闸墩纵向刚度要求确定。一般宜采用实体式。常用混凝土、少筋混凝土或浆砌块石筑成，闸墩的外形轮廓设计应满足过闸水流平顺、侧向收缩小、过流能力大的要求。上游墩头可采用半圆形，以减小水流的进口损失；下游墩头宜采用流线型，以利于水流的扩散。

闸墩顶高程一般指闸室胸墙或闸门挡水线上游闸墩和岸墙的顶部高程，应满足挡水和泄水两种运用情况的要求。挡水时，闸顶高程不应低于水闸正常蓄水位（或最高挡水位）加波浪计算高度与相应安全超高值之和；泄水时，不应低于设计洪水位（或校核洪水位）与相应安全超高值之和。水闸安全超高下限值见表 4.2。

表 4.2 　　　　　　　　　　　　　　　水闸安全超高下限值　　　　　　　　　　　　　　　单位：m

运 用 情 况		水 闸 级 别			
		1	2	3	4.5
挡水时	正常蓄水位	0.7	0.5	0.4	0.3
	最高挡水位	0.5	0.4	0.3	0.2
泄水时	设计洪水位	1.5	1.0	0.7	0.5
	校核洪水位	1.0	0.7	0.5	0.4

闸墩的长度取决于上部结构布置和闸门的型式，一般与底板等长或稍短于底板，闸墩上、下游面常为铅直面；通常弧形闸门的闸墩长度比平面闸门的闸墩长。

闸墩厚度应满足稳定和强度要求，根据闸孔孔径、受力条件、结构构造要求、闸门型式和施工方法等确定。

（2）胸墙。当水闸挡水高度较大时可设置胸墙来代替部分闸门高度。胸墙常用钢筋混凝土结构做成板式或梁板式，其顶部高程与边墩顶部高程相同，其底部高程应不影响闸孔过水。胸墙位置取决于闸门形式及其位置。

（3）闸门。闸门的常见形式有平面闸门、弧形闸门。

闸门高度：挡水时，不低于正常蓄水位（或最高挡水位）加波浪计算高度与相应安全超高值之和；泄水时，不低于设计洪水位（或校核洪水位）与相应安全超高值之和。一般应高出可能的最高蓄水位 0.5m 左右。平面闸门中以直升式平面闸门最为多见，它构造简单、加工运输及安装容易，可移出孔口进行检修和养护，便于使用移动式启闭机和兼作检修闸门之用，闸墩长度也较短。但启闭力较大，工作桥较高，由于设置门槽，闸墩较厚且水流条件较差。弧形闸门在启闭时绕支铰转动，通常作用在闸门上的水压力合力通过转动中心，所以工作桥高度及启闭力较小。弧形闸门不需设门槽，所以闸墩可减薄，且水流条件好。但因有较长的支臂，所需闸墩较长，闸门结构也较复杂。选择闸门型式时，应根据运用要求、闸孔跨度、工程造价等条件比较确定。

4.4.6　闸室与地基稳定

闸室在运用、检修或施工期都应该是稳定的。在此过程中，水闸所受各种作用荷载的大小、分布及机遇情况是经常变化的，因此验算闸室稳定应根据水闸不同的工作情况和荷载机遇情况，选择不利的荷载组合作为计算依据。荷载组合情况分为以下两种：

（1）基本组合。基本组合指闸室在正常运用期及完建时的最不利情况。正常运用期由经常作用在闸室的荷载所组成，如自重、设计洪水位或设计挡水位情况下的水压力、扬压力、浪压力及泥沙压力等。

（2）特殊组合。特殊组合指闸室在非常运用期、施工期、检修期及地震时的最不利情况。非常运用期作用荷载有自重、校核洪水位下的水压力、扬压力、浪压力及泥沙压力等。

由于土基具有抗剪强度和承载能力低、压缩性大、容易产生渗透变形等特点，因此除验算闸室等部分的抗滑稳定外，还应验算地基承载能力、渗透稳定和控制不均匀沉陷。

4.4.7　闸基沉降及地基处理

地基的压缩变形过大，特别是沉陷差较大时，将引起闸室倾斜，闸门不能正常开启；或产生裂缝，或将止水拉坏，甚至使建筑物顶部高程不足，影响水闸正常运行。因此了解地基的变形量，以便选择合理的水闸结构型式和尺寸，确定适宜的施工程序和施工速度，进行适当的地基处理是水闸设计中的一项重要工作。

当天然地基不满足稳定、应力安全指标，或不满足沉陷控制要求时，则除了考虑改变闸室结构型式外，还要对地基进行处理。常采用方法如下：

（1）预压加固。预压加固就是在建闸之前的闸基范围内，堆土或石料进行预压，使地基达到相当于建闸后的稳定沉陷量。预压荷重一般为 1.5～2.0 倍的闸重，但不能超过地基土的强度。预压速度不能过快，以防发生深层滑动。需分层堆筑，每层 1～2m，堆筑后间歇 10～15 天，施工时间半年左右。

（2）换土垫层法。采用换土垫层法的目的是提高地基的稳定性和承载能力，并通过垫层的应力扩散作用，减少沉陷量；铺设在软黏土上的砂层，有良好的排水作用，利于加速固结。

（3）桩基础。当水闸上部结构重量大，不能用上述方法处理时，可采用桩基。即在闸基范围内打许多桩，而闸底板就建在桩顶面上，荷载通过桩传到地基深处。

（4）振冲砂（碎石）桩。挖洞（孔），在孔内填碎石或砂，用振冲器振实形成碎石桩。

（5）强夯法。用 8～10t 的重锤从 6～25m 高处自由落下，撞击土层，每分钟撞击 2～3 次。

除上述方法外，还有沉井基础、深层搅拌桩、高压喷射灌浆等地基处理方法。

第5章 输水建筑物

水工建筑物中的输水建筑物包括隧洞、渠道、渡槽、涵管（洞）等，其中隧洞既可泄水，也可输水，隧洞的设计参见本书第4章内容。本章主要介绍渠道、渡槽、涵管（洞）等建筑物的结构和水力设计等内容。

5.1 渠道

渠道是一种广为采用的输水建筑物。按其作用可分为灌溉渠道、排水渠道（沟）、航运渠道、发电渠道以及综合利用渠道等。为了综合利用水利资源和充分发挥渠道效用，应力求使渠道能够综合利用。

渠道设计的主要任务是在给定设计流量之后，选择渠道线路和确定断面尺寸。

5.1.1 渠线选择

渠道线路选择是渠道设计中的关键，应综合考虑地质、地形、施工条件等因素。

（1）渠道线路选择应力求短而直；这样不仅可以减少工程量，而且可以缩短航运路线减少发电、灌溉渠道的水头、水量损失。

（2）应充分利用原有沟道，尽量减少与道路或河流相交，少占耕地，最好做到挖方与填方基本平衡，以节省工程费用。

（3）渠道线路应避免通过滑坡、透水性强及沉陷量大的地区，以保证渠道安全和减少渗漏损失。

（4）灌溉引水干渠应尽可能布置在灌区最高地带，以便控制较多的自流灌溉面积；发电和航运渠道的转弯半径应分别大于5倍的渠底宽度和船长。

（5）当渠道通过山谷、山脊，填、挖方量很大时，可以采用渡槽（或倒虹吸）和隧洞。

5.1.2 渠道横断面

渠道横断面的形状有梯形、多边形、矩形、抛物线形和半圆形等，如图5.1所示。

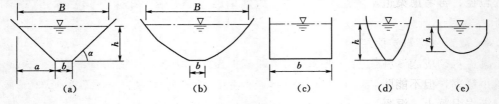

图 5.1　渠道断面的形状

（a）梯形；（b）多边形；（c）矩形；（d）抛物线形；（e）半圆形

从施工便利程度和渠侧边坡的稳定条件考虑，梯形和多边形断面用得最多，矩形断面主要用于岩石地基，抛物线形和半圆形断面水力条件较好，但两侧边坡易产生滑坡，且施工不易，所以一般很少采用。

渠道断面尺寸由水力计算确定，在设计中要进行技术经济比较以选择最优方案。在选择方案时，还要考虑渠道的不冲、不淤、不长草流速等条件；同时根据施工机械要求，选定渠道梯形断面的最小底宽。对于机械化施工的输水干渠，底宽一般不得小于 1.5～2.0m。

5.1.3 渠道纵断面

渠道要有一定的纵坡（顺水流方向的底坡），使渠道中的水在重力作用下流动。渠道纵坡是指一渠段始末两端的高差与该段水平长度之比，即

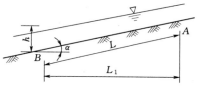

图 5.2 渠道纵坡

$$i = \frac{h}{L_1} = \tan\alpha \qquad (5.1)$$

式中符号意义如图 5.2 所示。

渠道通过同一流量，采用大的底坡，流速就高，横断面可以小一些，反之，横断面就要加大。各种不同用途的渠道对底坡有不同的要求。发电灌溉渠道要求底坡尽可能的平缓一些，以减少沿程的水头损失。

一般灌溉渠道底坡的取值范围：

干渠	$i = \dfrac{1}{5000} \sim \dfrac{1}{2000}$
支渠	$i = \dfrac{1}{3000} \sim \dfrac{1}{1000}$
斗、农渠	$i = \dfrac{1}{1000} \sim \dfrac{1}{200}$

平原地区其 i 则更小些。

渠道的底坡和横断面决定着渠道的流速和过水能力。在满足过水能力的前提下，流速既不宜过大，也不宜过小。若流速过大，不仅水头损失大，同时还会引起冲刷；若流速过小，容易引起泥沙淤积，甚至在渠内生长杂草，导致过水断面小和糙率增加，从而降低渠道的过水能力。因此，渠道纵、横断面的选择，应使渠道满足不冲、不淤的条件。

渠道中不冲流速的大小由土壤（或岩石）的性质或护面情况决定，一般土渠的不冲流速在 0.5～1.5m/s 之间，有混凝土护面时，可提高到 4m/s；不淤流速决定于水流挟带泥沙的粒径，再考虑渠道不生杂草的条件，大型渠道最小流速不小于 0.5m/s，小型渠道不小于 0.3m/s。

5.1.4 渠道衬砌与护面结构设计

渠道衬砌应起 3 种作用：防冲、防渗和减小糙率。砌石衬砌能防止冲刷，在一定程度上减小糙率，但不能防渗。黏土铺盖、聚合材料护面能防止渗漏，但不能防冲和减小糙率。沥青混凝土、混凝土及钢筋混凝土衬砌能防冲、防渗和减小糙率。

（1）黏土铺盖。渠床表面可用黏土铺盖防渗，当渠道水深为 1.5～3m 时，铺盖厚度为 0.15～0.3m。如水深大，黏土铺盖厚度也应加大，其值约为水深的 1/10。

用黏土铺盖的渠道边坡不陡于 $1:2.5\sim1:2.0$。

铺盖表面用砂砾石和砾石保护层，厚 $0.2\sim0.3m$，以防冲刷。为了防冻，要加厚保护层。

（2）聚合物薄膜。用聚乙烯、聚氯乙烯等塑料薄膜，铺放在渠床上，用以防渗，厚度不小于 $0.2\sim0.3mm$，在搭接处需黏合在一起。

（3）沥青混凝土衬砌。沥青混凝土衬砌一般厚 $5\sim8cm$，铺在碎石或砾石垫层上，在铺筑前必须先将渠床土壤中的草根清除干净。沥青混凝土含沥青 $6\%\sim9\%$，骨料配比及施工方法与土坝的沥青混凝土斜墙相同。沥青混凝土衬砌有足够的强度、抗渗和抗风化能力，能起防渗、防冲和减小糙率的作用。不足之处是在冬季易产生裂缝，夏季易滑动，所以沥青混凝土衬砌不宜用于气候严寒或炎热地区。

（4）块石衬砌。块石粒径为 $0.15\sim0.3m$，一般铺两层，衬砌厚度约 $0.4\sim0.5m$；也可铺单层，衬砌厚 $0.15\sim0.3m$。块石下面铺 $0.15\sim0.2m$ 厚的粗砂或碎石垫层，并应在砌石边坡底脚处设置支承体，以防衬砌下滑。块石衬砌可防止冲刷，双层块石的不冲流速比单层块石的大，对防渗和减小糙率的作用二者差别不大。当沿渠线有石料场，而渠道防渗要求又不高时，块石衬砌是经济的。

（5）混凝土和钢筋混凝土衬砌。能抗冲、抗渗和减小糙率，且便于机械化施工，所以混凝土衬砌和钢筋混凝土衬砌是最常用的。特别是发电渠道，水流不稳定，有涌波，更需要防冲，同时还需要防渗和减小糙率，所以常用这种衬砌。混凝土和钢筋混凝土衬砌必须建在稳定的渠道边坡上，边坡坡度视渠床材料特性而定，一般为 $1:1.5\sim1:1$。

混凝土和钢筋混凝土衬砌一般采用现场浇筑，可机械化施工，整体性较好。也有用预制混凝土和钢筋混凝土板铺砌的，但由于接缝较多，易漏水，对减小糙率也不利，所以一般较少采用。

5.2 渡槽

渡槽是输送渠水跨越山冲、谷口、河流、渠道及交通道路等的交叉建筑物，由输水槽身、支承结构、基础、进出口建筑物等部分组成，如图 5.3 所示。进出口建筑物的作用是使渡槽与上下游渠道平顺连接，保持水流顺畅，减小水头损失。因此，进出口常做成扭曲面或喇叭形的过渡段。槽身沿槽长每隔 $8\sim15m$ 设置伸缩缝，缝宽 1cm 左右，内设止水。槽身的支承结构常用梁式和拱式。梁式渡槽的槽身直接放在墩（台）或排架上，槽身受力

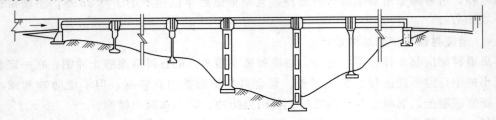

图 5.3 渡槽纵剖面图

与梁相同，配置钢筋较多。拱式渡槽的槽身支承于主拱圈上，主拱圈可采用肋拱、桁架拱、双曲拱和板拱等型式。

渡槽应布置在地质条件良好、地形有利的地段，尽量缩短槽身长度，降低槽墩高度，渠道与槽身的连接应成一直线，切忌急剧转弯。

渡槽的分类方式很多，按不同施工方法可分为现浇整体式、预制装配式、预应力式等3种型式；按不同材料可分为木渡槽、砖石渡槽、混凝土渡槽和钢筋混凝土渡槽等；按槽身断面型式可分为矩形渡槽、U形渡槽、梯形渡槽、椭圆形渡槽和圆形渡槽，其中矩形渡槽、U形渡槽（图5.4）最为常见；按支承结构型式分为梁式渡槽、拱式渡槽、桁架式渡槽、组合式渡槽和斜拉式渡槽等，工程中常见的是梁式渡槽和拱式渡槽。

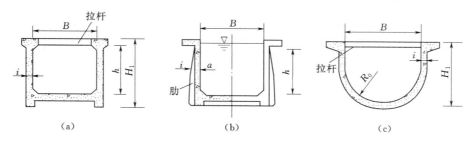

图 5.4　渡槽断面型式
（a）设拉杆的矩形槽；（b）设肋的矩形槽；（c）设拉杆的 U 形槽

梁式渡槽的支承结构是重力墩或排架，槽身置于墩架的顶部，槽身起输水作用，也起横梁作用。拱式渡槽槽身支承于主拱圈上，主拱圈可采用肋拱、桁架拱、双曲拱和板拱等形式。

矩形槽的侧墙一般是变厚的，顶薄底厚，侧墙顶可外伸 $70\sim100\text{cm}$ 宽的悬臂板作为人行道，多用浆砌石或钢筋混凝土建造。U 形渡槽的横断面是在半圆上加一直线，顶部一般设置拉杆以增加横向刚度，拉杆上可铺板作为人行道，一般用钢筋混凝土或钢丝网水泥做成。

5.3　涵洞

当渠道与道路相交又低于路面、渠道流量又较小时，可采用涵洞将渠道水流从路的一侧输送到另一侧。涵洞一般由进口、洞身和出口 3 部分组成（图 5.5）。按洞内水流流态，可分为有压涵洞、无压涵洞和半有压涵洞。

（1）无压涵洞是渠道上输水涵洞的主要型式，其特点是洞内的水流具有自由表面，自进口到出口始终保持无压状态。由于进出口水位差及洞内流速均较小，一般可不考虑防渗排水和出口消能问题，常见的形式有箱式、盖板式与拱式等，如图 5.6 所示。盖板式涵洞是用砖石做成两道侧墙，上面用石料或混凝土盖板，施工简单，适用于土压力不大、跨度在 1m 左右的情况。箱式涵洞多为四面封闭的钢筋混凝土结构，静力工作条件好，适应地基不均匀沉陷的性能强，适用于无压或低压的涵洞。若泄流量大，可采用双孔或多孔。拱形涵洞也有单孔和多孔等型式，常用混凝土或浆砌石做成，因其受力条件较好，适用于填

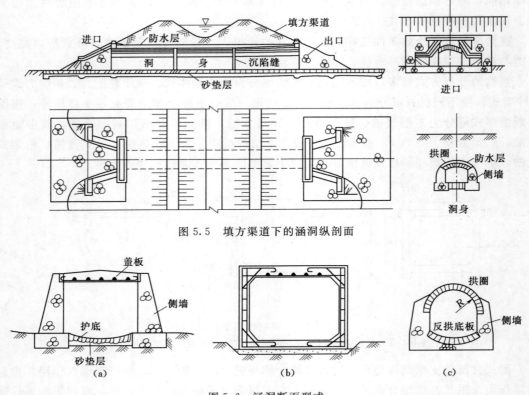

图 5.5　填方渠道下的涵洞纵剖面

图 5.6　涵洞断面型式
（a）箱式涵洞；（b）盖板式涵洞；（c）拱式涵洞

土高度及跨度大的无压涵洞。

（2）有压涵洞的特点是工作时水流充满整个洞身断面，洞内水流自进口到出口均处于有压状态。为保证稳定的有压状态，进口在立面上宜做成流线型，进口及洞身要注意防渗，出口应采取消能措施。多采用钢筋混凝土管或铸铁管，适用于内水压力较大、上面填方较厚的情况。

（3）半有压涵洞的进水洞顶水流封闭，但洞内的水流仍具有自由表面。

按涵洞的埋设方式，可分为沟埋式和上埋式两种。沟埋式是将涵洞埋设于较深的沟槽中，槽壁天然土壤坚实；上埋式是将涵洞直接埋设在地面或浅沟中，多用于横穿公路、铁路以及河渠堤岸（图 5.7）。前者由于回填土的沉陷受到槽壁的牵制，铅直土压力小于沟内回填土柱重；后者由于洞顶与两侧填土的沉陷不同而产生摩擦力，所以铅直土压力大于洞顶土柱重。

涵洞的进、出口是洞身与溪沟或渠道的连接部分，起着引导水流和挡土防冲等作用。进出口型式有扭曲墙式、反翼墙走廊式、八字斜降墙式和一字墙式等。

涵洞线路需选择在地基承载能力大的地段，走向一般与渠堤或道路正交，并尽量与来水流向一致。为防止涵洞上下游遭受冲刷或淤积，洞底高程应同于或接近于原水道底部高程，坡度应等于或稍大于原水道的坡度，一般为 1%～3%。涵洞穿过土渠时，洞顶至少应低于渠底 0.6～0.7m，否则渠水下渗，沿洞周围产生集中渗流，会引起建筑物破坏。

当渠道跨越不深的山谷或沟溪时，通常采用填方渠道，此时为了排泄山谷或溪沟中的雨水，应在渠底填方中修建排水涵洞，如图 5.7 所示。斗渠和农渠首部的分水闸（通常称为斗门或农门），因过流量很小，常用预制涵管代替开敞式水闸。

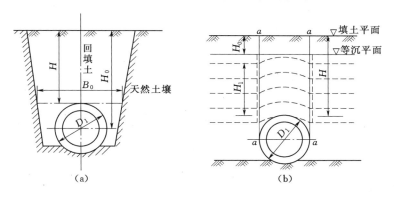

图 5.7　涵洞埋设方式示意图
(a) 沟埋式；(b) 上埋式

5.4　其他输水建筑物

5.4.1　倒虹吸管

当渠道与河流或道路交叉、而彼此高程相差不大时，常用埋于地下或直接沿地面敷设的输水管把渠道的水由一侧输送到另一侧；此外，当渠道与深谷相交而架设渡槽不便时，也可采用这种方法输水。这种型式好像一个倒放的虹吸管，故称倒虹吸管，如图 5.8 所示。倒虹吸管由进口、管身和出口 3 部分组成。进、出口一般都设有渐变段，以使水流平顺和减少水头损失。首部设置铺盖、护底等防渗、防冲设施，并设有拦污栅和检修闸门，有时还设有沉沙池或沉沙井。

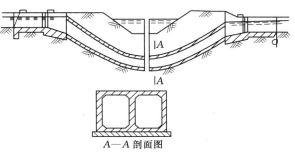

图 5.8　倒虹吸管

倒虹吸管的断面有圆形、矩形或其他形状，而以圆形采用较多。倒虹吸管常用钢筋混凝土管，有时可用块石浆砌而成。

管道的水力计算采用有压输水管道公式，管内流速一般采用 1.5～2.0m/s。当流量较大或工程较为重要时，往往设置两根或 3 根管道，这样在检修时就不至于全部停止供水，同时在渠道输水流量小时可以通过部分管道集中输水，以保证洞内有适当的流速，防止淤积。沿管长应设置沉陷缝（管长小于 30m 时可不设），以适应不均匀沉陷及温度变形。当与渠道交叉时，管道水平段的顶部与渠底的距离应不小于 1.0m；若与河道交叉，则管道应埋在河底冲刷深度以下 0.5～0.7m。

5.4.2 跌水和陡槽（或叫陡坡）

在地面坡度大于渠道纵坡的情况下，若保持渠道纵坡不变，则经过一段距离后，渠道便会高出地面；若加大渠道纵坡，又会造成对渠道的冲刷。在这种情况下，可将渠道分成两段，使相邻两段之间形成一集中落差，并用联接建筑物——跌水或陡槽（陡坡）把两段渠道连接起来，如图 5.9 所示。

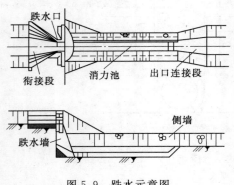

图 5.9 跌水示意图

渠道落差在 1.5m 以内时多采用跌水，因为这种情况下跌水和陡坡造价相近，而跌水的消能效果远比陡坡好，当渠道落差为 1.5～3.0m 时多采用陡坡，当渠道落差大于 3.0m 时多采用多级跌水或多级陡坡。

跌水由上、下游连接段、跌水口、跌水墙和消力池等部分组成。常用砌石和混凝土建造，陡坡与跌水的主要差别是用陡槽代替跌水墙。

扩散形陡坡示意图水的消能效果远比陡坡好；当渠道落差为 1.5～3.0m 时，多采用陡坡；当渠道落差大于 3.0m 时，多采用多级跌水或多级陡坡。

跌水和陡坡的进口形式：当渠道中通过的流量比较固定时，可用矩形；当流量随时变化时，则宜采用梯形，以便使渠中水位较为固定。

第6章 整治建筑物

为了河道防洪或调整、稳定河道主流位置，改善水流、泥沙运动及河道冲刷淤积部位，达到满足各项河道整治任务而修建的河工建筑物，称为河道整治建筑物。常用的有堤防、护岸、丁坝、顺坝、锁坝、桩坝、枬槎坝等。河道整治建筑物可以用土、石、竹、木、混凝土、金属、土工织物等河工材料修筑，也可用河工材料制成的构件，如梢捆、柳石枕、石笼、枬槎、混凝土块等修筑。

按材料和期限分为轻型（临时性）建筑物和重型（永久性）建筑物；按照与水流的关系可分为淹没建筑物、非淹没建筑物，透水建筑物和实体建筑物以及环流建筑物。

实体建筑物、透水建筑物在结构方面差异很大。实体建筑物不允许水流透过坝体，导流能力强，建筑物前冲刷坑深，多用于重型的永久性工程。透水建筑物允许水流穿越坝体，导流能力较实体建筑物小，建筑物前冲刷坑浅，有缓流落淤作用。环流建筑物是设置在水中的导流透水建筑物，又称导流装置。它是利用工程设施使水流按需要方向激起人工环流，控制一定范围内泥沙运动方向，常用于引水口的引水和防沙整治。

河道整治建筑物就岸布设，可组成防护性工程，防止堤岸崩塌，控制河流横向变形；建筑物沿规划治导线布设，可组成控导性工程，导引水流，改善水流流态，治理河道。

6.1 堤防

堤防是河道防洪最主要的建筑物，防止洪水淹没两岸农田和城镇。堤防一般用土修筑而成，城镇堤防也有用混凝土的。河道堤防位置由防洪规划确定，要选在地势较高、地质条件较好的地方，同时要满足河道泄洪的要求。堤防用于平原河道，选择堤址范围较小，由于防洪要求，堤防有时不得不置于地质条件较差的地基上，如细砂基、淤泥基等。堤防虽然较土坝低，且不像土坝要常年挡水，故填土标准可较土坝稍低，但必须处理好地基，以防发生管涌破坏，这是堤防溃决的主要原因。

6.1.1 堤防堤线、堤型、断面选择及其布置

1. 堤线布置原则

堤线布置时应遵循以下原则：

（1）河堤堤线应与河势流向相适应，并与大洪水的主流线大致平行。河段两岸堤防的间距或一岸高地一岸堤防之间的距离应大致相等，不宜突然放大或缩小。

（2）堤线应力求平顺，各堤段平缓连接，不得采用折线或急弯。

（3）堤防工程应尽可能利用现有堤防和有利地形，修筑在土质较好、比较稳定的滩岸上，留有适当宽度的滩地，尽可能避开软弱地基、深水地带、古河道、强透水地基。

（4）堤线应布置在占压耕地、拆迁房屋等建筑物少的地带，避开文物遗址，利于防汛

抢险和工程管理。

（5）湖堤、海堤应尽可能避开强风或暴潮正面袭击。

2．堤型选择

堤防工程的型式应按照因地制宜、就地取材的原则，根据堤段所在的地理位置、重要程度、堤址地质、筑堤材料、水流及风浪特性、施工条件、运用和管理要求、环境景观、工程造价等因素，经过技术经济比较，综合确定。

根据筑堤材料，可选择土堤、石堤、混凝土或钢筋混凝土防洪墙、分区填筑的混合材料堤等；根据堤身断面型式，可选择斜坡式堤、直墙式堤或直斜复合式堤等；根据防渗体设计，可选择均质土堤、斜墙式或心墙式土堤等。

同一堤线的各堤段可根据具体条件采用不同的堤型。在堤型变换处应做好连接处理，必要时应设过渡段。

3．断面选择

（1）断面结构型式选择。堤坝断面的选择应遵守安全经济的原则。若堤线附近黏土或粉质黏土充足，尽可能就地取材、尽可能选择均质断面。若堤线附近黏土或粉质黏土较少，可选择复合断面，以透水性较大的土石料作为堤支承体，以黏性土、土工膜作为防渗体。防渗体的型式一般有心墙和斜墙两种，防渗体材料与形式的选择需经技术经济比较及与地基防渗型式统筹考虑确定。

心墙防渗体受地基不均匀沉降及地震作用等影响损害小，但其施工与支承体有干扰，工期相对长。

斜墙防渗体施工程序简单，速度快，在地基较好、地震烈度小的地区具有优越性，一旦防渗体受损害也易修复。

黏土等塑性材料与土工膜等柔性材料适应地基不均匀沉降的能力强于混凝土等刚性材料。

各种结构型式的堤身断面如图 6.1 所示。

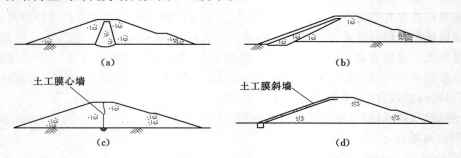

图 6.1　各种结构型式的堤身断面图

(a) 土心墙堤断面示意；(b) 土斜墙堤断面示意；
(c) 土工膜心墙堤断面示意；(d) 土工膜斜墙堤断面示意

（2）断面轮廓设计。

1）堤顶高程。堤顶高程要高出设计洪水位，超高尺寸的要求见式（6.1）。堤坝断面为梯形。堤顶路面填筑体，如碎石、沥青、混凝土等不计入堤顶高程。当堤顶设置稳定坚固的防浪墙时，墙顶高程即为设计堤顶高程，但土堤顶面高程应高出设计静水位 0.5m 以上。

2）堤顶宽度。《堤防工程设计规范》（GB 50286—2013）规定，堤顶宽度应根据防汛、管理、交通、施工、构造及其他要求确定。1 级堤防顶宽不宜小于 8m；2 级堤防顶宽不宜小于 6m；3 级及以下堤防不宜小于 3m。湖北、江西、江苏等地的重要长江干堤，堤顶宽在 8m 以上，荆江段准备加宽至 12m。黄河一些平工堤段顶宽 8～10m，险工段顶宽 10～12m。

应按实际需要间隔一段距离，在顶宽以外设置回车场、避车道、器材物料存放场，具体尺寸应根据各堤段实际需要确定。

3）堤坡与戗台。堤坡应根据堤基、堤身结构与防护、筑堤、土料及施工条件经稳定计算后确定，对于地基较好的黏土、粉质黏土均质堤，堤坡约为 1：3，复式断面的堤坡约为 1：3～1：2；对于软基，堤坡约为 1：5～1：3，甚至更缓。

堤高超过 6m 者，应在堤的背水面设置戗台，戗台高程应在设计水位时的渗流出逸点以上，宽度应在 2m 以上。实践证明，戗台对增加堤身稳定，排除散浸险情具有明显作用。

堤顶超高应按式（6.1）计算：

$$y = R + e + A \tag{6.1}$$

式中：y 为堤顶超高，m；R 为设计波浪爬高，m；e 为设计风壅水面高度，m；A 为安全加高，m。R、e、A 可按《堤防工程设计规范》（GB 50286—2013）附录 C 所介绍的方法确定，安全加高见表 6.1。

表 6.1　　　　　　　　　　　　　堤防工程的安全加高

堤防工程的级别		1	2	3	4	5
安全加高/m	不允许越浪的堤防工程	1.0	0.8	0.7	0.6	0.5
	允许越浪的堤防工程	0.5	0.4	0.4	0.3	0.3

堤顶超高的取值：江河湖泊堤防原则上应按上述方法计算堤顶超高。在堤防加固设计中，堤顶超高计算值可能变幅很大，直接使用有困难，往往按堤的等级、材料及河段特性，分段给出规定值。

6.1.2　堤防防护设计

为了消除汛期风浪对堤顶和堤坡的冲刷险情，应对堤顶和堤坡未设坚固防护设施的堤段进行防护加固。

1. 堤顶防护

（1）堤顶路面。对 3 级以上或高度大于 6m 的堤防，应考虑堤顶对风浪溅顶的抵抗能力，应结合交通要求修筑水泥混凝土或沥青混凝土路面。路面应与临水坡的护坡紧密连接。路面宽度可根据防汛与交通的需要定。路面应向两面倾斜，坡度以 2%～3% 为宜，以排除路面积水。

（2）堤顶防浪墙。用防浪墙抵御风浪可大大节省堤防工程量，经济效益明显。其结构型式可选择混凝土或浆砌石型式。堤顶面以上墙的高度不宜大于 1.2～1.5m，埋置深度应在 50cm 以上，形状尺寸可根据需要拟定，间隔 20m 左右设置变形缝。防浪墙应与堤身防渗体相连接。

防浪墙应进行强度和稳定核算，可查阅有关挡土墙计算手册。

汛期中损坏的防浪墙应按上述要求维修或重建。

2. 边坡防护

工程中常见的边坡防护有以下型式：

(1) 砌石护坡。砌石护坡包括灌砌石、浆砌石护坡以及干砌石护坡。汛期可能遭受很大风浪袭击的大江大河大湖堤防应选用坚固耐冲刷、而且具有消浪作用的灌砌石或浆砌石护坡。

干砌石的消浪效果较好，但整体性较差，抵御一般较大风浪、工程级别 3 级以上或堤高超过 6m 的堤防可采用干砌石护坡。干砌石也可用于暴雨强度较大的堤段的背水坡护坡。

(2) 混凝土护坡。混凝土护坡抗冲刷能力强，但消浪作用差，抵御较大风浪的堤防可选用混凝土护坡。当在混凝土护坡面上设置数排混凝土消浪墩时，可抵御大风浪的袭击。

(3) 模袋混凝土护坡。遭受很大风浪袭击和较大流速水流冲刷的重要堤段，当地又缺乏块石资源，可选用模袋混凝土作为临水坡护坡。其抗风浪冲刷、水流淘刷的能力强。整体性好，强度高，且消浪作用好，如图 6.2 所示。

(4) 草皮护坡。通常可选用草皮作为背水坡护坡。不经常过水的季节性河流或临水坡前有较高、较宽滩地的一般性堤段可采用草皮作为临水坡护坡，如图 6.3 所示。

图 6.2 模袋混凝土护坡　　　　　　　　　图 6.3 草皮护坡

(5) 其他护坡。水泥护坡可用于抵御一般风浪的一般堤段。干砌石框格内铺卵石护坡可用于背水坡护坡。

值得一提的是，目前生态护坡技术得到相当重视并广泛应用。这项技术是基于生态工程学、工程力学、植物学、水力学等多学科的基本原理，利用活性植被材料，结合其他工程材料在边坡上构建具有生态功能的护坡系统。生态护坡主要通过生态工程自我支撑、自我组织和自我修复等功能来实现边坡的维护，以达到减少水土流失、美化环境、减少对环境的污染等目的。生态护坡常采用植草（如上文中提到的草皮护坡）、植树、垂直绿化、土工材料植草、喷播类、特种混凝土等技术达到护坡和美化环境的效果。

6.1.3 堤防渗流与渗透稳定、抗滑稳定

1. 堤防渗流与渗透稳定计算

（1）渗流计算的内容。对河、湖等堤防，通过渗流计算可求得堤防（含堤基）渗流场的渗透水头、渗透比降和渗流量等水力要素，据此可以判断其渗透稳定性。渗流计算可考虑以下工况：

1）临水侧为设计洪水位，背水侧为相应水位情况的稳定渗流计算。

2）临水侧为设计洪水位，背水侧为最低水位或无水情况的稳定渗流计算。

3）洪水降落时的非稳定渗流计算。

（2）渗流计算的方法。常用的渗流计算方法有数值计算法、模型试验法和水力学法等。

（3）堤坡的渗透稳定性分析。渗流计算得到背水堤坡渗流出逸段的渗透比降，若大于允许比降或渗透水流产生堤坡冲刷，则应设置贴坡反滤等保护措施。堤坡最易产生渗透破坏的地方是渗流出逸点。

（4）堤基的渗透稳定性。通过渗流计算确定堤基表土层的渗流出逸比降，若大于堤基表土层的允许比降，则应采取盖重或减压措施。

2. 抗滑稳定

（1）堤坡的抗滑稳定性。抗滑稳定计算分为正常情况和非常情况。正常情况下抗滑稳定计算工况为：设计洪水位下的稳定渗流期或不稳定渗流期的背水侧堤坡；设计洪水位骤降期的临水侧堤坡。非常情况下的计算工况为多年平均水位时遭遇地震的临水、背水侧堤坡。

稳定计算一般可用瑞典圆弧滑动法或改良圆弧滑动法。若计算的安全系数不满足规范要求，则应进行除险加固。

（2）堤防的稳定性。考虑到风浪、水流等作用，应对堤岸的稳定性进行计算，在可能发生冲刷破坏并危及堤岸稳定的堤段，应采取防护措施，防护措施可按有关规定因地制宜地确定。

6.2 护岸

护岸是指采用混凝土、块石或其他材料做成坝等型式的障碍物直接或间接地保护河岸并保持适当的整治线和适当水深以控制水流流向、防护河岸或沟岸免受冲刷以便于通航的一种工程。适用于因山洪、冲击而使山脚遭受冲淘、山坡发生崩坍的沟（河）段，拦沙坝附近需防止沟岸冲淘的沟段，沟道纵坡陡以及两岸土质容易被冲刷的沟段。图 6.4 为黄浦江上游干流段的护岸工程。

护岸工程根据建筑材料的不同分为干砌片石、浆砌片石、混凝土板、铁丝石笼、木桩排、生物护岸和木框浆石等多种。根据作用不同，又可分为护岸堤和导流坝两种。护岸堤是保护沟岸免受山洪或泥石流冲刷，并起挡土墙作用

图 6.4 黄浦江上游干流段的护岸工程

的建筑物，一般修成砌石护岸堤。在山洪流向比较平顺、设计流速为 $2\sim3m/s$ 时，采用双层干砌块石护岸堤；在受到主流冲刷的沟（河）段，采用浆砌块石护岸堤。导流坝可改变山洪或泥石流流向，起整治沟（河）道水流的作用。按其与水流相互位置的不同，可分为顺坝和丁坝两种。根据施工地点的地形、建材来源、荒溪类型、山洪或泥石流流速及流量等确定导流堤的结构及建筑材料。

护岸工程的设计应统筹兼顾，合理布局，并宜采用工程措施与生物措施相结合的防护方法。根据风浪、水流、潮汐、船行波作用、地质、地形情况、施工条件、运用要求等因素，可选用下列型式：

（1）坡式护岸。上部护脚部分的结构型式应根据岸坡情况、水流条件和材料来源，采用抛石、石笼、沉排、土工织物枕、模袋混凝土块体、混凝土、钢筋混凝土块体、混合型式等，经技术经济比较选定。

（2）坝式护岸。坝式护岸布置可选用丁坝、顺坝及丁顺坝相结合的坝等型式。坝式护岸按结构材料、坝高及与水流、潮流流向关系，可选用透水、不透水，淹没、非淹没，上挑、正挑、下挑等型式。

坝式护岸工程应按治理要求依堤岸修建。丁坝坝头的位置应在规划的治导线上，并宜成组布置，顺坝应沿治导线布置。

（3）墙式护岸。对河道狭窄、堤外无滩易受水流冲刷、保护对象重要、受地形条件或已建建筑物限制的塌岸堤段宜采用墙式护岸。

墙式护岸的结构型式：临水侧可采用直立式、陡坡式，背水侧可采用直立式、斜坡式、折线式、卸荷台阶式等型式。

墙体结构材料可采用钢筋混凝土、混凝土、浆砌石等，断面尺寸以及墙基嵌入堤岸坡脚的深度应根据具体情况及堤身和堤岸整体稳定计算分析确定。

图 6.5　浙江海塘工程

（4）其他防护型式。可采用桩式护岸维护陡岸的稳定、保护堤脚不受强烈水流的淘刷、促淤保堤。

桩式护岸的材料可采用木桩、钢桩、预制钢筋混凝土桩、大孔径钢筋混凝土管桩等。桩的长度、直径、入土深度、桩距、材料、结构等应根据水深、流速、泥沙、地质等情况通过计算或已建工程运用经验分析确定。

海塘是人工修建的挡潮堤坝，亦是中国东南沿海地带的重要屏障。海塘的历史至今已有两千多年，主要分布在江苏、浙江两省，图 6.5 为浙江海塘工程。

6.3　丁坝与顺坝

丁坝是从水流冲击的河岸或沟岸向水流中心伸出的导流坝，主要起改变流向、防止山洪或泥石流横向冲刷的作用，它是江道整治、护岸工程中的常用建筑物，利用丁坝群的整体作用，挑流促淤、保滩护岸，为海塘的安全运行起到了极为重要的作用。按丁坝与水流所成夹角不同，可分为正交丁坝、下挑丁坝及上挑丁坝。在沟（河）道两岸均修丁坝时，两岸丁坝的头部之间的间隔要留有足够的横断面以宣泄山洪；丁坝的头部应相对布置，其延长线应交于沟道的中泓线，防止山洪中泓左右摇摆；丁坝头部标高可按历年平均水位设计，但不得超过原沟岸的高程，以利于坝顶部洪水漫溢和沼沙淤积。丁坝的间距可取坝头至沟（河）岸垂直距离的 1.25～4.5 倍，凹岸丁坝的间距为丁坝长度的 1 倍，凸岸丁坝的间距为丁坝长度的 3～4 倍。

丁坝坝头型式有圆头、斜头、抛物线以及丁坝、顺坝相结合的拐头型（图 6.6）。在中国将短的丁坝称作矶头，又称垛或堆，作用是迎托水流，保护岸、滩。按迎托水流要求，矶头的平面形状有人字、月牙、磨盘、鱼鳞、雁翅等型式，垂直水流方向的长度一般为 10～20m。矶头之间中心距一般为 50～100m。

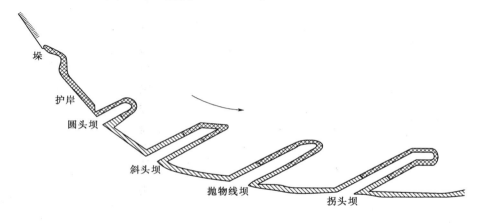

图 6.6 丁坝平面型式图

在离岸一定距离的水中建造的与岸大致平行的坝体，也称顺岸坝。用以消减波浪并促使泥沙在坝后岸侧沉积。顺坝的长度根据所需防护范围而定，可布置成连续的或间断的两种。为拦断沿岸流，也可采取丁坝和顺坝相结合的布置方式。顺坝坝顶较高时，能较好地消减波浪能量，岸滩防护效果显著。但此时波浪荷载也较大，要求坝身结构更加稳固。坝顶经常淹没于水下的称为潜顺坝，其坝顶高程略低于平均潮位。高潮位时坝顶不淹没的称为出水顺坝，其坝顶高程高于平均高潮位。

丁坝和顺坝的断面有直立式和斜坡式两种。斜坡式用松散块体堆筑，直立式用板桩、木桩或沉箱构筑。坝体可以透水或不透水。挟沙水流可以穿过的木桩编篱坝、拦栅坝和网坝等为轻型透水坝，水流与波浪所受的阻碍较小，同时坝体承受的荷载也较小，一般坝脚冲刷程度轻微。挟沙水流不能穿过坝体的大坝有沉箱坝、板桩坝、砌石坝等为重型不透水坝。抛石坝和抛方块坝虽然容许部分水流穿过坝体，但坝周围水流特性与不透水坝相似。

第7章 过 坝 建 筑 物

河流是天然的水道，为船舶通航、浮运木材（竹材）和回游鱼类在海洋与内河湖泊间来往提供通道。当河道上拦河建坝或闸后，一方面河道的上游水深加大，改善了航行条件，扩大了水产养殖水域面积，对航运和渔业发展有利；但另一方面，水流会受坝（或闸）的拦截，而且上游水位壅高会形成上下游水位差，在运行期往往会与通航、渔业（鱼类回游）、过木等水资源综合利用的要求发生矛盾。因此为了保证通航、渔业、过木等水资源综合利用效益，应该在筑坝建闸的同时，根据运用的需要，在水利枢纽中设置过船、过木、过鱼的专门性水工建筑物。另外，在大多数水利水电工程中还应考虑排漂问题，并在枢纽布置中设置一定的排漂设施或排漂建筑物。

7.1 船只过坝建筑物

船只过坝建筑物有船闸和升船机两类。

7.1.1 船闸

船闸是河流上水利枢纽中常用的一种过坝建筑物。船闸利用闸室中水位的升降将船舶浮运过坝，其通船能力大，安全可靠，应用广泛。

7.1.1.1 船闸规模

船闸级别应按通航的设计最大船舶吨级划分为 7 级，其分级指标与航道分级指标相同。在已经由国家定级的河道上，船闸级别可直接根据所定航道的等级，遵照国家标准《内河通航标准》（GB 50139—2014）进行确定，见表 7.1。

表 7.1   **船 闸 分 级 表**

航道等级	I	II	III	IV	V	VI	VII
通航建筑物级别	I	II	III	IV	V	VI	VII
船舶吨级/t	3000	2000	1000	500	300	100	50

注 船舶吨级按船舶设计载重吨位确定。

船闸通过能力应满足设计水平年内各期的客货运量和船舶过闸量要求。船闸的设计水平年应根据船闸的不同条件采用船闸建成后 20～30 年；对增建和改建、扩建船闸困难的工程，应采用更长的设计水平年。

7.1.1.2 船闸的组成和运行方式

船闸由闸首（包括上闸首、下闸首以及多级船闸的中闸首）、闸室、引航道（包括上、下游引航道）等部分组成，如图 7.1 所示。

闸首是分隔闸室与上、下游引航道并控制水流的建筑物，位于上游的为上闸首，位于下游的为下闸首。在闸首内设有工作闸门、输水系统、启闭机械等设备。当闸门关闭时，

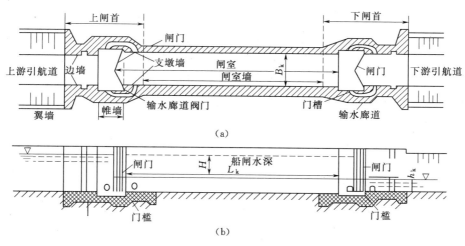

图 7.1 单级船闸简图

(a) 平面图；(b) 纵剖面图

闸室与上下游隔开。闸首的输水系统包括输水廊道和阀门，它们的作用是使闸室能在闸门关闭时和上游或下游相连通。

闸室是由上、下游闸首之间的闸门与两侧闸墙构成的供过闸船只临时停泊的场所。当闸室充水时，闸室通过上游输水廊道与上游连通，水从上游流进闸室，闸室内水位能上升到与上游水位齐平；当闸室泄水时，闸室通过下游输水廊道与下游连通，水从闸室流到上游，闸室内水位会下降到与下游水位齐平。在闸室充水或泄水的过程中，船舶在闸室中也随水位而升降，为了使闸室充泄水时船舶能稳定和安全地停泊，在两侧闸墙上常设有系船柱和系船环等辅助设备。

上下游引航道是闸首与河道之间的一段航道，用以保证船舶安全进出闸室和停靠等待过闸的船舶。引航道内设有导航建筑物和靠船建筑物，前者与闸首相连接，作用是引导船舶顺利地进出闸室；后者与导航建筑物相连接，供等待过闸船舶停靠使用。

船闸的运行方式，即船舶过闸的过程如图 7.2 所示。船舶上行时，先关闭上闸门和上游输水阀门，再打开下游输水阀门，使闸室内水位与下游水位齐平，然后打开下闸门，待船舶驶入闸室后再关闭下闸门及下游输水阀门，然后

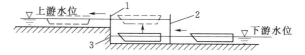

图 7.2 船闸过闸示意图

1—上闸门；2—下闸门；3—帷墙

打开上游输水阀门并向闸室灌水，待闸室内水位与上游水位齐平后，打开上闸门，船舶便可驶出闸室而进入上游引航道。这样就完成了一次船舶从下游到上游的单向过闸程序。当船舶需从上游驶向下游时，其过闸程序与此相反。

7.1.1.3 船闸的类型

1. 按闸室的级数分类

按闸室的级数可分为单级船闸和多级船闸。

单级船闸是沿船闸轴线方向只建有一级闸室的船闸（图 7.1）。船舶通过这种船闸只

需经过一次充水、泄水就可克服上下游水位的全部落差。

多级船闸是沿船闸轴线方向建有两级以上闸室的船闸。当水头较大，采用单级船闸在技术上有困难、经济上不合理时，可采用多级船闸。船舶通过多级船闸时，需进行多次闸门启闭和充水、泄水过程才能调节上下游水位的全部落差。如长江三峡枢纽的永久船闸为五级连续梯级船闸（图 7.3），每级船闸的有效尺寸长 280m，宽 34m，槛上最小水深 5m，可通过万吨级船队。

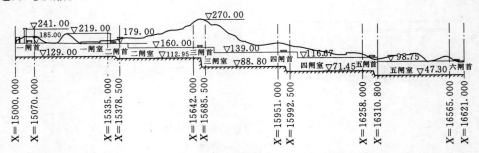

图 7.3 三峡枢纽永久船闸纵剖面图（单位：m）

2. 按船闸线数分类

按船闸线数可分为单线船闸和多线船闸。

单线船闸是在一个枢纽中只建有一条通航线路的船闸。多线船闸即在一个枢纽中建有两条或两条以上通航线路的船闸。

船闸线路的确定，取决于货运量与船闸的通航能力。通常情况下建单线船闸。但当通过枢纽的货运量巨大，单线船闸的通航能力不能满足需求时，可修建多线船闸。如葛洲坝水利枢纽采用三线船闸（图 7.4）。在双线船闸中，可将两个闸室并列，采用一个公共隔

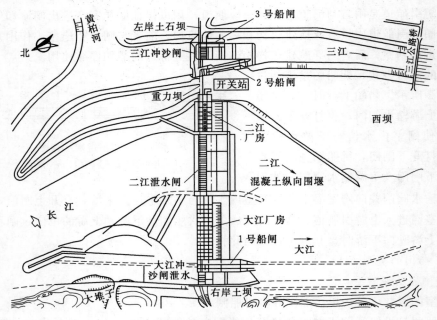

图 7.4 葛洲坝水利枢纽平面布置图

墙，此时可将输水廊道设在隔墙内，使两个闸室互相连通，利用一个闸室泄放的部分水量作为另一闸室的充水，这样既可节省船舶过闸的耗水量又可减少船闸的工程量。

3. 几种特殊型式的船闸

根据闸室型式的不同，有几种特殊型式的船闸，如井式船闸、广厢船闸和具有中间闸首的船闸等，如图7.5所示。

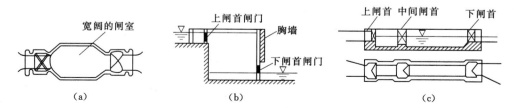

（a）　　　　　　　　　（b）　　　　　　　　　（c）

图 7.5　几种特殊型式的船闸

（a）井式船闸；（b）广厢船闸；（c）具有中间闸首的船闸

广厢船闸的闸首口门宽度小于闸室宽度，闸门尺寸减小，启闭设备较为简单，适用于以小型船舶通航为主的小型船闸。井式船闸是在单级船闸的下闸首的通航净空以上部分设置胸墙挡水，适用于较大的水头，但过闸耗水量大，而且一般只能在岩基上修建，故很少采用。具有中间闸首的船闸适用于过闸船舶数量不等、大小不均的情况，当过闸船舶较小或数量较少时，可利用上、中闸首工作，而将下闸室作为引航道，以节省船舶过闸的用水量和过闸时间。

7.1.1.4　闸室和闸首的结构型式

1. 闸室

闸室由两侧闸墙和底板组成。

闸墙主要承受水压力和墙后土压力，由于闸室内水位是经常变化的，闸墙前后有水位差，因此闸室除必须满足稳定和强度要求外，还要满足防渗要求。闸室按闸墙的横断面形状可分为斜坡式和直立式两种型式。斜坡式闸室是将岸坡和水平河底用砌石保护而成（图7.6），其优点是结构简单、施工容易、造价便宜，但充水泄水体积大、时间长、耗水量多、而且闸室水位迅速升降容易引起岸坡坍塌，因此仅适用于规模较小的低水头船闸。直立式闸室两侧闸墙为直立或基本直立，避免了斜坡式的缺点，使用最广，但造价一般较高（图7.7）。

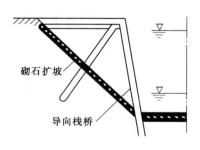

图 7.6　斜坡式闸室示意图

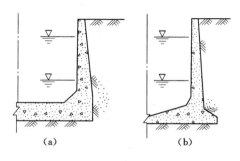

（a）　　　　（b）

图 7.7　直立式闸室示意图

（a）坞式；（b）悬臂式

直立式闸室按闸墙与底板的连接方式又可分为整体式和分离式两种。整体式闸室的闸墙与底板为整体刚性连接，适用于地基条件较差和水头较大的情况，整体式闸室有坞式和悬臂式两种结构型式（图 7.7）。分离式闸室的闸墙与底板分开，闸墙成为独立的挡土结构，适用于地基条件较好的情况。分离式的闸室的闸墙的结构型式很多，常用的有重力式、扶壁式、拉条板墙式、衬砌式等，如图 7.8 所示。

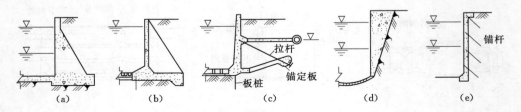

图 7.8　分离式闸室结构型式
(a) 重力式；(b) 扶壁式；(c) 拉条板墙式；(d)、(e) 衬砌式

闸室结构型式的选择主要取决于地基性质和水头大小，输水系统的布置也会影响闸室结构布置。对于岩石地基，常采用分离式闸室，其闸墙的结构型式可根据岩石的坚固程度、岩层顶面与闸底板的相对高程确定。当岩层顶面高程接近于闸底高程时，一般采用重力式；当岩层顶面高程高于闸底高程，岩层坚实完整时，只要在开挖的直立岩面上喷浆或喷锚支护即可，否则可做成衬砌墙式。对于非岩石地基，当水头较小、地基土质坚实时，可采用底板透水的分离式闸室；当地基土质较差、作用水头较大时，宜采用底板不透水的整体式闸室。

2. 闸首

上、下游闸首既是挡水结构，又是闸室和引航道之间的连接结构，多级船闸的中闸首，是连接相邻的上、下游两闸室的连接结构。为了挡水，闸首部分设有闸门，并附设闸门的启闭设备和便于操作闸门用的工作桥。此外，闸首中还设有输水系统，输水系统常采用短廊道，即将廊道放在闸门两侧的边墙内并在廊道上安装阀门，用阀门控制从上游向闸室充水或由闸室向下游泄水。闸门型式有人字门、直升平面闸门、横拉平面闸门、下降式弧形闸门和三角闸门等，其中人字门最常用。人字门一般适用于单向水头，平面闸门和三角闸门适用双向水头。部分闸门示意图如图 7.9 所示。

闸首主要由底板和两侧边墩构成。闸首的结构型式和布置主要取决于地基条件、闸门型式、输水方式和有无帷墙等因素。闸首的结构型式也可分为整体式和分离式两种。整体式边墩与底板连成整体，适用于非岩石地基；分离式边墩与底板分离，各自独立承受荷载，适用于岩石地基。图 7.10 为整体式闸首横剖面图。

7.1.1.5　船闸在水利枢纽中的位置

在综合利用枢纽中，船闸往往只是其中的组成建筑物之一，因此船闸在枢纽中的位置除应保证船舶航行的安全和方便外，还要考虑整个水利枢纽的运用和施工条件，使枢纽布置经济合理。根据这些原则，船闸的布置应使泄水建筑物的泄水和电站的尾水不影响船舶进出船闸时的安全。同时，船闸上下游要有足够的平稳水面，以供等候过闸的船舶停泊和

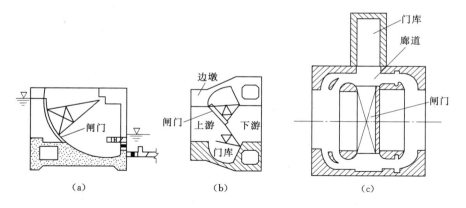

图 7.9 闸首布置型式

(a) 下降式弧形闸门闸首纵剖面图；(b) 三角闸门闸首平面图；(c) 横拉平面闸门闸首平面图

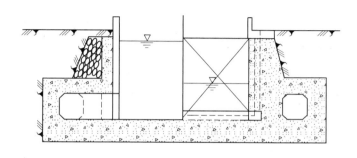

图 7.10 整体式闸首横剖面图

调头，以及设置装卸货物的码头等。船闸的上下游引航道要能方便地与河道的深泓线相连接。此外，船闸的布置要结合地形、地质条件，力求节省枢纽的工程量，并使维护管理和施工既方便又经济。

船闸在水利枢纽中的位置，常见的有两种：一种是船闸位于河床内（图 7.11），另一种是船闸位于河道以外的引河上（图 7.12）。

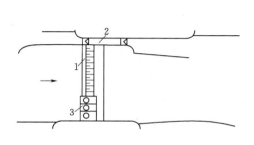

图 7.11 船闸布置在河床内图
1—拦河坝；2—船闸；3—水电站

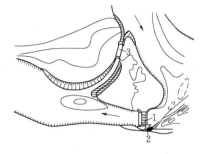

图 7.12 船闸布置在引河内
1—节制闸；2—进水闸；3—船闸

当河道的宽度足够布置溢流坝和水电站时，一般可将船闸布置在河床内。当有条件时，最好将船闸布置在水深较大和地质条件较好的一岸；当枢纽处于微弯河段，大都将船闸布置在凹岸。这种布置方式不仅可使船闸及其引航道挖方量减少，而且下游引航道进出口的通航水深也容易保证。但船闸需在围堰内施工，并需要在引航道靠河的一侧建筑较长的导航堤以保证船舶安全航行。

船闸与闸坝轴线的相互位置也有两种布置方式：①将船闸的闸室布置在坝轴线的上游；②将闸室布置在坝轴线的下游。前一种布置方式便于交通线路穿过下闸首，容易满足船舶通航对桥梁净空的要求。但是当闸室内为下游水位时，闸室承受较大荷载，结构比较复杂，检修也不方便，且下游需要建造较长的导航堤，以防溢流坝下泄水流对行船的不利影响，因此工程上较少采用。后一种布置方式的优点是下游导航堤较短，闸室受到的上浮力小、检修也较方便，所以工程上广泛采用，但经过枢纽的交通线路穿过上闸首，必须加高桥台或采用活动式交通桥才能满足通航净空的要求。

7.1.2 升船机

升船机是利用水力或机械力使船舶连同它的运载设备（也称承船设备）一起沿着垂直或斜面方向的固定轨道升降，以运送船舶过坝的设施。升船机与船闸相比，具有耗水量少、一次提升高度大、过船时间短等优点，但因为它的结构复杂，工程技术要求高，钢材用量多，所以不如船闸应用广泛。

7.1.2.1 升船机级别划分

根据《升船机设计规范》（SL 660—2013），升船机的级别按设计最大通航船舶吨位分为 6 级，见表 7.2。

表 7.2 升 船 机 分 级 指 标 表

升船机级别	I	II	III	IV	V	VI
设计最大通航船舶吨级/t	3000	2000	1000	500	300	100

升船机的级别应与所在航道等级相同，其通过能力应满足设计水平年运量要求。当升船机的级别不能按所在航道的规划通航标准建设时，应作专题论证并经有关部门审查确定。

升船机的设计水平年宜采用建成后的 20～30 年。对增建复线和改建扩建困难的升船机，应采用更长的设计水平年。

升船机建筑物的级别，应根据其所在航道等级及建筑物在工程中的作用和重要性，按表 7.3 确定。位于综合枢纽挡水前沿的升船机闸首的级别应与枢纽其他挡水建筑物级别一致。当承重结构级别在 2 级及以下，且采用实践经验较少的新型结构或升船机提升高度超过 80m 时，其级别宜提高一级，但不应超过枢纽挡水建筑物的级别。

7.1.2.2 升船机分类

承船厢或承船车装载船舶总吨级在 1000t 级及以上的为大型升船机，100t 级及以下的为小型升船机，两者之间的为中型升船机。

表 7.3 升船机建筑物级别划分表

升船机级别	建筑物级别		
	闸首	承重结构	斜坡道
Ⅰ	1	1	—
Ⅱ、Ⅲ	2	2	—
Ⅳ、Ⅴ	3	3	—
Ⅵ	4	4	4

升船机按其运行方向，可分垂直升船机和斜面升船机两种。垂直升船机的运载设备是沿着铅直方向升降的，因此它与斜面升船机相比，能缩短建筑物长度和运行时间，但它需要建造高大的排架或开挖较深的竖井，技术上要求较高，工程造价大。大、中型升船机宜选用垂直升船机。斜面升船机一般比垂直升船机经济，施工、管理、维修也方便，但它需要有合适的地形条件，水头高时运行路线长，运输能力较低。当枢纽河岸具备修建斜坡道的地形条件，投资较小时，且以通航货船为主的小型升船机，可选用钢丝绳卷扬式斜面升船机。

根据升船机的承船厢是否下水，升船机可分为下水式和不下水式两类。

升船机的运载设备主要是承船厢或承船台车。按运载设备内是否用水浮托船舶，可分为湿运式和干运式两种。湿运式是指船浮在承船厢内的水中；干运式是将船舶搁置在无水的承船台车内的支架上运送。干运式船舶易受碰损，因此仅可用于通航货船的 100t 级小型升船机。大、中型升船机应采用湿运式。

7.1.2.3 垂直升船机

垂直升船机根据其平衡工作原理分为全平衡式和下水式两类。

1. 全平衡式

全平衡式垂直升船机是平衡重总重与承船厢及其设备的总重相等的垂直升船机。通常为湿运，承船厢在无水的承船厢室中上、下运行，承船厢升降仅需克服误载水深的重量以及惯性力、摩擦阻力、风载等载荷。

按照升船机承船厢平衡和驱动方式的不同，全平衡式垂直升船机的型式有钢丝绳卷扬提升式、齿轮齿条爬升式、浮筒式、水压式等。

钢丝绳卷扬提升式全平衡垂直升船机是应用比较广泛的垂直升船机。这种升船机的技术成熟，设备制造、安装难度和工程造价相对较低，可以适应很大的提升高度；可根据防止事故的要求，设置不同类型的安全装置，保证升船机整体运行的安全可靠性。升船机主体部由承船厢及其机电设备设备、平衡重系统，以及钢筋混凝土承重结构及其顶部机房等组成。承船厢及厢内水体的重量，由多根钢丝绳悬吊的平衡重块全部平衡，承船厢的升降通过卷扬提升机构的正、反向运转实现。

齿轮齿条爬升式全平衡垂直升船机应对承船厢漏水事故的能力强，但设备安装和混凝土承重结构施工的精度要求高，设备制造和工程施工的难度大，工程造价较高。与钢丝绳卷扬提升式全平衡垂直升船机的不同之处为：在承船厢室部分的主要差异是船厢驱动设备的型式与布置不同，升船机承船厢的驱动设备布置在船厢上，采用开式齿轮或链轮，沿竖向齿条或齿梯，驱动船厢升降；安全保障系统的构造与工作原理不同，事故安全机构采用"长螺母柱-旋转螺杆"式或"长螺杆-旋转螺母"式，通过机械轴与相邻的驱动机构连接并同步运转，当升船机的平衡状态遭到破坏时，驱动机构停机，螺杆或螺母停止转动，在不平衡力作用下，安全机构螺纹副的间隙逐渐减小直至消失，最后使船厢锁定在长螺母柱或长螺杆上。长江三峡升船机是目前世界上规模最大的齿轮齿条爬升式垂直升船机，其带水船厢总质量为 15500t，设计通航船舶吨位 3000t。

浮筒式升船机承船厢的重量，由其底部浸没在密闭的盛水竖井中的若干个钢结构浮筒的浮力平衡，井壁由钢筋混凝土衬砌，承船厢由钢结构支架支承在浮筒上，浮筒及其支架设有导向装置。水下浮筒的浮力与承船厢、筒体及支架等活动部件的总重量相等，保持升船机处于全平衡状态。在浮筒内部注入压缩空气，防止浮筒进水造成浮力降低。承船厢及浮筒的升降，由 4 套通过机械同步的螺杆-螺母系统实现。其优点是工作可靠，支承平衡系统简单，但因受竖井深度的限制，提升高度不能过大；而且驱动系统兼作安全机构，其螺纹副的自锁可靠性相对较差，因此该升船机型式在工程中较少采用。

水压式垂直升船机，根据流体静压平衡的原理工作，均采用双线布置。承船厢底部连接有活塞，由活塞井中作用在活塞上的水压力平衡承船厢的重量。通过活塞在充满压力水且密闭的活塞井内的上、下运动，带动承船厢升降。水压式垂直升船机必须双线同时修建、互为平衡，两线承船厢上、下必须同时、交替运行，明显影响运行效率，承船厢重量不可能太大、提升高度也不可能太高，因此该型式的升船机应用很少。

2. 下水式

下水式垂直升船机是承船厢可直接进入引航道水域，以适应引航道较大的水位变幅和较快水位变率的一种升船机型式。承船厢下水式的垂直升船机应采用部分平衡式。下水式垂直升船机的主要型式有钢丝绳卷扬提升部分平衡式、钢丝绳卷扬提升水平移动式及水力浮动式等。

钢丝绳卷扬提升部分平衡式升船机的设备布置及结构型式与钢丝绳卷扬提升式全平衡垂直升船机基本相同，只是平衡重不按承船厢及其设备和全部水体重量进行配置，为减小主提升设备的规模，采用部分平衡的方式，应对承船厢入水前后重量发生的变化。钢丝绳卷扬部分平衡式垂直升船机可适应航道的水位变幅和变率，应对承船厢漏水事故的能力相对较强，设备相对简单、运行环节较少，但其主提升机构规模较大，工程总造价和运转费用一般高于全平衡式。

钢丝绳卷扬提升移动式升船机的承船厢由 4 吊点移动式提升机悬吊，其提升机布置在排架上，线路从上游水域横跨坝顶后一直延伸到下游航道内。提升机构的卷扬机提升承船厢竖直升降，行走机构使船厢水平移动翻越坝顶。升船机的移动提升机构，有桥机式和门机式两种型式。该型式升船机一般为干运，也可干、湿两用。

水力浮动式升船机综合浮筒式和钢丝绳卷扬提升式两种型式的特点，将由钢丝绳悬吊的平衡重改为浮筒，在浮筒内装水，使浮筒装水后的总重量与承船厢总重量相等。浮筒式平衡重在充水的混凝土竖井内升降，竖井通过管路分别与上游水库和下游引航道连通，通过控制管路上的阀门向竖井内充水或泄水，浮筒随井内水位升降，并驱动布置在平衡滑轮另一侧的承船厢升降。

7.1.2.4 斜面升船机

斜面升船机由承船厢（或承船台车）、斜坡轨道、驱动装置及跨越坝顶的连接设施等几部分组成，如图 7.13 所示。

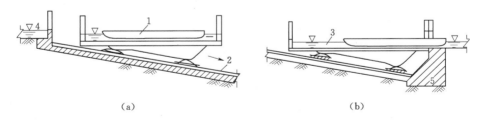

图 7.13 斜面升船机示意图

（a）斜面升船机在运行中；（b）斜面升船机停在下闸首

1—船舶；2—轨道；3—船厢；4—上闸首；5—下闸首

承船厢或承船台车是用来装载船舶的设备。湿运承船厢是支承在超静定的空间桁架结构或板梁结构上的矩形水厢，两端或一端设有闸门，以供船舶进入船厢之用。干运承船台车不设水厢，只在车架上设置保护船体的支垫及两侧扶栏走道等设施，结构受力条件随船舶重量、承船台车上的停船位置及支垫方式而变化。

驱动装置有牵引式和自行式两种。前者常用卷扬机带动钢丝绳牵引承船厢沿轨道升降；后者采用密封可靠的水下电机或液压马达驱动承船厢自行爬升。当斜坡道很长而所需钢丝绳长度过大、卷扬机牵引方式已不适用时，就需考虑自行式的驱动装置。

斜坡轨道的坡率取决于地形条件、货运要求、提升高度、驱动方式等因素。对承船厢尺寸较小且采用钢丝绳卷扬机牵引的斜面升船机，其斜面坡率约为 1:10～1:5；对承船厢尺寸较大的自行式斜面升船机，其斜面坡比约为 1:20～1:10。

在岩基或坚硬的地基上，斜坡轨道结构可采用沿斜坡道浇筑的钢筋混凝土轨道梁，然后在梁上铺设钢轨；在地面坡度较陡或易于流失的软土地基上以及浸没在水下的斜坡道，基础面上应加砌护面或铺筑不透水的基础板。

斜面升船机翻越坝顶的连接方式有两种类型：①在轨道两端设置闸首挡水，两闸首之间设单一的斜坡道，采用不下水的斜面升船机，其承船厢水深要能适应航道水位的变化（图 7.13）；②在上下游均设斜坡道的斜面升船机，船舶通过上下游坡面时，其倾斜方向是相反的，为了使承船厢（车）上的船舶在通航过程中均能维持水平状态，可采用以两层车式（图 7.14）、高低轮（或高低轨）式（图 7.15）、转盘式（图 7.16）。

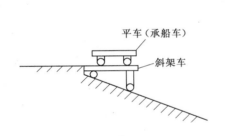

图 7.14 两层车式斜面升船机示意图

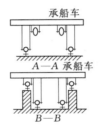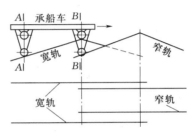

图 7.15 高低轮式斜面升船机示意图

129

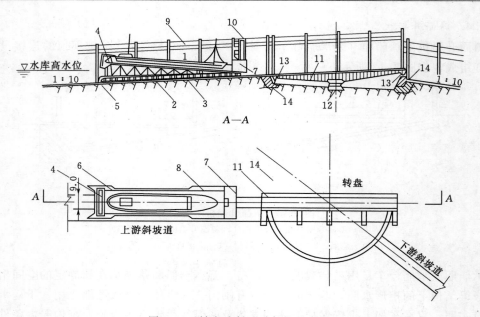

图 7.16　转盘式斜面升船机示意图

1—承船厢；2—楔形桁架；3—承船厢支承行走小车；4—弧形门；5—清淤设备；6—弧形门操纵机构；

7—工作房；8—舷舱；9—滑触线；10—电弓；11—转盘架；12—中心支座；

13—转盘支承行走小车；14—环形轨道

7.2　过鱼建筑物

在河流中修建水利枢纽后，一方面在上游形成了水库，为库区养鱼提供了有利条件；但另一方面却截断了江河中鱼类回游的通道，形成了上、下游水位差，有回游特性的鱼类难以上溯产卵，而且有时还阻碍了库区亲鱼和幼鱼回归大海，影响渔业生产。为了发展渔业，需要在水利枢纽中修建过鱼建筑物。但也应该指出，近些年来，国内外有些工程已放弃鱼类过坝自然繁殖方案，而采用人工繁殖、放养方案，如我国长江上的葛洲坝水利枢纽就是采用人工繁殖的方法解决中华鲟鱼过坝问题。

水利枢纽中的过鱼建筑物或过鱼设施主要有鱼道、鱼闸、升鱼机和集运鱼船等类型。

7.2.1　鱼道

鱼道是在闸（坝）或天然障碍处，为沟通鱼类回游通道而设置的一种过鱼建筑物。鱼道是用水槽或渠道做成的水道，水流顺着水道由上游流向下游，鱼在水道中逆水而上或顺水而下。鱼道是最早采用的一种过鱼建筑物，目前世界上已建成的数百座过鱼建筑物中以鱼道居多。但鱼道也有其局限性，在鱼道中，鱼类需要依靠自身的力量克服过鱼孔流速才能上溯，当鱼类通过较长的鱼道时，体力消耗较大。另外，高坝大库由于水库水面广、流速小，鱼类即使过了坝，也难以找到需上溯的方向，需要下行的小鱼在大水库中也难找到下行的方向和通道。因此鱼道一般适用于低水头水利枢纽。

鱼道由进口、槽身、出口及诱鱼补水系统等几部分组成。其中，诱鱼补水系统的作用是利用鱼类逆水而游的习性，用水流来诱引鱼类进入鱼道，也可以根据不同鱼类的特性，利用光线、电流及压力等对鱼类施加刺激，诱引鱼类进入鱼道，提高过鱼效果。

鱼道按其结构型式可分为水池式鱼道和槽式鱼道两大类。槽式鱼道又可分为简单槽式鱼道、加糙槽式鱼道（又称丹尼尔鱼道）和隔板式鱼道3种。

水池式鱼道由一连串联接上下游的水池组成，水池之间用底坡较陡的短渠或堰连接，如图7.17所示。串联水池一般是绕岸开挖修建，鱼道总水头可达10～22m，水池间的水位差为0.4～1.6m。水池式鱼道较接近天然河道的情况，利于鱼类通过，但其平面上所占的位置较大，运用水头不大，必须有合适的地形和地质条件，以免因土方工程量过大而造成不经济。

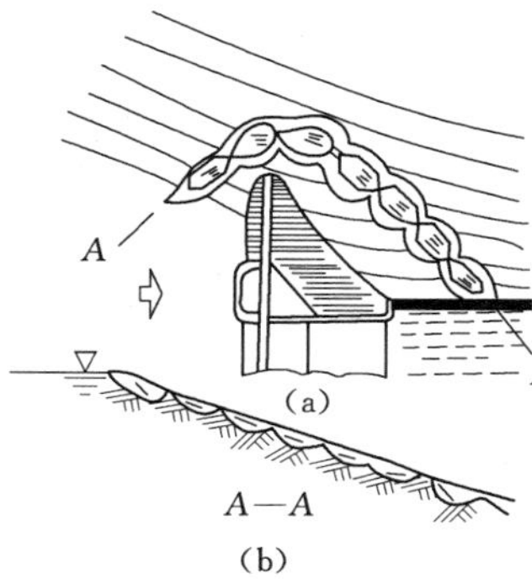

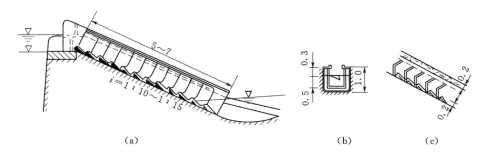

图7.17 水池式鱼道示意图
(a) 平面图；(b) 纵剖面图

简单槽式鱼道是一条连通上下游的没有消能设施的断面为矩形的倾斜水槽。它利用延长水流途径和槽壁自然糙率来降低流速，因此槽底坡度很缓，只能用于水头小且通过的鱼类逆水游动能力强的情况，否则，鱼道会很长。

加糙槽式鱼道是一条加糙的水槽，由比利时工程师丹尼尔（Denil）首先创造，故又称丹尼尔鱼道，如图7.18所示。加糙槽式鱼道在槽壁和槽底设有间距很密的阻板和底坎，水流通过时，形成反向水柱冲击主流，消减能量，降低流速。其优点是宽度小、坡度陡、长度短、可节省造价；但槽中水流紊动剧烈，对鱼类通行不利，一般适用于水位差不大和鱼类活力强劲的情况。加糙槽式鱼道20世纪50年代在西欧一些国家得到应用，目前国内外已很少采用。

图7.18 人工加糙鱼道示意图（单位：m）
(a) 纵剖面图；(b) 横剖面图；(c) 平面图

隔板式鱼道利用横隔板将鱼道上下游总水位差分成若干级，形成梯级水面跌落，故又称梯级鱼道（图7.19）。它利用隔板之间的水垫、沿程摩阻力及水流对冲扩散来消能，达到改善流态、降低过鱼孔流速的要求。鱼是通过隔板上的过鱼孔从这一级游往另一级的。这种鱼道水流条件较好，适应水头较大的情况，结构简单，施工方便，故应用较多。按过鱼孔的形状和位置不同，隔板式鱼道可分为溢流堰式、淹没孔口式、竖缝式和组合式等四种。

溢流堰式的过鱼孔设在隔板的顶部，水流呈堰流状态，主要依靠各级水垫来消能，适应于喜欢在表层回游和有跳跃习性的鱼类。但由于消能不够充分，且不能适应较大的水位

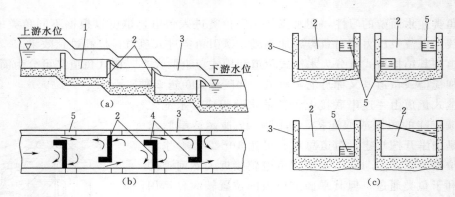

图 7.19　隔板式鱼道示意图

(a) 纵剖面；(b) 平面图；(c) 横剖面

1—水池；2—横隔墙；3—纵向墙；4—防护门；5—游入孔

变化，因此很少单独使用。

　　淹没孔口式隔板鱼道，能适应较大的水位变化。孔口流态是淹没孔流，主要靠孔后水流扩散来消能，孔口形状也可有多种，如矩形、圆形、栅笼形、管嘴等，在平面上交错布置，以得到较好的水流条件，特别适用于具有在底层回游习性的鱼类。

　　竖缝式隔板鱼道是我国应用较成功的一种鱼道，其过鱼孔做成高而窄的过水竖缝，既可单侧布置，也可双侧布置。这种鱼道能适应水位变化，消能充分，并能适应各种不同习性鱼类的回游要求，结构简单，维修方便。图 7.20 为我国江苏的斗龙港双侧竖缝式鱼道剖面布置示意图。组合式隔板有堰与孔、竖缝与孔或竖缝与堰相互组合等形式。图 7.21 为我国江苏太平闸鱼道示意图，它不仅采用竖缝与堰组合的隔板，而且采用梯形与矩形组合的复式断面。

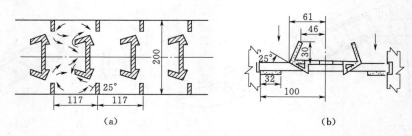

图 7.20　斗龙港鱼道隔板（单位：cm）

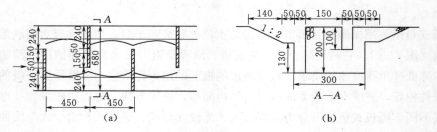

图 7.21　太平闸鱼道示意图

7.2.2 鱼闸和升鱼机

鱼闸和升鱼机可以适应较高的水头，它们是依靠水力或机械的办法将鱼类运送过坝，鱼类过坝时体力消耗小，一般工程投资比鱼道经济，但不能连续过鱼，运行也不如鱼道方便。

鱼闸的工作原理与船闸的类似，是采用控制水位升降的方法来输送鱼类通过拦河闸（坝）。主要有竖井式和斜井式两种类型，能在较大水位差的条件下工作。其组成部分包括上、下游闸室和闸门，充水管道及其阀门，竖（或斜）井等。图7.22为竖井式鱼闸示意图，该鱼闸有两个闸室，当其中一个闸室开放进鱼时，另一个闸室关闭。从下游送鱼向上游的过程是：在下游处有一进水渠与闸室相连，水经过底板的孔口不停地进入渠道中，并经过渠道壁上的孔口流到下游，鱼逆流穿过孔口进入渠道和闸室；待闸室中进鱼足够数量后，关闭闸室下游闸门，从上游通过专门管道向闸室充水；随着闸室中水位上升，可提升设在闸室底板上的格栅，迫使鱼随水一起上升；当闸室中水位与上游水位齐平后，打开上游闸门，把鱼放入上游；最后关闭闸门，将闸室的水沿输水管放入下游；如此轮流不断地将鱼送到上游水库。图7.23为斜井式鱼闸示意图，其工作方式与竖井式基本相同，过鱼时先打开下游闸门，并利用上游闸门顶溢流供水，使水流从上游经斜井和下游闸室流到下游，就可诱引鱼类进入下游闸室；待鱼类诱集一定数量后，关闭下游闸门，使上游水流充满斜井及上游闸室，当水位与库水位齐平时，开启上游闸门，就可将鱼送入上游水库。

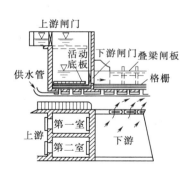

图7.22 竖井式鱼闸示意图

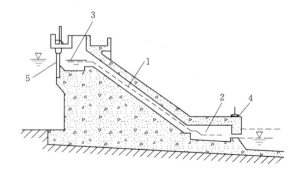

图7.23 斜井式鱼闸示意图

1—斜井；2—下闸室；3—上闸室 4—下游闸门；5—上游闸门

升鱼机是利用机械设施将鱼输送过坝。可适用于高水头的水利枢纽过鱼，能适应库水位较大变幅；但机械设备易发生故障，可能耽误亲鱼过坝，不便于大量过鱼。升鱼机有"湿式"和"干式"两种。前者是一个利用缆车起吊的水厢，水厢可上下移动，当厢中水面与下游水位齐平时，开启与下游连通的厢门，诱引鱼类进入鱼厢，然后关闭厢门，把水厢提升到水面与上游水位齐平后，打开与上游连通的厢门，鱼即可进入上游水库。"干式"升鱼机是一个上下移动的鱼网，工作原理与"湿式"相似。升鱼机的使用关键在于下游的集鱼效果，一般常在下游修建拦鱼堰，以便诱引鱼类游进集鱼设备。国外有名的如美国朗德布特坝的升鱼机，提升高度达132m。

7.2.3 集运鱼船

集运鱼船分集鱼船和运鱼船两部分。集鱼船驶至鱼类集群处，利用水流通过船身以诱引鱼类进入船内，再通过驱鱼装置将鱼驱入运鱼船，经船闸过坝后，将鱼投入上游水库。

其优点是机动性好，与枢纽布置没有干扰，造价较低；但运行管理费用较高。

7.2.4　过鱼建筑物在水利枢纽中的位置

过鱼建筑物在枢纽中的位置及其进出口布置，应保证鱼类能顺利地由下游进入上游。

过鱼建筑物下游进口位置的选择和布置应使鱼类能迅速发现并容易进入，这是关系到过鱼建筑物有效运行的一个关键问题。进口处要有不断的新鲜水流出，造成一个诱鱼流速，但又不大于鱼类所能克服的流速，以便利用鱼类逆水上溯的习性诱集鱼群。同时要求水流平顺，没有漩涡、水跃等不利水力现象。为了适应下游水位的变化，保证在过鱼季节中进口有一定水深，进口高程应在水面以下 1.0～1.5m，如水位变幅较大时，可设不同高程的几个进口。此外，进口处还应有良好的光线，使其与原河道天然情况接近，有时还设专门的补给水系统、格栅或电拦网等诱鱼和导鱼装置。

过鱼建筑物的上游出口应能适应水库水位的变化，确保在鱼道过鱼季节中有足够的水深，一般出口高程在水面以下 1.0～1.5m。出口的一定范围内不应有妨碍鱼类继续上溯的不利环境（如严重污染区、嘈杂的码头和船闸上游引航道出口等），要求水流平顺、流向明确、没有漩涡，以便鱼类沿着水流顺利上溯。出口的位置也应与溢流坝、泄水闸、泄水孔及水电站进水口保持一定的距离，以防已经进入上游的鱼类又被水流冲到下游。

根据上述布置原则，对于低水头的闸坝枢纽，常把鱼道布置在水闸一侧的边墙内或岸边上，进口则设在边孔的闸门下游，可以诱引鱼群聚集在闸门后面，过鱼效果较好。如图 7.24 所示是安徽裕溪闸枢纽的鱼道布置，利用边闸孔一半作为鱼道进口，另一半设置补给水闸门，开启闸门可以增加鱼道进口处的下泄流量，提高诱导鱼类进入鱼道上溯的效果。如果枢纽中有水电站，从电站尾水管出来的水流流速较均匀，诱鱼条件较好，可把鱼道布置在闸坝和电站之间的导墙内或电站靠岸一侧，进口则分散布置在厂房尾水管顶部，如图 7.25 所示的左岸鱼道进口的集鱼系统就是这种布置。对于水头较高的水利枢纽，也

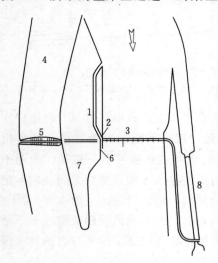

图 7.24　裕溪闸鱼道

1—鱼道；2—鱼道补水闸孔；3—节制闸；4—旧河道；
5—拦河坝；6—进鱼口；7—导流堤；8—船闸

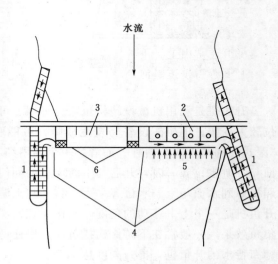

图 7.25　鱼道在枢纽中的布置图

1—鱼道；2—水电站；3—溢流坝；4—鱼道
进口；5—集鱼系统；6—拦鱼栅

常把鱼道、鱼闸或升鱼机分别布置在水电站和溢流坝两侧或导墙内。如美国邦维尔水利枢纽布置，坝高 60m，设有 3 座鱼道和 3 座鱼闸，分别布置在溢流坝和电站两侧边墩及岸边上，在电站下游设有集鱼系统，这种布置取得了很好的过鱼效果。

7.3 过木（竹）建筑物

在有木材浮运需要的河流上兴建水利枢纽时，应同时修建过木建筑物以使河流上游的木材顺利过坝输送到下游。过木建筑物是利用水力或机械的方式将木材或竹材运送到下游的建筑物。除了主体过木建筑物外，还有水库拖运、坝上下游编排场、停排场、引航、大坝防护等方面的设施。

木材过坝有水力过坝和机械过坝两大类。

利用水力使木材过坝的主体建筑物有水力过木道和筏闸两类。水力过木道又包括漂木道和筏道两种。在航运量不大、水量充沛的水利枢纽中，也可利用船闸过筏。对于过木量特别大的枢纽，也有专门修建筏闸运输木材过坝，筏闸是类似船闸的过筏建筑物，如四川铜街子水电站采用 4 个闸室的多级筏闸运送木材过坝。用面流消能的溢流坝（或溢洪道），还可在泄水时漂木过坝。

机械过坝可分为过木机、汽车和铁路等。汽车常作为枯水期或施工期的临时过坝运输工具；铁路是利用大型水利工程施工专用铁路或邻近铁路修建专线到大坝上游，木材直接装车运往各地，不再经下游河道运送。

下面介绍常用过坝的过木建筑物筏道、漂木道和过木机。

7.3.1 筏道

筏道是利用水力输运木排（又称木筏）过坝的陡槽。具有不改变河流原有的木（竹）材流放方式和过木量大的优点，但需消耗一定的水量。适用于中、低水头且上游水位变幅不太大的水利枢纽。

筏道通常由上、下游引筏道、进口段、槽身段、出口段等部分组成。

上下游引筏道是河道与筏道之间的过渡段，用以引导木排顺利进入筏道进口和进入枢纽下游河道的主流区。布置在河岸一侧的引筏道，有时为了适应枢纽地形和下游河道的主流方向，在平面上采用圆弧曲线，圆弧半径至少应为木排长度的 7 倍以上，且不宜小于 150~200m，以保证木排顺利通过。

筏道进口必须适应上游库水位的变化，准确调节筏道流量，以节省水量和安全过筏，这是筏道设计的关键。目前常用的筏道进口型式有活动式和固定式两种。如果上游水位变幅不大，可以采用固定式进口。固定式进口由上闸门、闸室和下闸门等组成（图 7.26），其运行程序与船闸类似：木筏进入闸室后，关闭上游闸门，再缓慢开启下游闸门放空闸室内的水，使木筏落在闸底斜坡上，最后再将上游闸门稍许开启，放水输送木筏进入下游河道。这种筏道结构比较简单，耗水量少，但不能连续过木，运送效率低。如果上游水位经常变动而且变幅较大，则可采用活动式进口。活动式进口由活动筏槽和叠梁闸门组成（图 7.27）。叠梁闸门布置在筏槽的上游侧，除用来挡水及检修活动筏槽外，还可与活动筏槽联合运行调节过筏流量，所以门槽布置成弧形，其半径与活动滑槽长度相同。

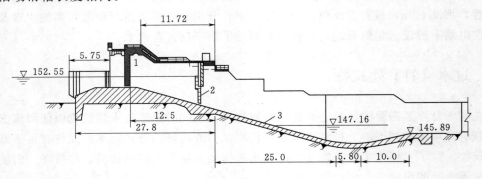

图 7.26 固定式进口筏道纵剖面图（单位：m）
1—进口闸门；2—第二道闸门；3—筏道

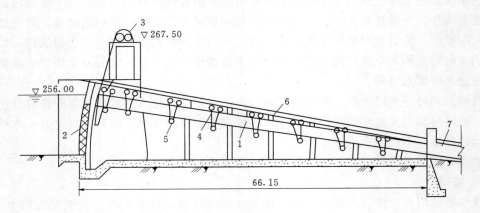

图 7.27 活动式进口筏道纵剖面图（单位：m）
1—活动筏槽；2—进口叠梁门；3—电动卷扬机；4—钢绳；5—滑轮组；6—支架；7—固定槽

　　槽身的横断面常为宽浅矩形，槽宽不宜过大，以免木排在槽内左右摆动，一般为木排宽度再加 0.3～0.5m，常采用 4～8m。槽中水深以选用 2/3 的木排厚度为宜，水深过大，水面流速和排速加大，运行不安全，且耗水量也大；水深过小，木排不能浮运，容易产生摩擦，运行也不可靠。木排厚度与设计排型有关，一般约为 0.5～1.0m。槽底纵坡一般采用 3‰～6‰，人工加糙的筏道纵坡可达 8‰～14‰。为了使槽内各段水深和流速都能满足安全运行的要求，可分段采用由陡到缓的变坡槽底，但相邻两段的底坡变化应小于 3°，以免木排在变坡处的下游撞击槽底。在保证安全运行的前提下，槽中的排速可尽量选用大些，以提高木材的通过能力和缩短筏道的长度。根据经验，一般选用排速为 5m/s 左右，最大可达 7～8m/s。木排在槽中处于悬浮状态，排速约为断面平均流速的 1.5～3.0 倍。考虑到人工加糙等原因，槽内水面可能产生壅高或滚波等现象，槽深应等于槽中最大水深再加上 0.5～1.5m 的安全超高。

　　出口段应能保证在下游水位变化的范围内顺利流放木排，不搁浅并尽量减少木排钻水现象。为此，出口段与下游衔接最好能形成扩散的自由面流或波状水跃（即弗汝德数 $Fr \leqslant 2.5$），即使不可避免地形成底流水跃衔接，也应采用必要的消能工以减小水跃高度。对下游水位变幅较大的筏道，可采用分段跌坎或活动式出口等相应措施。

7.3.2 漂木道

漂木道用于浮运散漂的木材过坝。它与筏道类似，也是一个水槽，其断面有三角形、矩形、梯形或半圆形。按木材通过的方式可分为全浮式、半浮式和湿润式3种，三者的主要差别是过木时用水量不同。全浮式是木材浮在水中随水流漂向下游，基本避免木材与槽底的摩擦、碰撞，但耗水量较多；半浮式的槽中水深约为圆木直径的 $1/10 \sim 7/10$；湿润式槽中的水深很小，仅能润滑槽底和部分槽壁。半浮式和湿润式用水较省，但木材通过时与槽底有摩擦、碰撞，损耗较大。

漂木道常采用各种活动闸门，以适应上游水位变化，调节漂木道中水层厚度。常用的闸门型式有扇形闸门、下沉式弧形门［图7.28（a）］和下降式的平板门［图7.28（b）］。扇形门能较好地调节漂木所需水层厚度，但在多沙河流上可能淤沙于门龛而影响闸门运行。下沉式弧形门既可以下沉用以漂木，又可提出水面用以泄洪，适于低水头枢纽过木。

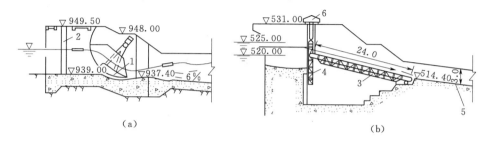

图7.28 漂木道型式图（单位：m）
（a）下沉式弧形门漂木道；（b）下降式平板门漂木道
1—下沉弧形门；2—检修门槽；3—活动槽；4—平板门；5—固定槽身；6—启门机

漂木道进口在平面上应布置成喇叭型，除导漂设施外，应视不同情况设置机械或水力加速器，以防止木材滞塞和提高通过能力。下游出口应做到水流顺畅，以利于木材下漂。

7.3.3 过木机

过木机是一种运送木材过坝的机械设备。当通过高坝修建筏道及漂木道有困难或不经济时，可以采用过木机输送木材过坝。过木机运送木材时无需用水且不受水头限制。我国的一些水利枢纽采用的过木机有链式传送机、垂直和斜面卷扬提升式过木机、桅杆式和塔式起重机、架空索道传送机等。

链式过木机由链条、传动装置、支承结构等主要部分组成。既可用于原木过坝也可用于木排过坝。通常沿土石坝上下游坡面或斜栈桥布置成直线，按木材传送方式不同可分为纵向传送（木材长度方向与传送方向一致）和横向传送（木材长度方向与传送方向垂直）两种。前者较多用于原木过坝，如甘肃碧口水电站采用3台并列的纵向原木过坝链条机，链条带动单根原木连续传送过坝，每台链条机的台班过木能力为930m³。横向链式过木机通常是采用3条平行的传送链，并设有阻滑装置，江西省洪门水库就是采用这种过木机传送单根原木和木排过坝，效率较高。

架空索道是把木材提离水面，用封闭环形运动的空中索道将其传送过坝，适用于运送距离较长的枢纽。它具有不耗水、与大坝施工及电站运行干扰少、投资省的优点，但运送能力低。浙江湖南镇水电站采用这种方式传送木材过坝，其索道牵引速度为 2m/s，年过木量为 18 万 m^3。

第8章 水泵与泵站

8.1 水泵的类型、工作原理

泵是能把原动机的机械能转换为所抽送液体的能量（动能和势能）的机械，它可以用来提升、输送液体和增加液体的压力，适用于抽送水、油和其他液体介质。泵在国民经济的很多部门如农业、电力、冶金、造船、化工等方面，都有着重要而广泛的应用。在农业上泵可以用于农田的灌溉和排涝，围海围湖造地等；在城市用于给水和排水；在火力发电厂用于锅炉的给水、抽送冷却循环水；水电站中用于技术供水、排水；在采矿工业用于排水、水沙充填、水力采矿等，施工基坑排水、河道水力疏浚等等。泵是一种通用机械，是世界上种类和产量仅次于电机的产品，其所消耗的电量约为总发电量的1/4。如果泵所输送的液体是水，就叫做水泵；所输送的液体是油，则称为油泵。本章主要介绍水泵的有关内容。

泵的种类很多，用途很广泛，按工作原理可以分为几类。

（1）容积泵。这类水泵利用工作容积周期性的变化来提高所输送液体的压能，如图8.1所示的活塞泵、齿轮泵和螺杆泵。这类泵常用于小流量、高扬程场合。

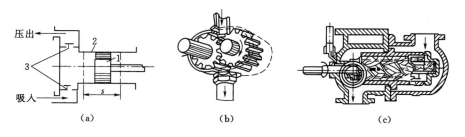

图 8.1　容积泵

（a）活塞泵简图；（b）齿轮泵简图；（c）螺杆泵简图

1—活塞；2—缸体；3—单向阀门

（2）叶片泵。利用叶片和流体的相互作用来输送流体，电动机或内燃机等原动机通过泵轴带动水泵叶轮旋转，叶轮在旋转过程中对液体做功，使液体能量增加，压力、速度都发生变化，从而把一定流量的液体输送到一定的高度，或使液体达到所需要的压力，或使液体克服管道输送过程中的阻力。这类水泵按水流流出叶轮的方向和工作特点可以分为离心泵、混流泵和轴流泵，是水利水电工程中使用最广泛的水泵。

（3）其他类型的泵。包括只改变液体位能的泵，如龙骨水车；利用液体的能量来传输液体的泵，如水锤泵、射流泵等。

水泵的基本结构由3部分组成：吸水室、转轮和压水室，它们组成水泵的过流部分，其中吸水室的功能是将水从吸水管引向转轮，其体型应满足如下要求：使水体通过它时的能量损失最小，流入转轮时流速分布均匀。转轮是泵的核心部件，水泵通过转轮对水体做功，使之能量增加。转轮的性能对泵的运行效率、运行的稳定性、可靠性和使用寿命起关键作用。运行中，要求转轮在能量损失最小的情况下，给每一单位重量的水体一定数量的能量。压水室的功能是收集从转轮流出来的水体并把它送入压水管道，要求在完成这两项功能时，其能量损失最小。由于水体流出转轮时的流速很大，且水体在流道中的能量损失与流速的平方成正比，从转轮流出来的水体在被送入压水管道之前应降低流速，将动能转变为压能，以减小管路上损失的能量。轴流泵在转轮后设置一组导叶就是用来消除流出转轮的水流所具有的旋转动能，将这部分动能转化为压能。

叶片式水泵具有结构简单、运行可靠、性能良好、工作范围广的特点，在水利水电工程中应用非常广泛。本节着重介绍叶片式水泵的工作原理、类型及其特性。

8.1.1　离心泵

离心泵的叶轮是径流式的，如图 8.2（a）所示。原动机通过泵轴带动水泵的叶轮高速旋转，叶轮上弯曲的叶片迫使水流随其转动，由于叶轮在高速旋转时，其圆周速度分量沿半径方向越来越大，因此叶片间的水体在这逐步增大的离心力作用下向转轮外缘流去，不断地被甩向叶轮出口，水体运动的速度也越来越大，动能也随之增大；同时由于离心力的作用，水体越接近叶轮外缘则压力越大，所以，水体在流过离心泵的叶轮时，其动能和压能均得以增加。另外，叶轮内的水流被甩出的同时，叶轮的入口处产生了真空，吸水池中的水体便在大气压力的作用下，通过吸水管进入叶轮，从而使水流连续不断地从吸水管压送到压水管，流入排水池。离心泵的种类很多，常用的有以下几种。

（1）单级单吸悬臂式离心清水泵。这种水泵中的水流是从叶轮的一侧被吸入的，只有1 个叶轮，其型号以 B 或 BA 表示，图 8.3 为 8BA - 25 型水泵，型号中 8 为吸水管口径的毫米数被 25 除得到的整数值，表明该离心泵吸水管的口径为 200mm，25 为比转速被 10除的整数值，即该水泵的比转速为 250，BA 表示单级单吸悬臂式离心泵。我国在 B 型、

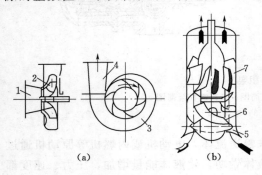

图 8.2　水泵主要部件

（a）离心泵；（b）轴流泵

1—吸水室；2—转轮；3—压水室；4—扩散管；

5—进水管；6—转轮；7—导叶

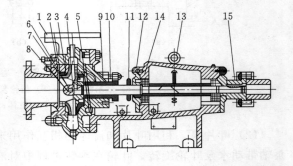

图 8.3　单级单吸悬臂式离心清水泵

1—泵体；2—泵盖；3—叶轮；4—轴；5—支架；

6—密封环；7—叶轮螺母；8—止退垫圈；

9—填料；10—填料压盖；11—挡水圈；

12—轴承端盖；13—油标尺；14—单

列向心球轴承；15—联轴器

BA 型和其他单吸单级离心泵的基础上，采用国际标准 ISO2858，对单级单吸离心泵进行了改进，使其性能有较大的提升，形成了 IS 系列水泵，其适用的扬程范围为 $H=5\sim150m$，流量范围 $Q=6.3\sim400m^3/h$，转速有 $1400r/min$ 和 $2900r/min$ 两种，适用于农业排灌和工业及城市给水、排水。

（2）单级双吸卧式离心清水泵。这种水泵中的水流是从叶轮的两侧被吸入的，只有一个叶轮，其型号以 Sh 表示，图 8.4 为 10Sh-13A 型水泵，其中 10 为水泵吸水管口径的毫米数被 25 除得到的整数值，即该离心泵吸水管的口径为 250mm，13 为比转速的 1/10，A 为叶轮通过机床把直径车小之后的一种规格标志。这种水泵有 Sh、SA 和 S 等型号，它们之中 Sh 型最为常用。Sh 型水泵广泛应用于农业排灌、城市给排水和工业循环用水，其扬程范围为 $H=9\sim140m$，流量范围 $Q=90\sim20000m^3/h$。

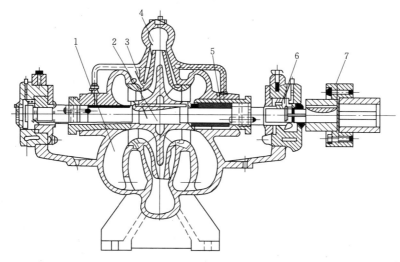

图 8.4 单级双吸卧式离心清水泵

1—进水室；2—轴；3—转轮；4—出水室；5—密封函；6—轴承；7—联轴器

（3）单吸分段式多级离心清水泵。这种水泵有多个叶轮，它们串联装在同一根泵轴上，叶轮的个数代表泵的级数。水流从吸水管被吸入，逐级通过每一个叶轮，前一级叶轮压出的水流进入下一级叶轮。水流每经过一级叶轮，能量增加一次，所以这类水泵的叶轮级数越多，扬程越大。其型号以 D 或 DA 表示，图 8.5 为 4DA-8×9 型水泵，其中 4 为水泵吸水管口径的毫米数被 25 除得到的整数值，即该离心泵吸水管的口径为 100mm；8 为比转速的 1/10；9 为叶轮的级数。这种泵适用的扬程范围为 $H=100\sim650m$，流量范围 $Q=5\sim720m^3/h$。在流量小、扬程高的场合，可采用这种水泵。

（4）深井泵。它是一种立轴多级离心泵，广泛应用于农村井灌和水电站中的渗漏排水和检修排水。由于叶轮在水面以下，其气蚀性能好，启动方便。根据动力的传输方式，深井泵可以分为长轴式深井泵和潜水式深井泵。前者的泵体及其防护罩淹没在井中水面以下，驱动电机安装在井盖上，位置很高，通过长轴带动多级水泵抽水，不需要防潮或防淹，大中型水电站常采用这种水泵作技术排水之用。后者的水泵叶轮以及同轴的潜水电动机装在一个管路中，全部浸没在水下，扬水管由井底通到地面，启动电动机，水即由扬水

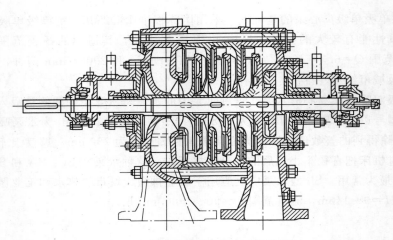

图 8.5 单吸分段式多级离心清水泵

管流出。潜水式深井泵没有长传动轴，运行稳定，转速高，结构简单，但由于电动机长期浸没在水中，维护困难，遇有沙粒等异物时会损坏电动机线圈的绝缘。

深井泵有 JD 型、JC 型和 J 型等系列。JD 型使用广泛，现以 10JD140×9 为例，说明各项的含义，10 表示适用井径为 10 英寸（250mm），JD 表示多级井泵，140 表示流量 $Q=140m^3/h$，9 表示级数。如图 8.6（a）所示为带传动轴的深井泵。

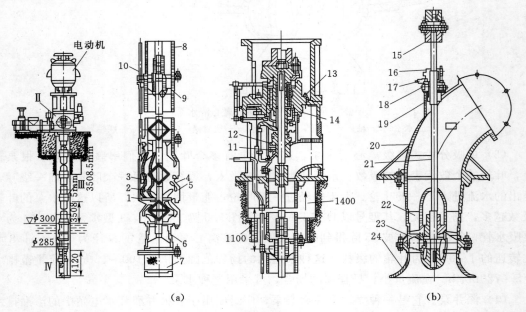

图 8.6 深井泵和轴流泵
（a）带传动轴的深井泵；（b）轴流式水泵

1—叶轮；2—传动轴；3—外壳；4—轮冠；5—导叶；6—进水管；7—防护罩；8—出水管；9—轴承；10—润滑水管；11—上导轴承；12—密封函；13—轴承；14—油盆；15—联轴节；16—填料压盖；17—填料；18—填料函；19—上导轴承；20—出水弯管；21—主轴；22—导叶体；23—叶轮座；24—进水喇叭管

近年来 QJ 型潜水式深井泵被大量生产和使用，它采用潜水电泵提水，省去了 JD 型、

JC 型和 J 型深井泵的长传动轴，安装方便，其扬程范围为 $H=9\sim598\text{m}$，流量范围 $Q=2\sim500\text{m}^3/\text{h}$

8.1.2　轴流泵

轴流泵的叶轮是由轮毂和安装在轮毂上的叶片组成的，如图 8.2（b）和图 8.6（b）所示，工作时叶轮中的水流平行于水泵的主轴流动。这种水泵的叶片上下表面具有不同的曲率，下表面曲率大，上表面曲率小。当叶轮在水中高速旋转时，水流流经叶片下表面时经历的路径比上表面长，下表面的流速比上表面大。根据流体力学中的伯努利方程可知，在叶轮旋转发生水体围绕叶片流动的绕流时，叶型下表面的水压力比上表面小，水体产生一个如图 8.7 所示的方向向下的升力 P_y 作用于叶片。根据牛顿定理，叶片也作用于水体一个反力 R，此力与升力 P_y 大小相等，方向向上。此向上的反力 R 对水体做功推动水体上升，使水体的动能和压能增加。

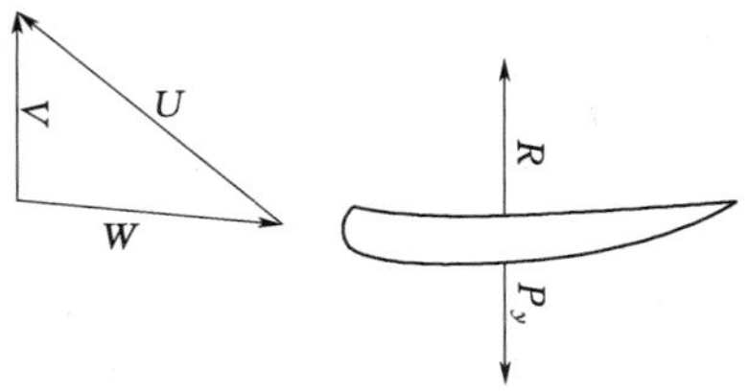

图 8.7　轴流泵叶片的叶型

轴流泵大多做成单级，多级轴流泵可以提高扬程，但结构复杂，轴向尺寸也将增大。轴流泵多采用如图 8.6（b）所示的立式装置，使原动机装置在水面之上，其型号以 Z 表示，例如型号为 64ZLB-50 的轴流泵型号中，64 表示其出水口直径的毫米数被 25 所除得到的整数值，即出水口直径为 1600mm，Z 表示轴流泵，L 表示装置方式为立式（卧式用 W，斜式用 X），B 表示可在停机时拧开叶片与轮毂的固定装置来调整叶片的安放角，以达到调节流量的目的，这种叶片的调节方式称为半调节。大型轴流泵可在水泵工作时调整叶片的安放角，以调节流量，并使之在较大的运行范围内具有较高效率，这种在叶轮旋转过程中调整叶片安放角的方式称为全调节，用字母 Q 表示。小型轴流泵为了降低造价，其叶轮上的叶片一般是固定在轮毂上的，叶片安放角度固定不变，有时为了调节流量，采用半调节方式，但造价由此增加。

轴流泵适用于低扬程、大流量情况。小型轴流泵流量范围一般为 $Q=0.3\sim0.8\text{m}^3/\text{s}$，大型轴流泵的流量可达 $Q=8\sim30\text{m}^3/\text{s}$，甚至 $Q=50\sim60\text{m}^3/\text{s}$。轴流泵的扬程一般不超过 25m，通常使用的扬程为 $4\sim12\text{m}$。

8.1.3　贯流泵

贯流泵的工作原理与轴流泵相同，只是工作时叶轮和原动机的轴是水平的，其扬程一般在 5m 以下，流量可达到 $Q=8\sim30\text{m}^3/\text{s}$。最小扬程 1.18m，设计扬程 4.28m，单泵流量 33.4m³/s 的灯泡贯流泵在我国南水北调东线工程中已有应用。此工程中有的贯流泵的最低扬程只有 0.10m，设计扬程 2.4m。贯流泵因其流道顺直、水力效率高、过流能力大、机组结构紧凑、水工布置简单、土建投资少等特点，成为低扬程、大流量泵站的首选泵型。在同等规模下，采用贯流泵的泵站，其土建投资比采用轴流泵低 10% 左右，水力效率较轴流泵高 6% 左右。近些年来，我国在贯流泵制造和运行管理方面的技术越来越成熟，在平原地区低水头、大流量泵站中越来越多地采用贯流泵。根据结构形式不同，贯流泵可分为灯泡贯流式、竖井贯流式和轴伸贯流式 3 种，其中又以灯泡贯流泵应用最广泛，图 8.8 为一灯泡贯流泵的结构图。贯流泵按其灯泡体的位置可以分为两种类型：灯泡体布

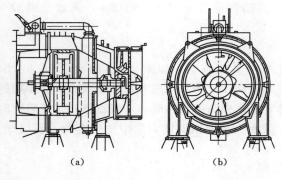

图 8.8　灯泡贯流泵

置在叶轮上游侧的前置式和灯泡体位于叶轮下游的后置式。按叶轮上的叶片是否可调节可分为叶片全调节和叶片不调节两种型式。有的灯泡贯流泵的叶轮通过传动轴和原动机直接连接，有的则通过齿轮变速箱和原动机连接。

8.1.4　混流泵

混流泵是介于离心泵和轴流泵之间的一种泵型。与离心泵相比，混流泵的叶片数较少，叶片之间的流道较宽，同时其叶轮安装在水泵流道的转弯处，水流沿着与机组轴线倾斜的方向流出叶轮。这种水泵的叶轮对于水流的作用力既有径向的离心力，又有轴向的升力，适用于中等扬程和较大流量情况。混流泵根据其出水室的结构特点，可分为蜗壳式和导叶式两种型式，分别如图 8.9（a）和图 8.9（b）所示。从外形上看，蜗壳式混流泵与单吸式离心泵相似，是卧轴式的，其 HW 型号较为常用，扬程范围为 $H=3\sim20m$，流量范围为 $Q=50\sim4500m^3/h$。导叶式混流泵与轴流泵相似，差异仅在于叶轮的形状和泵体的支承方式，立轴安装，HD 型号较为常用，其扬程范围为 $H=3\sim24m$，流量范围为 $Q=45\sim7970m^3/h$。混流泵能在较大的运行范围内保持高效率运行，同时具备了轴流泵和离心泵的优点。

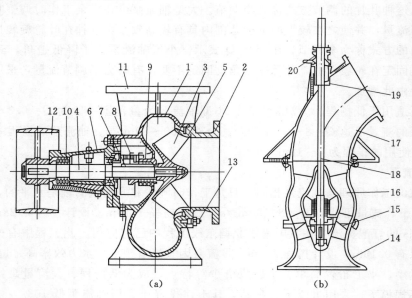

图 8.9　混流泵

（a）蜗壳式混流泵结构装配图；（b）导叶式混流泵结构图

1—泵壳；2—泵盖；3—叶轮；4—泵轴；5—减漏环；6—轴承盒；7—轴套；8—填料压盖；9—填料；
10—滚动轴承；11—出水口；12—皮带轮；13—双头螺丝；14—进水喇叭管；15—叶轮；
16—导叶体；17—出水弯管；18—泵轴；19—橡胶轴承；20—填料函

8.2　水泵的基本参数、运行工况及其调节

8.2.1　水泵的基本参数

（1）转速。转速是指水泵叶轮和主轴单位时间内旋转的转数，用 n 表示，常用单位为 r/min。

（2）流量。流量是指单位时间内由水泵抽送水体的容积或者重量，以 Q 表示，单位为 m^3/s、m^3/h、L/s、kg/s 等等。

（3）扬程。扬程是指单位重量的水体通过水泵后获得的能量，亦即在水泵出口处和进口处单位重量水体的能量之差，以 H 表示，单位为 m 水柱高度。

在图 8.10 中，水泵吸入口为 1 断面，单位重量的水体具有的能量为 E_1；压出口为 2 断面，单位重量的水体具有的能量为 E_2。安装好的水泵和进行试验的水泵通常用压力表 M 和真空表 V 测出其扬程。按照前述定义，水泵的扬程 H 为

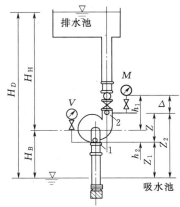

图 8.10　水泵扬程的测定

$$H = E_2 - E_1 = \left(Z_2 + \frac{P_2}{\gamma} + \frac{V_2^2}{2g} \right) - \left(Z_1 + \frac{P_1}{\gamma} + \frac{V_1^2}{2g} \right) \tag{8.1}$$

式中：$\frac{P_1}{\gamma}$、$\frac{P_2}{\gamma}$ 为水泵吸入口和压出口的压强水头，m；$\frac{V_1^2}{2g}$、$\frac{V_2^2}{2g}$ 为水泵吸入口和压出口的流速水头，m；Z_1、Z_2 为断面 1 和断面 2 的海拔高度或者相对于某一个选定的基准面以上的高度，m。

记 P_a 为水泵安装处的大气压力，单位为 Pa。由于 M 压力表的读数，$M = \frac{P_2}{\gamma} - \Delta - \frac{P_a}{\gamma}$，m；$V$ 为真空表的读数，$V = \frac{P_a}{\gamma} - \frac{P_1}{\gamma}$，m；其中 Δ 为压力表下部到压力测点 2 的高度，m；记 Z 为 1、2 断面上压力测量点之间的高程差，m。将这些参数代入式（8.1），得

$$H = M + V + Z + \frac{V_2^2 - V_1^2}{2g} + \Delta \tag{8.2}$$

假设吸水池的容积很大，其行进流速很小，相应的流速水头可近似为零，则吸水池和水泵进口断面 1 之间的伯努里方程为

$$\frac{P_a}{\gamma} = Z_1 + \frac{P_1}{\gamma} + \frac{V_1^2}{2g} + h_b \tag{8.3}$$

$$\frac{P_1}{\gamma} = \frac{P_a}{\gamma} - \left(Z_1 + \frac{V_1^2}{2g} + h_b \right) \tag{8.4}$$

式中：h_b 为包含了局部损失和沿程损失的吸水管水头损失，m。

式（8.4）表明，在水泵吸入口处存在真空现象，大小为 $\left(Z_1+\dfrac{V_1^2}{2g}+h_b\right)$，水泵吸入口离吸水池水面越高，吸入口流速越大、吸水管水头损失越大，真空度越大，水泵越容易发生气蚀。关于如何根据水泵特性，合理确定水泵的安装高程以避免发生气蚀的资料很多，需要时可以查阅相关文献资料。

设排水池中的流速水头也为零，则排水池和水泵压出口之间的伯努里方程为

$$(Z_1+Z)+\frac{P_2}{\gamma}+\frac{V_2^2}{2g}=\frac{P_a}{\gamma}+(H_B+H_H)+h_H \tag{8.5}$$

$$\frac{P_2}{\gamma}=\frac{P_a}{\gamma}+(H_B+H_H)-(Z_1+Z)-\frac{V_2^2}{2g}+h_H \tag{8.6}$$

式中：H_B 为水泵中心线到吸水池水面的高程之差，亦称为水泵吸程，m；H_H 为排水池水面到水泵中心线的高程之差；h_H 为包含了局部损失和沿程损失的压水管水头损失，m。

将式（8.4）和式（8.6）代入式（8.1），得水泵的扬程为

$$H=H_B+H_H+h_b+h_H=H_D+\sum h \tag{8.7}$$

式中：H_D 为吸水池水面和排水池水面的高程差，亦称为泵上下游水位差，m。

式（8.7）表明水泵的扬程为泵上下游水位差和吸水管路与压水管的水头损失之和。对于运行中的水泵，在已知水泵流量及压力表、真空表的读数 M、V 时，其工作扬程可以由式（8.2）计算。在设计泵站时，在已知吸水池、排水池水位差、管道布置及运行流量时，可以根据水泵的上、下游水位差算出 H_D，并计算出水头损失 h_b、h_H，由式（8.7）计算出所需要的水泵扬程，根据扬程和流量即可通过产品目录选择所需要的水泵。

（4）功率。水泵的功率是指水泵的输入功率，亦称轴功率，是原动机（电动机、内燃机）传送给水泵的功率，记为 N，单位为 kW。

单位时间内通过水泵的水体从水泵得到的能量称为有效功率，亦称为水泵的输出功率，记为 Ne，水泵的有效功率为

$$Ne=9.81QH(\text{kW}) \tag{8.8}$$

式中：Q 为水泵的流量，m^3/s；H 为水泵的扬程，m。

水泵不可能将从原动机输入的能量完全传递给水体。在水泵内有损失，通常用水泵的效率 η 来衡量水泵进行能量转换的效果。

$$\eta=\frac{Ne}{N}=\frac{9.81QH}{N} \tag{8.9}$$

当已知水泵的效率 η、流量 Q、扬程 H 时，配套的原动机的功率为

$$N=\frac{9.81QH}{\eta} \tag{8.10}$$

水泵在运行中的能量损失包括水力损失、容积损失和机械损失，可以分别用水力效率 η_h、容积效率 η_v 和机械效率 η_m 表示，水泵的总效率 η 等于这些效率的乘积，即

$$\eta=\eta_h\eta_v\eta_m \tag{8.11}$$

8.2.2 水泵的特性和运行工况

8.2.2.1 水泵的相似律和比转速

水泵的特性用来描述水泵的各个参数之间的关系，目前还没有成熟的理论和计算方法

来建立这些参数之间的关系，主要通过模型试验来测量模型水泵的特性参数。测量项目一般包括模型水泵的扬程 H_M、流量 Q_M、转速 n_M、功率 N_M、效率 η_M 和反映气蚀特性的气蚀系数 σ_M。两台水泵如果满足流道几何相似、水流运动相似和动力相似，则称这两台水泵的运行工况是相似的。

水泵的相似律描述的是把上述模型特性参数换算到原型水泵中去的关系。运行工况相似的模型泵和原型泵，如果它们的尺寸相差不是很大，则可以认为它们的效率是相等的，即 $\eta_{hM} = \eta_h$、$\eta_{vM} = \eta_v$、$\eta_{mM} = \eta_m$、$\eta_M = \eta$，下标带有大写字母 M 的表示模型泵的参数，不带大写字母 M 的为原型泵的参数。根据相似律，可以得出下列关系式：

$$\left. \begin{aligned} \frac{Q}{Q_M} &= \left(\frac{D_2}{D_{2M}}\right)^3 \left(\frac{n}{n_M}\right) \\ \frac{H}{H_M} &= \left(\frac{D_2}{D_{2M}}\right)^2 \left(\frac{n}{n_M}\right)^2 \\ \frac{N}{N_M} &= \left(\frac{D_2}{D_{2M}}\right)^5 \left(\frac{n}{n_M}\right)^3 \end{aligned} \right\} \tag{8.12}$$

式（8.12）就是常用的模型水泵和原型水泵性能参数之间的换算公式，也称为水泵的相似律公式，式中 D_2 为水泵叶轮的外径。

水泵的比转速 n_s 代表驱动水泵的有效功率为 1HP（等于 735.5W）、扬程为 1.0m、水泵的流量为 $0.075\text{m}^3/\text{s}$ 时水泵的转速，其表达式与水轮机相同，即

$$n_s = 3.65 \frac{n\sqrt{Q}}{H^{3/4}} \tag{8.13}$$

水泵的比转速是叶轮的比转速而不是整个水泵的，因此，式（8.13）中的 Q 和 H 是指 1 个叶轮即单级、单泵的流量和扬程，故对于双吸式水泵：

$$n_s = 3.65 \frac{n\sqrt{Q/2}}{H^{3/4}} \tag{8.14}$$

对多级水泵：

$$n_s = 3.65 \frac{n\sqrt{Q}}{\left(\dfrac{H}{i}\right)^{3/4}} \tag{8.15}$$

式中：i 为多级泵的级数；H 为整个泵的扬程。

比转速是一个相似准则，如果几何相似水泵的运行工况相似，它们的 n_s 一定相等。每台水泵在运行过程中，其流量和扬程是可以改变的，工况不同比转速就不相同。通常以效率最高的最优工况下的比转速作为几何形状相似的水泵系列的代表，并以此进行水泵的分类、表示结构型式和特性曲线的特点。比转速与水泵过流部分的几何形状有密切关系，见表 8.1。

从表 8.1 中可以看出，随着比转速 n_s 的增大，离心泵的叶轮流道由长而窄变为短而宽，然后为混流泵的叶轮，最后为轴流泵的叶轮。叶轮上的叶片由不扭曲到扭曲，由部分扭曲到完全扭曲，最后为由翼型构成的轴流泵叶片。

表 8.1　　　　　　　　　　　比转速与叶轮形状和特性曲线形状的关系

泵的类型	离 心 泵			混流泵	轴流泵
	低比转速	中比转速	高比转速		
比转速 n_s	$30 < n_s \leqslant 80$	$80 < n_s \leqslant 150$	$150 < n_s \leqslant 300$	$300 < n_s \leqslant 500$	$500 < n_s \leqslant 1000$
转轮形状					
尺寸比 D_2/D_0	≈ 3	≈ 2.3	$\approx 1.4 \sim 1.8$	$\approx 1.1 \sim 1.2$	≈ 1
转轮叶片形状	圆柱形叶片	入口处扭曲出口处圆柱形	扭曲叶片	扭曲叶片	轴流泵翼型
性能曲线形状					
流量-扬程曲线特点	关死扬程为设计工况的 1.1~1.3 倍，扬程随流量减少而增加，变化比较缓慢			关死扬程为设计工况的 1.5~1.8 倍，扬程随流量减少而增加，变化较急	关死扬程为设计工况的 2 倍左右，扬程随流量减少而急速上升，又急速下降
流量-功率曲线特点	关死点功率较小，轴功率随流量增加而上升			流量变动时轴功率变化较少	关死点功率最大，设计工况附近变化比较少，以后轴功率随流量增大而下降
流量-效率曲线特点	比较平坦			比轴流泵平坦	急速上升后又急速下降

8.2.2.2　水泵的特性曲线

在水泵以额定转速运行时，其特性是用扬程 H、功率 N、效率 η 与流量 Q 之间的关系曲线来描述的。这种表示水泵特性参数之间关系的曲线称为特性曲线，其中反映扬程流量关系的 H-Q 曲线最为常用。目前水泵的特性曲线主要通过模型试验获得。模型试验包括能量试验和气蚀试验，其中能量试验是在转速一定时，调节管路上的阀门开度，改变水泵的运行工况，在进入稳定工况时，测量该工况下的流量 Q、扬程 H、轴功率 N，计算出效率 η；然后保持泵的转速不变，调整阀门开度，进入下一个稳定工况，做同样的测试，得到一系列的试验数据；最后以 Q 为横坐标，以 H、N、η 为纵坐标，根据试验数据标出相应的试验点，并连接成光滑曲线，即得到该转速下的 H-Q、N-Q 和 η-Q 曲线。通过气蚀试验，可以得到流量 Q 和允许最大吸上真空高度 H_s 的关系，供确定水泵的安装高程时使用，以避免水泵发生气蚀。

从表 8.1 可以看出，随着比转速的增加，水泵的扬程曲线由平缓到陡峭，最后出现阶梯状。功率曲线由急剧上升到阶梯下降。因此，为了避免原动机发生过载损坏，离心泵应该在关闭压水管上的阀门、流量为零的情况下启动；而混流泵和轴流泵应该在压水管上的阀门完全开启的情况下启动。

8.2.2.3　管路特性曲线和水泵运行工况

在泵站中往往需要一些配件与水泵配套，如图 8.11 所示，水泵通过进水管（或吸水管）将吸水池中的水吸入叶轮，产生压力后再由出水管（或压水管）输送到排水池。为了调节流量和便于检修，在出水管路上还装设了逆止阀和闸阀等。水泵及其配套的动力机和传动设备的组合体称为抽水机，或者抽水机组、水泵机组。水泵机组和进、出水管（包括管道上的阀门等附件）统称为水泵装置或抽水装置。在启动水泵之前，必须将进水管和水泵转轮室充满水。图 8.11 中，底阀 1 是防止这些水漏失的单向阀门，其外部的滤网用来防止污物进入吸水管。由于底阀和滤网对于流经的水流具有很大的阻力，为了减少水头损失，大型泵站一般都不装设底阀，而采用真空泵进行启动前的抽气充水。逆止阀 8 的作用是当水泵失电时自动关闭，防止因出水管中水倒流而引起水泵叶轮过高的反向转速。对于扬程高且出水管 10 的长度很大的泵站，通常采用阀门的开启与闭合时间以及开度变化方式都可以根据控制要求事先进行设定的液压控制阀门替代图 8.11 中的逆止阀 8，并且取消拍门 12。立轴式水泵通常将泵轮浸没在水中，因此它没有底阀 1 和进水管 2，也不需要启动前的排气设施。

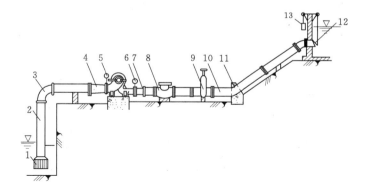

图 8.11　离心泵抽水装置示意图

1—滤网和底阀；2—进水管；3—90°弯头；4—偏心异径接头；5—真空表；
6—压力表；7—扩散接头；8—逆止阀；9—闸阀；10—出水管；
11—45°弯头；12—拍门；13—平衡锤

由式（8.7）可知，水泵的扬程等于吸水池和排水池中水位之差 H_D 加上吸水管与出水管中的沿程损失和各种局部水头损失 $\sum h$，这些水头损失都与流量的平方成正比，所以式（8.7）又可以写成

$$H = H_D + KQ^2 \tag{8.16}$$

式中：K 为水头损失系数，由计算确定。

在以 Q 为横坐标，H 为纵坐标的图 8.12 上，将上述关系绘成曲线，可以看出 H_D 以

上可以绘出 KQ^2 曲线。这条曲线就是水泵装置扬程与管路中流量的关系曲线，称为管路特性曲线，或者水泵装置特性曲线。

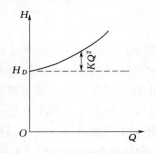

图 8.12 管路特性曲线

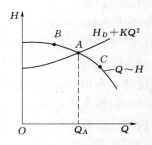

图 8.13 水泵的工作点

将水泵的 H-Q 特性曲线和管路特性曲线一起绘制在同一幅图上，如图 8.13 所示，两条曲线的交点 A 就是水泵的工作点。这可以用以下方法说明：从前述定义可知，水泵装置扬程就是把 1kg 的水体从吸水池抽送到排水池所需要消耗的能量，水泵扬程是 1kg 水体经过水泵时所增加的能量。节点 A 表示水泵装置扬程等于水泵扬程，它表明每公斤水体经过水泵所得到的能量正好等于把 1kg 水体从吸水池提升到排水池所需要消耗的能量。如果水泵的工作点不是 A，而是 B 点，水泵的扬程为 H_B，供给液体的能量 H_B 大于抽送液体所需要的能量 $H_D+\sum h_B$，则管路中的流体速度增大，亦即水泵流量增加，工作点向右移动到 A 点。如果水泵的工作点在 C 点，则水泵的扬程 H_C 小于装置扬程 $H_D+\sum h_C$，水泵供给单位重量液体的能量不足以把同样重量的液体从吸水池提升到排水池，这样管路中的流速必然要降低，亦即水泵的流量必然要减少，工况点必然从 C 点向左移到 A 点。因此水泵的工作点只能是两根曲线的交点 A，水泵的工作点也称为工况点，所对应的工况称为水泵运行工况。

8.2.3 水泵的并联运行工况

两台或两台以上的水泵同时向一条管路供水，称为水泵并联运行。在同一管路系统

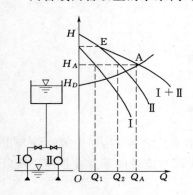

图 8.14 水泵的并联运行

中，有时为了增加输送水量，可将两台或者更多台水泵并联运行，此时每台泵出水管的连接点上有相同的压力，各台水泵具有相同的扬程，而总水管的流量等于各台并联运行的水泵的流量之和。图 8.14 为 Ⅰ、Ⅱ 两台水泵并联工作的情况，将某一扬程时 Ⅰ、Ⅱ 两台水泵的 H-Q 特性曲线上的流量相加，便得到此扬程对应的两台泵并联工作时的特性曲线 Ⅰ＋Ⅱ 上的一个点。取不同扬程分别重复上述过程，得到一系列特性曲线 Ⅰ＋Ⅱ 上的点，光滑地连接这些点即得到这两台泵并联运行的特性曲线。需要指出的是，曲线 Ⅰ＋Ⅱ 是从 E 点右边开始绘制的，因为在 E 点的左边，这两台水泵的扬程不可能相同，故不能并联工作。

曲线 Ⅰ＋Ⅱ 和管路特性曲线的交点 A 对应的纵坐标 H_A 为供水总扬程，其横坐标 Q_A

为供水总流量 Q_A。从 A 点画水平线与曲线Ⅰ、Ⅱ相交于1、2两点，其相应的横坐标分别为水泵Ⅰ和水泵Ⅱ的流量 Q_1、Q_2，则 $Q_A = Q_1 + Q_2$。在水泵并联装置中，还应注意使各台水泵的大小和型号基本接近，若扬程相差太大，就不可能形成并联工作。

8.2.4 水泵的串联运行工况

当被抽送的流量先后通过两台或两台以上水泵时，称这些泵为串联运行。在用一台水泵抽送流体扬程不够，而一时又找不到扬程更高的水泵时，可采用这种将几台性能基本相同的水泵串联运行的方式，前一台水泵向后一台水泵的吸水管供水，后一台向排水池供水，同样的流量依次通过串联的水泵，因而获得能量为各串联水泵所提供的能量之和。图8.15中Ⅰ、Ⅱ两台水泵串联运行，其串联后的总扬程等于两台水泵在同一流量时的扬程之和：$H = H_1 + H_2$。将Ⅰ、Ⅱ扬程流量特性曲线在流量相同时的扬程相加，即为这两台水泵串联运行时的特性曲线Ⅰ+Ⅱ，此曲线与管路特性曲线的交点 A 就是Ⅰ、Ⅱ两台水泵串联运行时的工作点，供水流量为 Q_A，扬程为 H_A。在水泵串联装置中，还应注意使各台水泵的大小和型号基本一致，流量范围选择得比较接近，以免出现设计流量较小的水泵被强迫在很大的流量下工作，造成电机过载或运行不稳定。

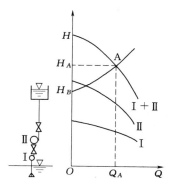

图 8.15 水泵的串联运行

8.2.5 水泵运行工况的调节

在实际应用中，有时需要调节水泵的流量或者扬程以满足工作需要，这就需要改变水泵的工作点。由于水泵的工作点是管路特性曲线和水泵特性曲线的交点决定的，常用的调节方式有以下几种：

（1）改变装置特性曲线，例如在出水管上安装一只调节阀门，通过增大或减小阀门的开度，改变式（8.16）中水头损失系数 K，使管路特性曲线改变，水泵的流量和扬程随工作点的变化而改变，如图8.16所示。

（2）改变水泵特性曲线，使之上升或者下降，与管路特性曲线的交点也随之改变，如图8.17所示。对离心泵可以通过采用直流电动机或柴油机达到在不同转速运行的目的。目前随着电气技术的发展，变频泵在工程中使用越来越多。这种水泵通过变频装置改变电

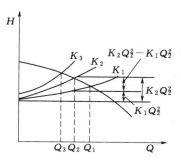

图 8.16 改变管线特性

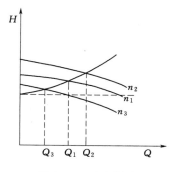

图 8.17 改变转速

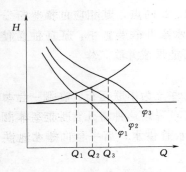

图 8.18　改变桨叶转角

动机的转速实现流量的调整，从而达到调节工况之目的，已取得了很好的效果。有的工程采用变频泵，能节省高达 30％～40％ 的能量，并且提高了自动化程度。必要时，也可以通过车小离心泵或者混流泵叶轮的外径来改变水泵性能曲线。

（3）改变轴流式水泵叶片的安放角。对于轴流泵来说不需要改变转速，通过改变叶片安放角就可以改变水泵特性曲线，实现对运行工况的调节，如图 8.18 所示。大型轴流泵都做成叶片可调节的。

（4）当几台性能相近的水泵并联运行时，可通过控制开机台数实现流量调节。

8.3　泵站的规划与选址

泵站是水泵装置、进水建筑物、出水建筑物和泵房等建筑物的总称。按照使用功能，泵站可分为灌溉泵站、排水泵站和排灌结合泵站。

任何一项工程的兴建，都应该进行合理的规划和设计，在充分发挥其功能的前提下，进行合理布置，以达到减少工程量、缩短工期、节省投资、尽早受益的目的，并且要使之便于运行管理，为降低运行成本打好基础，做到安全、经济、高效。机电排灌工程的规划应该根据建设旱涝保收、高产稳产农田的要求，结合用户的需求、社会经济发展水平、各地区的治水经验、规划原则和自然地理条件，做到因地制宜，统筹兼顾。

8.3.1　灌溉泵站的规划

灌溉泵站规划的主要内容包括：灌区地形的勘测、行政区划、水文气象、已有水利工程设施及其效益，水资源、能源、交通和社会经济状况等资料的收集分析；在此基础上，根据各地区自然区划的边界条件，进行灌区规划，选择站址，确定流量、扬程，选择设备型号，布置渠系等等。

抽水灌区的划分应根据当地水资源、地形、能源和行政区划等条件进行分片，达到分级控制、节省投资、运行费用低、收益快的目的。可采用的方案有：

（1）一站提水，一区灌溉。适用于等高线基本与水源河道平行、面积不大、扬程较低、渠道不长的小灌区。

（2）多站分级抽水，分区灌溉。适用于地形由缓变陡的灌区，以前一级站的排水池为水源，修建二级、三级、……泵站，如图 8.19 所示，避免将水抽到高处再跌下来灌溉低地，以节省泵站功率，控制整个灌溉面积。

（3）多站单级抽水，分区灌溉。适合于灌区的等高线基本平行于水流，可灌溉区域的面积较大的情况。一般以渠道或者天然的沟或者河流为分界，将灌区划分成几个单独的单级抽水灌区，每个灌区都在水源边修一座泵站，为一级抽水，如图 8.20 所示。这样可以避免支渠过长，过沟（河）建筑物增多，水量耗损大，上、下游容易发生用水纠纷，耽误农时等问题。

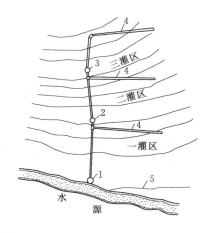

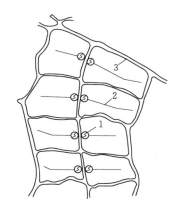

图 8.19 多站分级抽水分区灌溉示意图
1——级站；2—二级站；3—三级站；
4—干渠；5—等高线

图 8.20 多站单级抽水分区灌溉示意图
1—泵站；2—灌溉干渠；3—河流

（4）一站分级抽水，分区灌溉。当水源靠近高山，可以用一座泵站控制有明显高程差的几个灌区时，采用高地用高池灌溉，低地用低池灌溉的办法，以避免抽高灌低。

8.3.2 灌溉泵站的选址

灌溉泵站站址的选择是指根据建站处的具体情况，合理地确定取水口、泵房和排水池的位置。站址应选在灌区的上游，便于控制灌区的面积。站址处应地形开阔，便于布置泵站建筑物；开挖量较小；通风、采光和交通条件好，方便车辆进出和今后扩建；地基坚实，如果遇到淤泥、流沙、塌崖、倒岸或窑洞等地基，必须加固；否则，不能作为建站地址。为了减少输电线长度，泵站应尽可能靠近电源。

站址和取水口宜选在桥梁的下游，丁坝和码头同岸的上游或者对岸的偏下游，以减少已有建筑物所引起的水位壅高、水流偏移或者泥沙淤积对取水流态的影响。选择多级泵站的站址要遵循总设备功率和提水功耗最小的原则。

水源和站址与取水口关系密切，如果从河道取水，应尽量选在河段顺直、河床稳定、水深和流速较大、主流靠近岸边的地方。如果从渠道取水，站址应在等高线比较密集的地方。当水源为水库时，应首先考虑在坝的下游；若在坝的上游取水，应选在淤积区之外。从湖泊取水，应选在靠近湖泊出口处。在水位和水体含盐量会受到涨潮和落潮影响的感潮河段，取水口应位于淡水充足、含盐量低、可长期取到满足灌溉要求的水的地方。

8.3.3 排水泵站的规划

首先，根据以下原则，合理划分排水区：

（1）高低水分开，高水高排，避免向低地汇集。

（2）内水外水分开，包括洪涝分开，河、湖、田分开，治涝首先要防洪。

（3）主水、客水分开，使上游、下游各排水沟渠的涝水都能顺畅地排入河道，防止客水流向下游，给下游农田造成涝灾，避免相邻地区的排水矛盾。

（4）就近排水，缩短排水时间，提高排水效率。

排水区分为 3 类，每种排水区分别采用不同方式排水：畅排区，以自流排水为主；非畅排区，以泵站抽排为主；半畅排区，采用自流排水和泵站抽排相结合的方式。

其次，根据以下原则，合理选择站址：

（1）站址应选在排水区的较低处，与自然汇流相适应。靠近河岸，缩短泄水渠道长度。

（2）站址应选在外河水位较低的地方，以降低排水扬程，减少装机容量和电能消耗。

（3）尽可能使用自流排水和泵站抽排相结合的方式。

（4）如果需要兼顾灌溉需求，应注意灌溉引水口和灌溉渠首的高程和布置，尽量做到排灌结合，提高设备利用率和工程效益。

（5）站址和泄水渠应选在河道顺直的河段，或者河道的凹岸，河床稳定并有一定的外滩宽度，以便于布置施工料场和施工围堰，但外滩太宽会增加泄水渠长度。尽量做到正面进水和正面泄水。

（6）站址处地质条件较好，尽可能避开淤泥、软土和粉细沙地层，避开废河、水潭、深沟等淤积起来的地方。

（7）站址尽可能靠近有电源、交通便利的地方。

8.4　泵站的主要建筑物与建筑物组成

8.4.1　泵站建筑物组成

（1）进水建筑物。进水建筑物包括引水渠道、前池、进水池等。其主要作用是衔接水源地与泵房，其体型应有利于改善水泵进水流态，减少水力损失，为主泵创造良好的引水条件。

（2）出水建筑物。出水建筑物有排水池和压力水箱两种主要形式。排水池是连接压力管道和灌排干渠的衔接建筑物，起消能稳流作用。压力水箱是连接压力管道和压力涵管的衔接建筑物，起汇流排水的作用，这种结构形式适用于排水泵站。

（3）泵房。泵房是安装水泵、动力机和辅助设备的建筑物，是泵站的主体工程，其主要作用是为主机组和运行人员提供良好的工作条件。泵房结构形式的确定，应根据主机组的结构性能、水源的水位变幅、地基条件及枢纽布置，通过技术经济比较，择优选定。泵房结构形式较多，常用的有固定式和移动式两种，下面分别介绍。

8.4.2　泵房的结构型式

8.4.2.1　固定式泵房

固定式泵房按基础型式的特点又可分为分基型、干室型、湿室型和块基型 4 种。

（1）分基型泵房。泵房基础与水泵机组基础分开建筑的泵房，如图 8.21 所示。这种泵房的地面高于进水池的最高水位，通风、采光和防潮条件都比较好，施工容易，是中小型泵站最常采用的结构型式。

分基型泵房适用于安装卧式机组，且水源的水位变化幅度小于水泵的有效吸程，以保证机组不被淹没的情况。这种型式的泵房要求水源的岸边比较稳定，地质和水文条件都比较好。

（2）干室型泵房。泵房及其底部均用钢筋混凝土浇筑成封闭的整体，在泵房下部形成一个无水的地下室，如图 8.22 所示。这种结构型式比分基型复杂，造价高，但可以防止高水位时，水通过泵房四周和底部渗入。

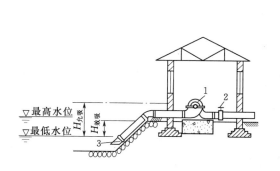

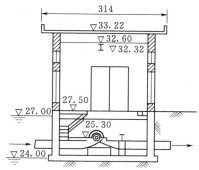

图 8.21 分基型泵房

1—水泵；2—闸阀；3—斜式进水喇叭

图 8.22 干室型泵房

干室型泵房不论是卧式机组还是立式机组都可以采用，其平面形状有矩形和圆形两种，其立面上的布置可以是一层的或者多层的，视需要而定。这种型式的泵房适用于以下场合：水源的水位变幅大于泵的有效吸程；采用分基型泵房在技术和经济上不合理；地基承载能力较低和地下水位较高，设计中要校核其整体稳定性和地基应力。

（3）湿室型泵房。其下部有一个与前池相通并充满水的地下室的泵房。一般分两层，下层是湿室，上层安装水泵的动力机和配电设备，水泵的吸水管或者泵体淹没在湿室的水面以下，如图 8.23 所示。湿室可以起着进水池的作用，湿室中的水体重量可平衡一部分地下水的浮托力，增强了泵房的稳定性。口径 1m 以下的立式或者卧式轴流泵及立式离心泵都可以采用湿室型泵房。这种泵房一般都建在软弱地基上，因此对其整体稳定性应予以足够的重视。

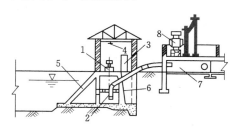

图 8.23 湿室型泵房

1—立式电机；2—立式轴流泵；3—开关柜；
4—起重设备；5—拦污栅；6—挡土墙；
7—压力水箱；8—变压器

（4）块基型泵房。这种型式的泵房用钢筋混凝土把水泵的进水流道与泵房的底板浇成一块整体，并作为泵房的基础。安装立式机组的这种泵房立面上按照从高到低的顺序可分为电机层、连轴层、水泵层和进水流道层，如图 8.24 所示。水泵层以上的空间相当于干室型泵房的干室，可安装主机组、电气设备、辅助设备和管道等；水泵层以下进水流道和排水廊道，相当于湿室型泵房的进水池。进水流道设计成钟型或者弯肘型，以改善水泵的进水条件。从结构上看，块基型泵房是干室型和湿室型泵房的发展。由于这种泵房结构的整体性好，自身的重量大、抗浮和抗滑稳定性较好，它适用于以下情况：口径大于 1.2m 的大型水泵；需要泵房直接抵挡外河水位压力；适用于各种地基条件。根据水力设计和设备布置确定了这种泵房的尺寸之后，还要校核其抗渗、抗滑稳定性以及地基承载能力，确保在各种外力作用下，泵房不产生滑动倾倒和过大的不均匀沉降。

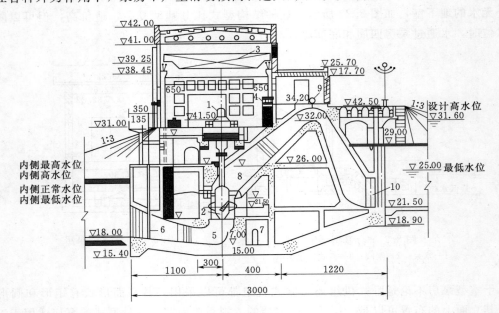

图 8.24 块基型泵房（单位：高程为 m；尺寸为 cm）

1—主电动机；2—主水泵；3—桥式吊车；4—高压开关柜；5—进水流道；6—检修闸门；
7—排水廊道；8—出水流道；9—真空破坏阀；10—备用挡洪闸门

8.4.2.2 移动式泵房

在水源的水位变化幅度较大，建造固定式泵站投资大、工期长、施工困难的地方，应优先考虑建移动式泵房。移动式泵房具有较大的灵活性和适应性，没有复杂的水下建筑结构，但其运行管理比固定式泵站复杂。这种泵房可以分为泵船和泵车两种。分别介绍如下。

泵船是将水泵机组及其控制设备安装在船上的提水装置。泵船可以用木材、钢材或钢丝网水泥制造。木制泵船的优点是一次性投资少、施工快，基本不受地域限制；缺点是强度低、易腐烂、防火效果差、使用期短、养护费高，且消耗木材多，其应用越来越少。钢船强度高，使用年限长，维护保养好的钢船使用寿命可达几十年，它没有木船的缺点；但建造费用较高，使用钢材较多。钢丝网水泥船具有强度高、耐久性好、节省钢材和木材、造船施工技术简单、维修费用少、重心低、稳定性好，使用年限长等优点。

根据设备在船上的布置方式，泵船可以分为两种型式：将水泵机组安装在船甲板上面的上承式和将水泵机组安装在船舱底部骨架上的下承式，如图 8.25 所示。泵船的尺寸和船身形状根据最大排水量条件确定，设计方法和原则应按内河航运船舶的设计规定进行。

选择泵船的取水位置应注意以下几点：河面较宽，水深足够，水流较平稳；洪水期不会漫坡，枯水期不出现浅滩；河岸稳定，岸边有合适的坡度；在通航和放筏的河道中，泵船与主河道有足够的距离防止撞船；应避开大回流区，以免漂浮物聚集在进水口，影响取

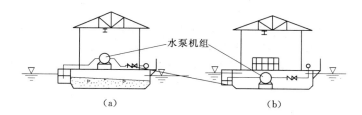

图 8.25 泵船

（a）上承式布置；（b）下承式布置

水；泵船附近有平坦的河岸，作为泵船检修的场地。

泵车是将水泵机组安装在河岸边轨道上的车子内，根据水位涨落，靠绞车沿轨道升降小车改变水泵工作高程的提水装置。其优点是不受河道内水流的冲击和风浪运动的影响，稳定性较泵船好，缺点是受绞车工作容量的限制，泵车不能做得太大，因而其抽水量较小。其使用条件如下：水源的水位变化幅度在 $10\sim35\text{m}$ 之间，涨落速度不大于 2m/h；河岸比较稳定，岸坡地质条件较好，且有适宜的坡度，一般以 $10°\sim30°$ 为宜；河流漂浮物少，没有浮冰，不易受漂木、浮筏、船只的撞击；河段顺直，靠近主流；单车流量在 $1\text{m}^3/\text{s}$ 以下。

8.4.3 泵房的基础

基础是泵房的地下部分，其功能是将泵房的自重、房顶屋盖面积雪重量、泵房内设备重量及其荷载和人的重量等传给地基。基础和地基必须具备足够的强度和稳定性，以防止泵房或设备因沉降过大或不均匀沉降而引起厂房开裂和倾斜，设备不能正常运转。

基础的强度和稳定性既取决于其形状和选用的材料，又依赖于地基的性质，而地基的性质和承载能力必须通过工程地质勘测加以确定。设计泵房时，应综合考虑荷载的大小、结构型式、地基和基础的特性，选择经济可靠的方案。

1. 基础的埋置深度

基础的底面应该设置在承载能力较大的老土层上，填土层太厚时，可通过打桩、换土等措施加强地基承载能力。基础的底面应该在冰冻线以下，以防止水的结冰和融化。在地下水位较高的地区，基础的底面要设在最低地下水位以下，以避免地下水位的上升和下降而增加泵房的沉降量和引起不均匀沉陷。

2. 基础的形式和结构

基础的形式和大小取决于其上部的荷载和地基的性质，须通过计算确定。泵房常用的基础有以下几种。

（1）砖基础。用于荷载不大、基础宽度较小、土质较好及地下水位较低的地基上，分基型泵房多采用这种基础。由墙和大方脚组成，一般砌成台阶形，由于埋在土中比较潮湿，需采用不低于 M7.5 的黏土砖和不低于 M5 的水泥砂浆砌筑。

（2）灰土基础。当基础宽度和埋深较大时，采用这种型式，以节省大方脚用砖。这种基础不宜做在地下水和潮湿的土中。由砖基础、大方脚和灰土垫层组成。

（3）混凝土基础。适合于地下水位较高，泵房荷载较大的情况。可以根据需要做成任何形式，其总高度小于 0.35m 时，截面常做成矩形；总高度在 0.35～1.00m 之间，用踏步形；基础宽度大于 2.0m，高度大于 1.0m 时，如果施工方便常做成梯形。

（4）钢筋混凝土基础。适用于泵房荷载较大，而地基承载力又较差和采用以上基础不经济的情况。由于这种基础底面有钢筋，抗拉强度较高，故其高宽比较前述基础小。

第9章 水 力 发 电

9.1 水力发电原理

9.1.1 水的能量和功率

电力是国民经济中最重要的能源。水力发电作为能源的一种形式，与火电和核电相比，它是一种可再生、不需要燃料、不排放温室气体及二氧化硫等污染物质、运行费用低、机动性高的绿色能源，可根据电网要求迅速改变出力。此外，大多数水电站除了发电，还能发挥防洪、灌溉、供水、航运、旅游、养殖等综合效益，因此，各国都很重视水力资源的开发利用。

自改革开放以来，我国的水电投资体制、建设体制、工程管理体制以及流域开发体制、施工体制等，都发生了巨大的变化，得到了迅速的发展。水电能源开发利用率从改革开放前的技术可开发量不足 10% 提高到 58%。水电坝工技术逐步进入国际领先行列，大型机组国产化水平得到显著提高，2008 年举世瞩目的三峡工程的建成投产，标志着中国已掌握自主设计、制造、安装特大型水电机组技术，水电开发规模不断迈上新台阶，中国水电建设步入了新的黄金时期。截至 2015 年年底，我国水电总装机容量已突破 3.19 亿 kW，提前实现了 2007 年出台的《可再生能源中长期发展规划》中提出的 2020 年全国水电装机容量达到 3 亿 kW 目标。此外，西电东送、南北互供、全国联网的发展战略以及"一带一路"倡议均为中国水力发电技术未来的发展带来了新机遇。

水力发电的缺点是，资源有限、分布不均匀，需进行淹没区移民，一次性投入大。因此，应处理好水电建设与生态及环境保护、水电建设与移民安置、水电建设与地方经济发展的关系。

地球的表面大约有 3/4 为水域，大量的水从水面蒸发到天空，然后又以降水的形式降落到地球表面不同的海拔高程，从山区和高原汇聚成溪流河川，奔腾而下，携带着可资利用的动能、位置势能和压力势能，简称为水能。水能资源在自然界重复再生，循环不息，是一种周期性的、可再生的清洁能源。在天然状态下，水能消耗在克服水流内部的分子间相互作用的摩擦力和与河床的相互作用、输运泥沙、冲刷河槽等种种外部摩擦力上。图 9.1 描述了在天然状态下几种典型的水流运动情况：图 9.1（a）为比较顺直、底坡基本不变的天然河道中的水流情况，断面 1-1 上单位重量的水体具有的能量为 $E_1 = Z_1 + \dfrac{P_1}{\gamma} + \dfrac{\alpha_1 V_1^2}{2g}$，断面 2-2 上单位重量的水体具有的能量为 $E_2 = Z_2 + \dfrac{P_2}{\gamma} + \dfrac{\alpha_2 V_2^2}{2g}$。如果在这两个断面之间没有支流汇入或者流出，断面 1-1 和断面 2-2 的流量相等，记为 Q，根据伯努利能量方程，河段在这两个断面之间蕴藏的水能可以用这两个断面的单位重量水体的能量之差 H_R 表示：

$$H_R = \left(Z_1 + \frac{P_1}{\gamma} + \frac{\alpha_1 V_1^2}{2g}\right) - \left(Z_2 + \frac{P_2}{\gamma} + \frac{\alpha_2 V_2^2}{2g}\right)$$

$$= Z_1 - Z_2 + \frac{P_1}{\gamma} - \frac{P_2}{\gamma} + \frac{\alpha_1 V_1^2 - \alpha_2 V_2^2}{2g} \tag{9.1}$$

式中：Z_1、Z_2 分别为断面 1-1 和断面 2-2 水面线的海拔高度或者相对于某一个选定的基准面以上的高度，m；P_1、P_2 分别为断面 1-1 和断面 2-2 的水面压力，Pa；V_1、V_2 分别为断面 1-1 和断面 2-2 的流速，m/s；α_1、α_2 分别为断面 1-1 和断面 2-2 的动能校正系数；γ 为水的重度，N/m³，对于水可取值 9810N/m³；g 为重力加速度，m/s²。

在天然状态下，断面 1-1 和断面 2-2 的动能之差很小，可以忽略不计，且这两断面的压力之差可近似为零，因此，该河段单位重量水体的能量可近似写成其进口断面 1-1 与出口断面 2-2 的自由水面的落差，也称为毛水头：

$$H_g = Z_1 - Z_2 \tag{9.2}$$

此河段蕴藏的水能资源用功率表示为

$$N_0 = 9.81 Q H_g \tag{9.3}$$

式中：N_0 为河段蕴藏的水能资源功率，kW；Q 为流量，m³/s；H_g 为毛水头，m。

式 (9.3) 也可以用来确定一条河流的水能蕴藏量。把河流从河源到河口分成若干个河段，分界面位于底坡发生变化或者有支流分出/汇入的位置，对每个河段用式 (9.3) 所列公式单独计算它蕴藏的水能资源。计算中，流量 Q 用所计算河段进口断面流量和出口断面流量的平均值，毛水头 H_g 取进口断面的平均水面高程与出口断面的平均水面高程之差。用上述方法计算出每个河段的水能资源后，将各个河段的水能资源累加起来，即得到该河流的水能资源总蕴藏量。国际电工委员会规定，在统计河流的水能蕴藏量时，通常假定水能转变成电能时没有能量损失，也不考虑技术经济条件。水能资源的统计是建立在水能勘察资料基础上的，在发电、输送、变电等技术方面都可行的，可能开发利用的那部分水能资源，称为技术水能蕴藏量。

图 9.1（b）表示瀑布，其毛水头集中在很短的河道中，水能的利用十分便利，但自然界中，这种形式的水能资源为数并不多。自古以来，人类就很重视对这种水能的利用。如图 9.1（c）所示的平面上呈绳套形状河段，简称河套地段。当其起始断面 1-1 和出口断面 2-2 相距很近时，其水能资源也有可开发利用的条件。高山的天然湖泊，当湖面与

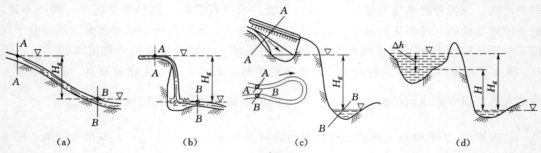

图 9.1 天然状态的水流

从其附近流过的江、河之间有足够的落差时，如图 9.1（d）所示，其水能也可以用来发电。

此外，由于地球、月亮和太阳之间的天体引力所产生的潮汐，会使海洋产生周期性的水面升降。在特定的沿海河口或港湾，可形成最大值达 10～15m 的潮差，也可以用来发电。利用潮汐能量形成的潮位差发电的水电站，称为潮汐电站。

水电站是水力发电站的简称，是为了利用水能作为原动力来生产电能的一系列建筑物和机电设备组成的综合工程设施。在利用水能、风能、太阳能、潮汐能、波浪能、海洋温差、海流、地热能和生物质能等可再生能源生产电能的各种方式中，水力发电是目前技术最成熟、规模最大、成本最低、效率最高的可再生能源发电方式。

9.1.2 水轮机的工作参数和类型

9.1.2.1 水轮机的工作参数

水轮机是将水流的机械能转换成固体机械旋转机械能的一种水力原动机，是水力机械中的一种常见形式和水力发电工程中的主要动力设备。它利用水能产生旋转机械能，再用此能量驱动发电机旋转，使发电机的线圈切割磁力线产生电能。水轮机和它所驱动的发电机统称为水轮发电机组，亦简称为机组。机组利用的水能包括水流的动能和势能，水流的势能由压力势能和位置势能组成。

在液体和固体之间进行机械能转换的水力机械可分为水力原动机、水力工作机、可逆式水力机械、液力传动装置和水力推进器。水轮机是水力原动机，水泵是水力工作机，这 2 类是基本的，其他 3 类是派生的。水泵在第 8 章作了介绍，本章介绍水轮机。限于篇幅，可逆式水力机械、液力传动装置和水力推进器在本书中不做介绍，需要时，可参阅相关文献。

像瀑布这样的集中在较短河段的水能资源，在自然界中是很罕见的。水力发电工程一般是利用分布在一段较长距离河道上的河川落差，通过在适宜的位置修筑大坝等人工设施，迫使坝上游水位壅高，以集中落差，形成水头，用来发电，如图 9.2 所示。并且，筑坝形成的水库，可以对随时间分布不均匀的径流进行调节，周期性地保持水量储备，达到最充分利用水能资源的目的。

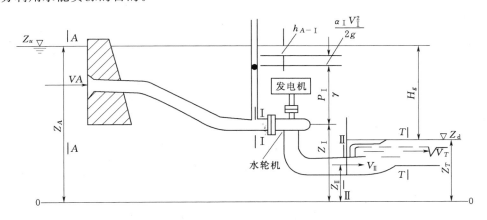

图 9.2 水电站和水轮机的水头

水轮机把水能转变成机械能的过程中所表现出来的特性，可以用一组参数描述，常用的基本工作参数有工作水头 H、流量 Q、转速 n、出力 N 和效率 η，这些参数本身及其相互之间的关系描述了水轮机的工作状况，简称为工况。

（1）水头。水头是指水轮机进口断面和出口断面单位重量水流的能量之差，即单位重量的液体通过水轮机后能量减少的数量，以 H 表示，单位为 m 水柱高度。

在图 9.2 中水轮机进口为 I-I 断面，单位重量的水体具有的能量为 E_I；出口为 II-II 断面，单位重量的液体具有的能量为 E_{II}，按照前述定义，水轮机的水头 H 为

$$H = E_{II} - E_I = \left(Z_I + \frac{P_I}{\gamma} + \frac{\alpha_I V_I^2}{2g} \right) - \left(Z_{II} + \frac{P_{II}}{\gamma} + \frac{\alpha_{II} V_{II}^2}{2g} \right) \tag{9.4}$$

式中：Z_I、Z_{II} 分别为断面 I 和断面 II 几何中心的海拔高度或者相对于某一个基准面以上的高度，m；P_I、P_{II} 分别为水轮机进口断面和出口断面的压力，Pa 或 N/m²；V_I、V_{II} 分别为水轮机进口断面和出口断面的流速，m/s；α_I、α_{II} 分别为 I、II 断面的动能校正系数。

结合图 9.1 和图 9.2，比较式（9.4）和式（9.2）不难看出，水轮机的工作水头与水电站的毛水头是有区别的。在忽略电站上游水库 $A-A$ 断面和下游尾水渠的 $T-T$ 断面的水流速度和这两个断面位置水面的大气压力差，以及水轮机出口断面 II-II 与下游尾水渠的 $T-T$ 断面之间的水头损失时，水轮机的水头 H 等于水电站的毛水头 H_g 减去水轮机引水建筑物的水头损失，即

$$H = H_g - \sum h_{A-I} \tag{9.5}$$

式中：$\sum h_{A-I}$ 为水轮机引水管道的总水头损失，包括进水口断面的局部损失和引水管道进口断面到水轮机进口断面 I-I 之间的局部损失及沿程损失，m。

（2）流量。流量是指单位时间内通过水轮机的水流容积或者重量，以 Q 表示。工程中常用容积流量，单位为 m³/s。

（3）转速。转速是指水轮机转轮单位时间内旋转的转数，用 n 表示，常用单位为 r/min。

（4）出力。水轮机出力是指水轮机轴端所输出的功率，用 N 表示，常用单位为 kW。

单位重量的水体流过水轮机时传给水轮机的能量为水头 H，每秒钟通过水轮机的水量为 γQ，即水轮机输入功率为

$$N_h = \gamma QH = 9.81 QH \tag{9.6}$$

式中：N_h 为水轮机输入的功率，也称为水流的出力，kW；Q 为水轮机的流量，m³/s；H 为水轮机的工作水头，m。

（5）效率。水轮机不可能将从水流得到的能量完全转变为机械能，因为将水能转变成旋转机械能的过程中总会存在一定的能量损耗，因此，水轮机的出力总是小于水流的出力。通常用水轮机的效率 η_t 来衡量水轮机进行能量转换的效果。

$$\eta_t = \frac{N}{N_h} \tag{9.7}$$

式中：η_t 为水轮机的效率；N 为水轮机输出的功率，kW。

当已知水轮机的效率 η_t、流量 Q、水头 H 时，水轮机的出力为

$$N = N_h \eta_t = 9.81 QH \eta_t \tag{9.8}$$

水轮机在运行中的能量损失包括各种水头损失、容积损失和机械损失，其中：水头损失是指水流在流道和转轮里发生的沿程损失和因流道突变、水流撞击固体边界、脱流及旋涡等造成的局部损失；容积损失是水流通过转轮时，在转轮和转轮室之间的间隙中漏失的流量所造成的能量损失；机械损失是指水轮机轴与轴承之间，以及水轮机转轮与其周围水流之间的摩擦力等造成的能量损失。上述 3 种损失对水轮机效率的影响，可以分别用水力效率 η_h、容积效率 η_v 和机械效率 η_m 来反映，水轮机的总效率 η_t 等于这些效率的乘积，即

$$\eta_t = \eta_h \eta_v \eta_m \tag{9.9}$$

9.1.2.2　水轮机类型

根据水轮机将水能转变成机械能过程中水流作用的特点，可将水轮机分为反击式和冲击式两大类。反击式水轮机将水流的动能和势能转换成固体机械能，其转轮由若干个空间扭曲的叶片组成，水流通过这种水轮机转轮时，大部分能量转变成压能，从转轮进口到出口，水流的压力是逐渐减小的，且水流充满水轮机的整个流道。这种转轮的叶片迫使水流改变其流速的大小和方向，水流便以其势能和动能给叶片以作用力，形成旋转力矩，驱动转轮旋转。冲击式水轮机将水的动能转变成固体机械能，在对冲击式水轮机转轮做功时，水流沿转轮斗叶流动的过程中压力保持不变，一般为大气压，水流具有与空气接触的自由表面，转轮只有部分斗叶同时进水。

根据其工作特点，反击式水轮机又可以分为混流式、轴流式、斜流式和贯流式等形式；冲击式水轮机又可以分为水斗式、斜击式和双击式等不同形式，下面分别进行介绍。

（1）混流式水轮机是 1847—1849 年在美国工作的英国著名工程师法兰西斯（Francis）发明的，故又称为法兰西斯式水轮机。运行时，水流垂直于其转轴从外向内，沿径向进入转轮，做完功之后，沿轴向流出转轮，它的导水机构置于转轮的外部，设有尾水管使转轮出口的动能得到回收利用，如图 9.3 所示。混流式水轮机一般用于 20～700m 水头，具有结构简单，运行可靠，工作效率高，适用水头范围大的特点，是目前广泛使用的水轮机。

（2）轴流式水轮机，如图 9.4 所示，是捷克的卡普兰（Kaplan）于 1912 年发明的，又称卡普兰式水轮机。它的转轮进出口水流接近轴向，叶片数少，大大地增加了通过水轮机的流量。图中的轴流式转轮其叶片能配合导水机构，围绕自己的轴线转动到需要的角度，以适应不同流量的需要，称为轴流转桨式水轮机。它具有功率调节范围大，运行效率

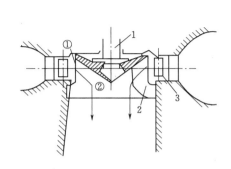

图 9.3　混流式水轮机

1—主轴；2—叶片；3—导叶

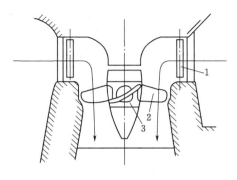

图 9.4　轴流式水轮机

1—导叶；2—叶片；3—轮毂

163

高的特点,适用于大、中型机组,适用水头从几米到 70m。对于小型轴流式水轮机,为了降低造价,其叶片固定在轮毂上,这种叶片固定的轴流式水轮机称为轴流定桨式水轮机。当机组偏离设计工况运行时,轴流定桨式水轮机效率急剧下降,适用于 3～50m 水头。

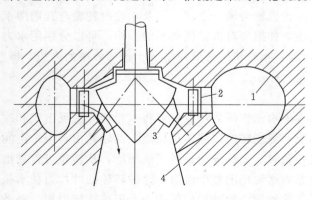

图 9.5 斜流式水轮机

1—蜗壳;2—导叶;3—叶片;4—尾水管

(3)斜流式水轮机是 1952 年英国电力公司瑞士人捷思阿兹(Deriaz)提出的一种双重调节的转桨式水轮机。因水流倾斜于机组轴线通过转轮,故名斜流式水轮机,如图 9.5 所示。其叶片也可转动调节,叶片轴线与机组的轴线斜交,叶片数量为 8～12 片,比轴流转桨式水轮机多,后者一般只有 4～8 片。因此,斜流式水轮机适用的水头范围也高一些,一般为 40～200m。

(4)贯流式水轮机是一种流道近似为直线状的卧轴式水轮机。它没有蜗壳,其转轮叶片可做成定桨和转桨两种,根据其发电机的装置方式,可分为全贯流式和半贯流式两类,适用水头范围为 1～25m。图 9.6 为全贯流式水轮机,其发电机转子安装在水轮机转轮外缘,其流道为直线状,因而水力损失小、过流能力大,效率高,结构紧凑,相应的厂房水工建筑物简单。缺点是,其转轮外缘的线速度大,周线长,导致其旋转密封困难,实际工程中使用不多。半贯流式水轮机有灯泡式、轴伸式和竖井式等结构形式,其中以图 9.7 所示的灯泡贯流式使用最为广泛,它也是低水头、大流量的潮汐电站中使用的主要机型,其发电机位于灯泡状壳体内,效率高,稳定性好,结构紧凑。同等规模的低水头水电站,采用贯流式水轮机,其投资较轴流式水轮机省 10%～20%。灯泡贯流式水轮机和发电机轴可以直接连接,有时为了减小发电机尺寸,这种水轮发电机组的水轮机与发电机之间也可以通过齿轮增速机构连接。

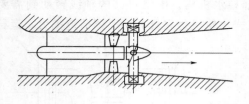

图 9.6 全贯流式水轮机

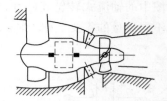

图 9.7 半贯流式水轮机（灯泡式）

图 9.8 和图 9.9 所示的轴伸式和竖井式水轮机结构比灯泡式更为简单,便于维护,造价更低,但效率不高,只在小型水电站中使用。

(5)水斗式水轮机最早在 1850 年开始出现,1880 年美国人培尔顿(Pelton)提出了第一个最简陋的双曲面形冲击式水轮机。图 9.10 为现代型式的水斗式水轮机,由喷嘴射出来的射流沿转轮的切线方向冲击转轮的斗叶而做功。小型水斗式水轮机的适用水头范围为 40～250m,大型水斗式水轮机的适用水头为 300～1700m,已有工程中的最高水头达到

1770m。

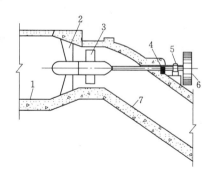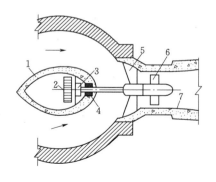

图 9.8　轴伸贯流式水轮机　　　　图 9.9　竖井贯流式水轮机

1—进水管；2—固定导叶；3—叶片；4—止水套　　1—竖井；2—增速装置；3—轴承座；4—止水套

5—轴承座；6—增速装置；7—尾水管　　　　5—固定导叶；6—叶片；7—尾水管

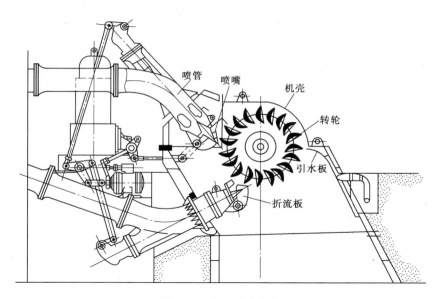

图 9.10　水斗式水轮机

（6）斜击式水轮机，如图 9.11 所示。由喷嘴射出的射流水柱以与转轮的旋转平面成22.5°左右的夹角冲击转轮，其过流能力比水斗式水轮机大，但效率低，适用水头范围一般为 20～300m，一般用于中小型水电站。

（7）双击式水轮机，如图 9.12 所示。由喷嘴射出来的射流水柱首先从转轮的外缘进入部分流道，将大约 70%～80% 的能量传递给转轮，然后这股水流从内周再次进入叶轮流道，第二次对转轮做功。因同一股水流两次冲击转轮叶片，故这种水轮机又名双击式水轮机，应用水头范围一般在 10～150m。

近代水轮机发展的主要趋势是提高单机容量、比转速和它的适用水头，提高机组运行的可靠性。对于大中型水轮发电机组，其效率已经达到了很高的水平，能进一步挖掘的潜力已经很小了。提高单机容量可以降低机组的单位容量造价，以适应巨型水电站发展的需

165

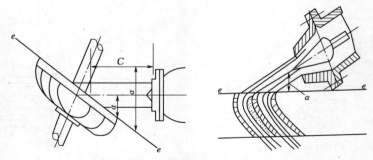

图 9.11 斜击式水轮机射流与轮转相对位置

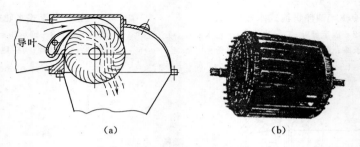

(a)　　　　　　　　　　(b)

图 9.12 双击式水轮机结构示意图

(a) 整体结构；(b) 转轮

要。我国金沙江上正在建设中的白鹤滩水电站采用的混流式水轮发电机组，单机容量达到 100 万 kW，是目前世界上单机容量最大的水轮发电机组。提高比转速可以进一步缩小机组尺寸，降低机组造价，减少电站投资，提高经济效益。

9.1.3 水轮机的相似律和比转速

水轮机的特性用来描述水轮机的各个工作参数之间的关系。目前还没有成熟的理论和计算方法来建立这些参数之间的解析关系，主要通过模型试验来测量模型水轮机的上述工作参数，再根据相似律，推导出原型水轮机的相应工作参数。试验测量项目一般包括模型水轮机的水头 H_M、流量 Q_M、转速 n_M、功率 N_M、效率 η_M 和反映气蚀特性的气蚀系数 σ_M。两台水轮机如果满足流道几何相似、水流运动相似和动力相似，则称这两台水轮机的运行工况是相似的。

水轮机的相似律描述把模型的上述工作参数换算到原型水轮机中去时所遵循的关系。运行工况相似的模型水轮机和原型水轮机，如果它们的尺寸相差不是很大，则可以认为它们的效率是相等的，即水轮机的水力效率 $\eta_{hM} = \eta_{hP}$、容积效率 $\eta_{zM} = \eta_{zP}$、机械效率 $\eta_{mM} = \eta_{mP}$、水轮机的总效率 $\eta_M = \eta_P$，下标带有大写字母 M 的表示模型的参数，带大写字母 P 的为原型参数；在实际工程中，有时候原型的参数不带下标。根据相似律，可以得出两个几何相似的水轮机，在相似工况下模型和原型参数之间存在下列关系式：

$$n_1' = \frac{n_M D_{1M}}{\sqrt{H_M}} = \frac{n_P D_{1P}}{\sqrt{H_P}} \tag{9.10}$$

$$Q_1' = \frac{Q_M}{D_{1M}^2 \sqrt{H_M}} = \frac{Q_P}{D_{1P}^2 \sqrt{H_P}} \tag{9.11}$$

$$N'_1 = \frac{N_M}{D_{1M}^2 H_M^{3/2}} = \frac{N_P}{D_{1P}^2 H_P^{3/2}} \tag{9.12}$$

式中：n 为水轮机的转速，r/min；D_1 为水轮机转轮的公称直径，它描述水轮机尺寸的大小，m；H 为水轮机的工作水头，m；Q 为通过水轮机的流量，m^3/s；N 为水轮机的输出功率，kW。

式（9.10）中 n'_1 为水轮机的单位转速，它说明几何相似的水轮机在相似工况下原型水轮机和模型水轮机的单位转速相等。式（9.11）中 Q'_1 为水轮机的单位流量；它说明几何相似的水轮机在相似工况下原型水轮机和模型水轮机的单位流量相等；式（9.12）中 N'_1 为水轮机的单位出力，它说明几何相似的水轮机在相似工况下原型水轮机和模型水轮机的单位出力相等。式（9.10）～式（9.12）描述的这 3 个综合参数又统称为水轮机的单位参数，它们是常用的模型水轮机和原型水轮机工作参数之间的换算公式，也称为水轮机的相似律公式，分别表示水头为 1m、转轮直径为 1m 时水轮机的转速、流量和出力。

水轮机的比转速 n_s 代表水轮机的工作水头 H 为 1m，出力 N 为 1HP（马力）时所具有的转速 n，r/min，其表达式为

$$n_s = \frac{n\sqrt{N}}{H^{5/4}} (\text{m} \cdot \text{HP}) \tag{9.13}$$

如果功率的单位为 kW，则水轮机的比转速 n_s 的单位为 m·kW，它与式（9.13）中用马力表示的比转速 n_s 之间的关系符合下列公式：

$$n_s = \frac{7}{6} \frac{n\sqrt{N(\text{kW})}}{H^{5/4}} = \frac{n\sqrt{N(\text{HP})}}{H^{5/4}} \tag{9.14}$$

比转速 n_s 也是一个相似准则。几何相似的水轮机如果运行工况相似，它们的单位流量、单位转速相等，比转速一定相等，效率和气蚀系数也相等。每台水轮机在运行过程中，其流量、水头、效率等工作参数是可以改变的，工况不同比转速就不相同。通常以效率最高的工况（即最优工况）下的比转速作为几何形状相似的水轮机系列的代表，并以此进行水轮机的分类、表示结构型式和特性曲线的特点。比转速与水轮机过流部分的几何形状有密切关系。

单位参数不仅可以用来整理模型试验资料，在水轮机设计和选择中，还可以用它们来计算确定原型水轮机的主要参数。在通过模型试验得到单位转速 n'_1 和单位流量 Q'_1 后，原型的转速 n_P 和流量 Q_P 可分别用式（9.15）和式（9.16）计算：

$$n_P = \frac{n'_1 \sqrt{H_P}}{D_{1P}} \tag{9.15}$$

$$Q = Q'_1 D_{1P}^2 \sqrt{H_P} \tag{9.16}$$

9.1.4 水轮机的特性曲线

水轮机在运行时，其特性是用水头 H、转速 n、功率 N、效率 η、流量 Q、转轮直径 D_1、导叶（针阀）开度 a_0（转桨式水轮机还有叶片安放角度 φ）等特征参数之间的关系曲线来描述的。这种表示水轮机特征参数之间关系的曲线称为特性曲线。目前还不能用数

学解析公式来描述这些关系，主要通过模型试验获得。水轮机模型试验包括能量试验和气蚀试验，其中能量试验是在导叶零开度与最大开度之间，选一系列代表性开度进行试验。在某个导叶开度时，设定一个转速，让水轮机进入稳定运行工况，测量该工况下的流量、水头、功率、转速，计算出效率 η；保持此导叶开度不变，调整转速，测试同样的项目，如此得到该导叶开度下一系列的流量、水头、功率、转速、效率；对选定的其余导叶开度，做同样的测试，得到每一个导叶开度下的一系列试验数据；最后根据上述试验数据整理绘制相应光滑曲线，即得到该水轮机模型的特性曲线。水轮机模型气蚀试验用来测量水轮机在不同运行工况下的气蚀系数，此系数用来合理确定水轮机的安装高程和选择运行工况，使水轮机转轮避免气蚀破坏。

水轮机的特性曲线可分为线性特性曲线和综合特性曲线。

（1）线性特性曲线是在转轮直径、导叶开度、水头和转速 4 个自变量中，取其中 3 个为常数，绘制的剩余一个自变量与其他特征参数之间的关系，如反映效率与流量、效率与功率之间关系的工作特性曲线等等。由于水轮机的工作参数很多，反映其关系的线性特性曲线很多，且每种曲线包含的信息有限，所以，常用能包含更多信息的综合特性曲线来描述水轮机特性。

（2）综合特性曲线是在两个参数为常数的情况下的水轮机各参数与两个自变量参数之间的关系曲线，它可以分为模型综合特性曲线和运转综合特性曲线。其中模型综合特性曲线是转轮直径 $D_1 = 1m$，水头 $H = 1m$ 时，以单位参数 n_1' 和 Q_1' 为纵坐标和横坐标而绘制的几组等值线，如图 9.13 和图 9.14 所示。对于混流式水轮机，水轮机模型综合特性曲线包括等效率线，在同一条线上，效率 η 等于常数；导叶（针阀）等开度线，同一条线上，水轮机开度 $a_0 =$ 常数；等气蚀系数线，同一条线上，水轮机气蚀系数 $\sigma =$ 常数，如图 9.13 所示。对于轴流转桨式水轮机，除了前述等值线，还有等转角线，在同一条线上水轮机叶片的安放角度 $\varphi =$ 常数，如图 9.14 所示。

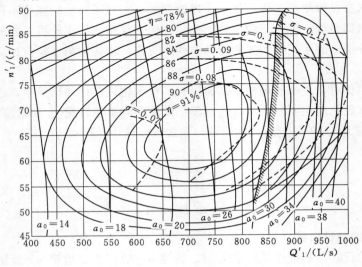

图 9.13　HL180 - 46 水轮机模型综合特性曲线

（试验条件：模型转轮直径 460mm，试验水头 4m）

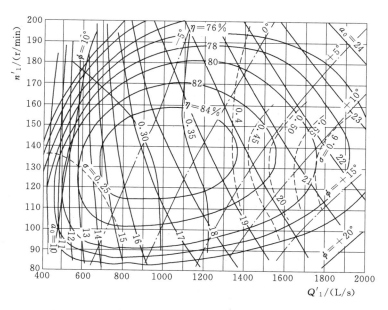

图 9.14 ZZ660—19.5 水轮机模型综合特性曲线
（试验条件：模型转轮直径 195mm，试验水头 1.5m）

运转综合特性曲线是转轮直径 D_1 和转速 n 为常数时，以水头 H、出力 N 为纵横坐标而绘制的等效率线、等吸出高度线和出力限制线，如图 9.15 所示。它常用来指导水电站中原型水轮机的运行，对于已建成水电站的水轮机而言，其转轮直径 D_1 和转速 n 都是固定不变的。

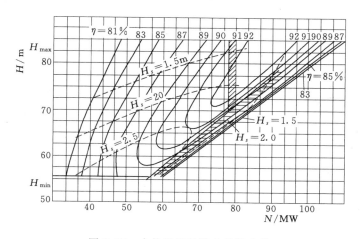

图 9.15 水轮机运转综合特性曲线

9.1.5 水轮发电机的工作原理和类型

9.1.5.1 水轮发电机的工作原理

水轮发电机是将水轮机传递来的旋转机械能转变为电能的机器。大中型水电站的水轮发电机组都使用三相同步发电机。水轮发电机由定子、转子、支承结构和冷却系统 4 部分组成。定子和转子之间留有适当间隙，称为空气隙或气隙。定子铁芯上有齿和槽，在槽内内嵌布置三相双层绕组（即电枢绕组）；转子上装有磁极和直流励磁绕组。在直流励磁绕组通直流电流后，转子上的磁极便产生了磁场。在机组发电运行过程中，水轮机驱动转子旋转，产生旋转磁场，定子中的三相绕组线圈与磁场便发生相对运动，切割磁力线，在定子绕组线圈上感应出电动势，当定子绕组线圈接通用电设备时，定子绕组线圈中则产生三相交流电流，发出电能。水轮发电机发出的是随时间变化的交流电，其频率 f 为

$$f = \frac{pn}{60}(\text{Hz}) \tag{9.17}$$

式中：p 为转子上的磁极对数，对；n 为机组转速，r/min。

对于每一个水轮发电机组，其磁极对数是常数，显然机组发出的交流电的频率 f 正比于机组的转速 n。对于大中型水电站，它等于水轮机的转速。我国规定交流电频率为 50Hz，与同步发电机直接相连的水轮机必须有相应的固定转速，即同步转速。例如，若发电机磁极对数 $P=10$，则要求机组的同步转速 $n=300\text{r/min}$。

9.1.5.2　水轮发电机的类型

水轮发电机按其轴线位置可分为立式布置和卧式布置两类。大中型机组一般采用立式布置，卧式布置通常用于中小型机组及贯流式机组。立式布置的水轮发电机，按其推力轴承位置不同，可分为悬式和伞式两大类。悬式水轮发电机的推力轴承布置在发电机转子上方的上机架上，如图 9.16 所示。伞式水轮发电机的推力轴承布置在发电机转子下方的下机架上或水轮机顶盖上，如图 9.17 所示。根据发电机导轴承的设置情况，伞式水轮发电机

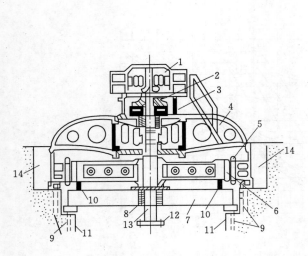

图 9.16　悬式水轮发电机

1—励磁机；2—推力轴承；3—上导轴承；4—上机架；
5—定子绕组；6—转子；7—下机架；8—下导轴承；
9—固定螺栓；10—制动闸；11—机座；
12—法兰盘；13—主轴；14—通风道

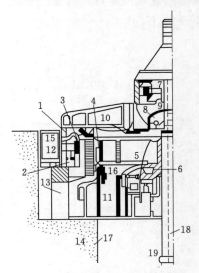

图 9.17　伞式水轮发电机

1—定子；2—定子铁芯；3—定子绕组；4—转子磁极；
5—转子；6—推力轴承；7—励磁机；8—副励磁机；
9—接触环；10—上机架；11—下机架；12—空气
冷却器；13—定子基础板；14—下机架基础；
15—引出体；16—制动器；17—机座；
18—主轴；19—法兰盘

又分为普通伞式、半伞式和全伞式 3 种。普通伞式水轮发电机有上导轴承及下导轴承；半伞式水轮发电机有上导轴承，无下导轴承；全伞式水轮发电机无上导轴承，有下导轴承。上机架、下机架、推力轴承及导轴承是机组的支承结构，它们承担机组的重量、轴向水推力、水平方向的不平衡力及扭矩等荷载，起固定机组的作用。

转速在 150r/min 以上的水轮发电机组多采用悬式，其优点是机组径向机械稳定性较好，推力轴承损耗小，装配方便，运行稳定性好；缺点是机组高度较高，消耗钢材多。

伞式发电机适用于转速在 150r/min 以下的机组，其优点是机组高度低，可降低厂房高度，节省钢材；缺点是推力轴承损耗大，安装、抢修和维护不方便。

按照发电机冷却方式的不同，水轮发电机可分为空冷式和水冷式等几种。国产大、中型水轮发电机绝大多数均为封闭自循环空气冷却。封闭自循环空气冷却按空气循环方式可以分为径向和轴向两种通风方式。径向通风方式中，转子轮辐旋转所产生的风压使冷空气经转子铁芯、定子铁芯的通风沟和冷却器形成两个循环回路。轴向通风方式中，空气沿定子、转子间隙自上而下流过，有时轴向还设有通风沟，增加散热通道。水冷式水轮发电机，按其冷却部位的不同，又分为双水内冷、半水内冷和全水内冷 3 种方式。如把经过专门水质处理的冷却水通入转子和定子的空心绕组内，从而带走绕组的发热量，则称为双水内冷。如果仅在定子绕组中通水冷却，而转子仍然用空气循环冷却，则称半水内冷。如果在定子绕组、转子绕组、定子的铁芯、定子铁芯压板以及推力瓦中通水冷却，则称为全水冷。

9.2 水电站的类型和典型布置

水电站是水力发电站的简称，又称水电厂，是为了利用水能作为原动力来生产电能的一系列建筑物和机电设备组成的综合工程设施。它包括为利用水能生产电能而兴建的一系列水工建筑物及装设的各种机械、电气设备。其水工建筑物集中天然水流的落差形成水头，汇集、调节天然来水的流量，将水流输送到水轮发电机组，然后由机组将水能转换为电能，通过变压器、开关站和输电线路送入电网，供用户使用。满足水力发电要求的水工建筑物，以及以防洪、灌溉、航运、过木、过鱼等综合利用为目的的其他建筑物的综合体，称水电站枢纽或水利枢纽。

水电站可以按不同方法和标准进行分类。

按水头可以分为高水头、中水头和低水头水电站。水头大于 70m 的属于高水头水电站；水头在 30～70m 范围的，属于中水头水电站；水头小于 30m 的，属于低水头水电站。

以总装机容量为划分标准，水电站可以分为 5 种类型：大（1）型，大于等于 120 万 kW；大（2）型，30 万～120 万 kW；中型，5 万～30 万 kW；小（1）型，1 万～5 万 kW；小（2）型，小于 1 万 kW。位于长江中游的三峡水电站装有 32 台单机容量为 70 万 kW 和 2 台单机容量为 5 万 kW 的水轮发电机组，总装机容量 2250 万 kW，是世界上总装机容量最大的水电站；位于巴西和巴拉圭交界的巴拉那河流上的伊泰普水电站装有 20 台单机容量为 70 万 kW 机组，总装机容量为 1400 万 kW，是世界上装机规模第二大水电站；位于长江上游的金沙江溪洛渡水电站装有 18 台单机容量 77 万 kW 的巨型水轮发电机组，总装机 1386 万 kW，是全世界装机规模第三大水电站；正在开工建设中的位于长江上游的金沙江白鹤滩水电站，安装 16 台单机容量为 100 万 kW 的水轮发电机组，总装机容量为 1600 万 kW，建成后将取代伊泰普水电站，成为世界上第二大水电站。以上提到的这几座水电站都属于巨型或者特大型水电站。

按水库是否能进行径流调节，分为无调节（亦称为径流式）水电站和有调节水电站。能借助大坝和水库将河流的天然来水在时间、数量和地区上重新进行分配的有径流调节能力水电站，又可按调节周期的长短，分为日调节、年调节和多年调节水电站。

根据机组在电网中担任负荷的种类和发挥的作用，水电站可以分为基荷、腰荷和峰荷 3 大类。径流式水电站一般担任基荷运行；年调节和多年调节水电站常用来担任峰荷运行。年调节和多年调节水电站在电网中能很好地发挥调峰、调频作用，对保障电网的供需平衡，提高供电质量，起很好的作用。

按其组成建筑物及其结构特点，水电站可以分为坝式水电站、河床式水电站和引水式水电站，分别介绍如下。

9.2.1 坝式水电站

坝式水电站利用大坝集中落差形成水头，是最常见的水电站型式。这种水电站一般建在河流中、上游的高山峡谷中，所集中水头的高低取决于坝址和库区的地形、地质条件、筑坝材料和技术条件、库区淹没情况以及国民经济发展的需要。按照大坝和水电站厂房的相对位置，可以有不同的布置方式。水电站厂房位于挡水建筑物的非溢流坝下游坝趾处的水电站，称为坝后式水电站，它是水力发电工程中最常见的型式。南水北调中线工程的水源地湖北汉江上的丹江口水电站就是一座典型的坝后式水电站，其布置如图 9.18 和图 9.19 所示。长江三峡水电站也属于这种布置型式。

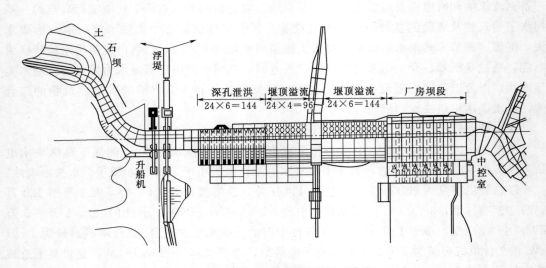

图 9.18　坝后式水电站平面布置图（单位：m）

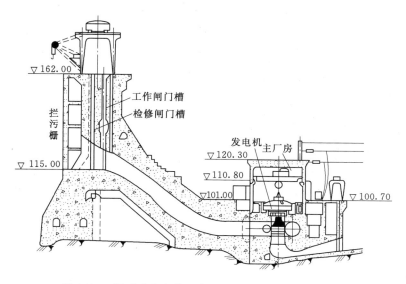

图 9.19 坝后式水电站厂房、大坝剖面图（单位：m）

当电站机组较多、坝趾处河谷狭窄，溢流坝和水电站厂房像图 9.18 那样并排布置受空间限制时，可采用挑越式水电站，将厂房布置在溢流坝下游，泄洪时溢流水舌挑射越过厂房顶部，落入下游河道，如图 9.20 所示的贵州省乌江渡水电站；或者采用厂房顶溢流式水电站，其厂房顶部兼做溢洪流道，宣泄洪水，如图 9.21 所示浙江省新安江水电站；当坝趾处河谷狭窄，泄洪流量很大，而且工程的空腹混凝土大坝里面的空腔尺寸足够大时，可将厂房布置在坝体空腹内，构成坝内式水电站，以解决枢纽布置的困难，如图 9.22 所示的江西上犹江水电站。

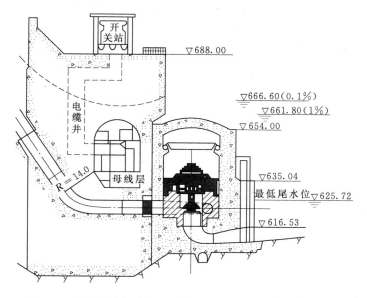

图 9.20 贵州省乌江渡水电站挑越式厂房剖面图（单位：m）

173

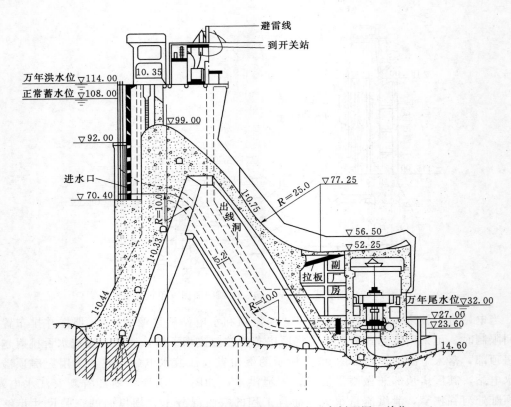

图 9.21 浙江省新安江水电站厂房顶溢流式厂房剖面图（单位：m）

挡水建筑物为土石坝的水电站，厂房可布置在大坝下游的河岸上，由穿过坝肩山体的隧洞向机组输水。当厂房位于土石坝坝趾时，由通过坝基的引水道供水，不能采用穿过坝体的钢管供水。

9.2.2　河床式水电站

厂房位于河床内、与大坝并列布置，厂房本身也是挡水建筑物，起挡水和集中水头作用的水电站称为河床式水电站，如图 9.23 所示。这种水电站多位于河流的中、下游，水头较低，流量较大，其泄水建筑物一般布置在河床中部，厂房和船闸分别布置在河道两边，靠近河岸。为了减少汛期泄洪水流对电站发电的影响，在泄水闸和厂房之间设导墙将二者隔开。如果泄水闸和厂房都很长，布置空间不够时，可采用将厂房段分散布置在闸墩中的闸墩式厂房，如位于宁夏的黄河上的青铜峡水电站；或采用在厂房下部蜗壳与尾水管之间布置泄洪孔的泄水式厂房（亦称为混合式厂房），我国长江中游的葛洲坝水电站属于这类电站，如图 9.24 所示。

9.2.3　引水式水电站

引水式水电站多用于小流量、大坡降河流的中、上游或者跨流域开发中。这种水电站的引水道较长，并用来集中水电站的全部或者大部分水头。引水道采用有压流输水的，叫有压引水式水电站；引水道采用有自由水面的无压流（亦称为明流）输水的叫无压引水式水电站。

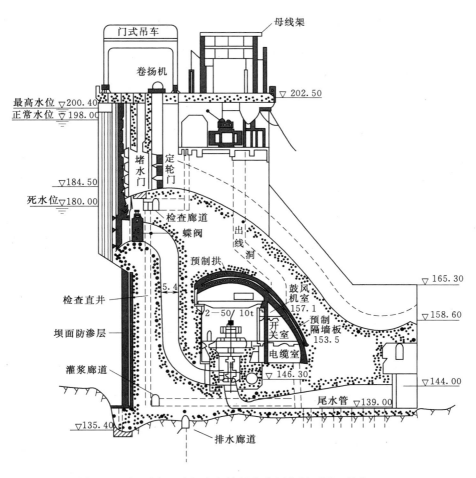

图 9.22 江西省上犹江水电站坝内式厂房剖面图（单位：m）

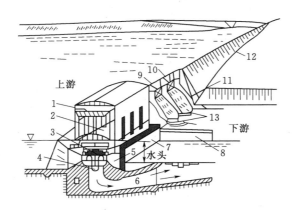

图 9.23 河床式水电站布置示意图

1—起重机；2—主机房；3—发电机；4—水轮机；5—蜗壳；6—尾水管；
7—水电站厂房；8—尾水导墙；9—闸门；10—桥；11—混凝土溢流坝；
12—非溢流坝；13—闸墩

175

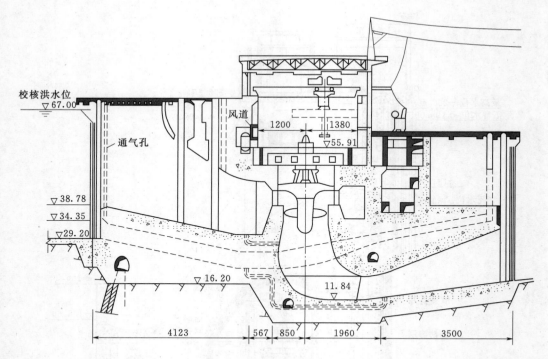

图 9.24　泄水式厂房剖面图

图 9.25　有压引水式水电站示意图

有压引水式水电站的引水道一般为有压输水隧洞，厂房布置在引水道末端的地面上，如图 9.25 所示。这种水电站的枢纽建筑物有水库、拦河坝、泄水道、水电站进水口、有压输水隧洞、调压室、压力管道、厂房、变电站、开关站及尾水渠。有时引水式水电站的厂房布置在地下，成为引水地下式厂房。地下式厂房可以布置在输水系统的头部、中部或尾部，具体采用哪种布置方式，取决于站址处的地形、地质和水头等条件。

无压引水式水电站的引水道一般为渠道或有自由表面的无压输水隧洞，在渠道末端和厂房之间设置压力前池，以便布置压力管道，向机组供水，如图 9.26 所示。当引水渠道较长，水电站的负荷变动幅度较大，且厂房附近有合适地形时，可以建造日调节池，它可以降低整个输水系统的造价，并改善电站的运行条件。但是，如果水流中含泥沙，日调节池容易被淤积。

从图 9.25 和图 9.26 可以看出，利用水能生产电能并兼顾防洪、灌溉、供水等其他用途的水电站枢纽，是多种水工建筑物的综合体，其每一种建筑物均有特定的功能，而且相互之间有一定的联系。下一节对水电站的主要组成建筑物分别作简要介绍。

图 9.26 无压引水式水电站示意图

9.2.4 小型水电站

世界上各个国家和地区定义小型水电的标准有所不同。我国把单站总装机容量在 5 万 kW 及以下的水电站归类为小型水电站，简称小水电。在俄罗斯，小水电是指单站总容量 3 万 kW 以下的水电站；在美国，不同的州对小水电的归类标准差别很大，范围从 0.5 万 ~10 万 kW 不等；欧盟小水电协会将单站总装机容量 1 万 kW 以下的水电站归类为小水电。尽管各国对小水电的归类标准不一样，但对于小水电在促进社会经济发展，提供清洁电力，替代节约化石能源，减少温室气体和烟粉尘的排放，能同时发挥经济效益和环境效益等方面的价值判断以及正面作用的认知是不约而同的。

9.2.4.1 我国小水电发展的简要历程

1912 年建成发电、总装机容量 480kW 的石龙坝水电站是我国最早的水电站。它位于云南省昆明市西山区海口镇石龙坝，至今仍正常运转。当年历时一年半建成，耗资 50 余万元，两台单机容量 240kW 的发电机组均从国外进口。

小水电在中国 100 多年的发展历程，可以分为几个阶段。新中国成立前，我国小水电发展缓慢。从新中国成立到 1983 年，我国小水电事业不断发展壮大，但步子仍不够快。改革开放以来，特别是 1983 年，在中央政策支持和资金扶持下，农村水电初级电气化试点建设工作的启动，使我国小水电建设跃上了一个新台阶：在全国范围内小水电成为 600 多个县的供电主力，形成了 40 多个区域电网；建成了一批电气化县，使得这些县的户通电率从 1980 年不足 40%，提高到 2015 年的 99.9%，户均生活用电量从不足 20kW·h，提高到 1200kW·h。除了华东勘测设计研究院、成都勘测设计研究院、中南勘测设计研究院、西北勘测设计研究院、昆明勘测设计研究院、贵阳勘测设计研究院、北京勘测设计研究院、东北勘测设计研究院、长委勘测设计研究院、黄委勘测设计研究院、珠委勘测设计研究院以及中水北方勘测设计研究院等大型国家级水利水电设计研究院，我国绝大多数省级水利类设计院也能开展包括小水电在内的水电勘测、规划和设计工作。目前，我国在小水电设计、施工、设备制造和运行管理等方面，都处于世界领先行列。

到 2015 年年底，我国已经建成 47000 多座小水电站，装机容量 7500 万 kW，提前 5 年达到了我国能源发展规划中 2020 年全国小水电装机容量达到 7500 万 kW 的目标。我国已先后为 30 多个国家提供了小水电技术咨询和服务，为发展中国家培训了一大批小水电技术骨干；同时，也带动了我国小水电的设备出口和劳务输出。

9.2.4.2　小水电的特点和综合效益

小水电是一种绿色、可再生能源，它利用水的能量生产电力，只消耗水的势能与动能，不使用燃料。在发电过程中，水的体量和化学性质都不发生改变。与火电站、核电站、风力发电站以及太阳能光伏电站的单一发电为主不同，小水电除了提供清洁能源，还能产生防洪、灌溉、供水、旅游和水产养殖等多种效益。

从固定资产投资、运行和维护成本、退役成本等电站全生命周期的发电成本来看，以人民币为计量单位，小水电每千瓦时电能的成本为 0.15 元，光伏发电为 0.34 元，风力发电为 0.55 元。小水电全生命周期替代燃煤火电站减排温室气体和 PM2.5 颗粒的效益也比风力发电和太阳能光伏发电高出 1.5 倍以上。我国小水电代燃料项目的实施，解决了 400 多万农民的生活燃料，每年可减少 670 多万 m^3 薪柴的消耗，保护森林面积 1400 万亩。2015 年，全国小水电发电量为 2300 亿 kW·h，替代 7500 万 t 标准煤，减少二氧化碳排放 2.0 亿 t，二氧化硫 180 万 t，环保效益巨大。

我们定义，能源设施建设和运行全过程中能源产出与投入的比率称为能源回报率。国外研究机构得到的结论是，具有径流调节能力的水库的水电站，其能源回报率为 208～280；不具备径流调节能力的径流式水电站为 170～267；风电为 18～34；太阳能为 3～6；传统火力发电为 2.5～5.1；生物质能为 3.5。

9.2.4.3　小水电在社会经济发展中发挥的作用及其发展展望

世界各国都非常重视小水电建设，发达国家尤其如此。瑞士、法国的水电开发率达到 97%，西班牙、意大利达到 96%，日本达到 84%，美国达到 73%。世界银行、亚洲开发银行等机构都加大了对水电开发的贷款，联合国工业发展组织等国际机构也非常重视水电的开发利用。

小水电在中小河流治理和拉动地方经济发展中能发挥重要作用。小水电使我国数千条中小河流得到初步治理，3 亿多农村人口用上了电，照亮了全国 1/2 的地域、1/3 的县（市），形成了 2000 多亿 m^3 的水库库容，有效灌溉面积上亿亩。在"十二五"期间，中央投资 138 亿元，拉动小水电完成总投资 1400 多亿元，相当于国家每投资 1 元，拉动社会投资 10 元；小水电发电总收入 6000 多亿元，上缴税金 500 多亿元，为地方财政提供了稳定的来源，累积创造了 150 多万个就业岗位，在促进当地经济发展，群众增收致富，带动当地农村基础设施和公共设施的建设，改善生产和生活条件，以及增强农民的市场经济意识和创收能力等方面，做出了重要的贡献。

2009 年全国农村水能调查的结果表明，我国小水电的技术可开发总量为 1.28 亿 kW。以我国现在的技术水平、勘查手段和评价标准，实际总量会更大。到 2015 年，我国小水电的开发率按装机容量统计为 58.6%；按发电量统计为 43%。我国的小水电开发程度与发达国家相比，还有很大的发展空间。近些年来，在总结过去几十年中小水电发展经验的基础上，通过以下措施我国小水电事业步入了健康有序发展的轨道：对老旧小水电进行增效扩容改造，以及采取老旧小水电、新建小水电增设生态机组、设置生态放水管、开展梯级联合调度；科学规划中小河流的水能资源开发利用，凡是涉及国家和地方保护、珍稀濒危或特有水生物的河段，都不再规划新建小水电项目；强化政府监管职能等措施。

此外，随着全球国际化程度的提高，以及各国对节能减排的日益重视，东南亚、非洲、南美等地区很多国家在开发利用其丰富的水电资源时，有巨大的技术、资金和劳务需求，这也为我国包括小水电在内的水电企业走向国际市场提供了良好的机遇。

9.3　水电站主要组成建筑物

9.3.1　挡水建筑物和泄水建筑物

水电站的挡水建筑物的功能是拦截河流，集中落差，形成水库，常见的建筑物为大坝，也有用水闸作为挡水建筑物的。泄水建筑物用来宣泄洪水；或放水供下游灌溉、供水、航运等不同部门使用；或放水以降低水库水位。泄水建筑物可以是位于水库山坳的溢洪道、山体中的泄洪隧洞、坝体上的放水底孔等。有关挡水建筑物和泄水建筑物的具体内容，在第3章和第4章中已作了介绍，也可以查阅参考文献[1]、参考文献[2]、参考文献[20]等相关资料。

9.3.2　进水建筑物

水电站进水建筑物的功能是按照水电站的负荷要求，将发电用水引入引水道，如隧洞或者渠道。它位于整个输水系统之首，其位置、形状、尺寸和高程应满足以下要求：

足够的进水能力：在任何工作水位下都能够引进所需的流量，其结构应能避免因结冰、淤积、污物堵塞或出现吸气旋涡而影响过流能力。

水头损失小：进水建筑物应流道平顺，位置合适，有足够的尺寸以减小流速，从而减少水头损失。

流量可控制：进水建筑物必须设置闸门，以便在事故时紧急关闭，截断水流，或者在输水道检修时，截断水流。如图9.26所示的无压引水式水电站渠道或者无压隧洞中的流量也由进口闸门控制。

满足水工建筑物的一般要求：有足够的强度、刚度和稳定性，结构简单，便于施工和运行维护，造价低。

水电站的进水建筑物可分为无压进水口和有压进水口两类，前者引用水库或河流的表层水，其后与无压流道相连；后者设在水面以下，以引深层水为主，其后连接有压隧洞或压力管道。

（1）无压进水口。无压进水口多用于无压引水式的小型水电站，如图9.26所示，偶尔也用在低坝水库的有压引水式水电站。由于河流中的回流会使浮污聚集在河的凸岸，弯曲河道过流横断面上的环流会将河底泥沙带向凸岸，因此进水口的位置应选在河流弯曲段的凹岸。可通过设拦沙坎、沉沙池、冲沙孔或冲沙廊道等结构防止泥沙进入引水道和机组。

进水口应设拦污栅，以防止漂木、树枝、杂草、垃圾、浮冰等漂浮物随水流进入进水口。通过定期进行的人工清污或者机械清污，防止这些漂浮物堵塞进水口、影响进水能力，避免拦污栅因其前、后压差太大而损坏。在漂浮污物多的水电站，进水口可设两道拦污栅，一道吊出清污时，另一道拦污，以保证连续向机组供水；或者在离进水口几十米之外，设拦污浮排、胸墙等结构，拦截粗大的漂浮物，将其导向溢流坝，排到下游，以减小进水口拦污栅的压力。

（2）有压进水口。有压进水口是水电站使用最多的进水建筑物，为了防止被淤塞，其底部应高于设计淤积高程，如无法满足此要求，则应在其附近设置排沙孔或冲沙廊道。有压进水口的顶部应淹没在水库死水位以下一定深度，以防止出现吸气旋涡和保证有压引水道中不发生真空。此外，有压进水口应根据使用条件，设置拦污栅、闸门、启闭机、通气孔、冲水阀和拦污栅前后压差监视设备。通气孔在充水时排除压力引水道中的空气；在关闸断流时，向压力输水道补气，以防止出现真空。

按照结构特点，有压进水口可以分为以下7类。

（1）闸门竖井式进水口。这种进水口适用于隧洞进口的地质条件较好、便于对外交通、地形坡度适中的情况。它充分利用了岩石的作用，钢筋混凝土工程量较少，是一种既经济又安全的结构形式，因而应用广泛。但引用流量太大时，采用这种进水口，其拦污栅的布置较困难。

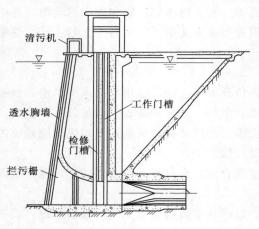

清污机
透水胸墙
检修门槽
拦污栅
工作门槽

图 9.27　塔式进水口

（2）塔式进水口。塔式进水口的进口段和闸门段组成一个塔形结构立于水库边，通过工作桥或水上交通与岸边相连，如图 9.27 所示，适用于岸坡附近地质条件较差或地形平缓，从而不宜采用闸门竖井式进水口的情况。当地材料坝的坝下涵管也常采用这类进水口。因其抗震性能较差，地震剧烈地区、基础地质条件较差时不宜采用。如果这种进水口的塔身背靠岸坡布置，兼作岸坡的支挡结构，而闸门设在其塔形结构中，则称其为岸塔式进水口。

（3）岸坡式进水口。岸坡式进水口又称为斜卧式进水口，其结构连同闸门门槽、拦污栅槽贴靠倾斜的岸坡布置，以减小或免除山岩压力，同时使水压力部分或全部传给山岩承受，这种进水口使用不多。

（4）坝式进水口。坝式进水口的进口段和闸门段常合二为一，依附在坝体的上游面，与坝体形成一个整体，其形状也随坝型不同而异；适用于各种混凝土坝。当水电站的压力管道埋设在坝体内时，只能采用这种进水口，在坝后式和坝内式厂房使用很多。

（5）河床式进水口。河床式进水口是厂房坝段的组成部分，它与厂房结合在一起，兼有挡水作用，适用于设计水头在 40m 以下的低水头大流量河床式水电站。这种进水口的排沙和防污问题较为突出，一般可通过在进水口前缘坎下设置排沙底孔、排沙廊道等排沙设施，减少通过机组的粗沙。

(6) 分层取水进水口。对于深度大于 10m，年来水总量与水库总容积之比小于 10，正常高水位时库区水面的平均宽度小于此水位对应的水库最大深度的 70 倍时，水库的水温会呈稳定的分层分布状态。在冬季，水库深层水体的温度高于下游河道的天然水温；在夏季，水库深层水体的温度低于下游河道的天然水温。如果下游的生态环境保护和农业灌溉要求电站尾水尽可能少地改变河道的天然水温和水质，应研究采用分层进水口的必要性，以适应不同季节、不同水位都能引用水库表层水的要求。

分层取水进水口有以下两种型式：①在水库不同高程分别设置进水口，通过闸门控制分层取水，适用于小型水电站；②叠梁闸门控制分层取水进水口，根据库水位涨落情况，适当增减取水口叠梁的数量，使水库表层水通过叠梁门顶部进入输水道，中低层的水体则被叠梁挡住，适用于大中型水电站，但水头损失略大。

(7) 抽水蓄能电站进/出水口。抽水蓄能电站的上库和下库均设有进水口。上库进水口在发电工况时进水，水流由上库流入进水口；在抽水工况时出水，水流从进水口流出，进入上库。由于抽水蓄能电站在抽水和发电运行时，其上库的进水口和出水口是合二为一的，故称为上库进/出水口；下库进水口的情况与之相反，称为下库进/出水口。

抽水蓄能电站常用两种型式的进出水口：侧式进/出水口，如图 9.28 所示；竖井式进/出水口，如图 9.29 所示。侧式进/出水口的纵轴线是水平（或基本水平）的，水流从进/出水口水平地流进或流出水库，这类进/出水口在抽水蓄能电站中应用很多。竖井式进/出水口在抽水蓄能电站中的使用没有侧式进/出水口多，一般只用于上库。竖井式进/出水口的优点是结构紧凑，工程量较小，在岸边的开挖量很少，施工时可以较早地进行开挖。

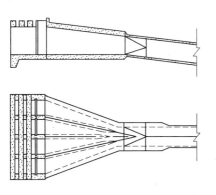

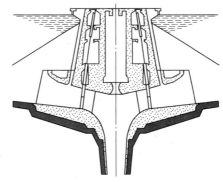

图 9.28 侧式进/出水口　　　　　　图 9.29 竖井式进/出水口

9.3.3 引水和尾水建筑物

水电站的引水建筑物是位于进水建筑物和水轮发电机组之间的输水道，其功能是将发电用水输送到水轮机。引水式水电站的引水道还用来集中落差，形成水头。水电站的尾水建筑物是水轮发电机组尾水管出口到下游河道之间的输水建筑物，用来将发完电的水流排到尾水渠或下游河道。引水建筑物和尾水建筑物统称为水电站的输水系统，其常见的结构形式有渠道、隧洞、管道，包括渡槽、涵洞、管桥和倒虹吸等交叉建筑物，其中以渠道和隧洞应用最多。

渠道多用于中、小型水电站，在引水道和尾水道中都可以使用。给水轮发电机组供水的渠道叫动力渠道，它有时也兼有灌溉、航运和供水等综合利用的功能，要求有足够的输水能力，其堤顶在水面线以上有足够的超高，以适应机组流量的变化。通过设置拦污、排冰及防沙等结构，能够防止有害污物或者泥沙从渠首或其沿线进入引水道。渠道的流速应大于不淤积流速而小于不冲刷流速。如果渠道中的流速大于 0.6m/s，水深大于 1.5m，则可抑制水草在渠道中生长，有利于保持过水能力。渗漏既损失水量，又危害渠道的安全，应通过工程措施，如护面等，加以控制。

发电隧洞包括引水隧洞和尾水隧洞，与渠道相比，隧洞有以下优点：线路短，避开沿线不利的地质、地形条件；有压隧洞能快速适应机组流量的变化和库水位的升降；沿途无污染物进入水道，不受冰冻影响；不占地面；运行安全可靠。随着施工机械化和设计及施工技术的发展，隧洞在大中型水电站中的应用越来越广泛。常见的隧洞横断面形状有圆形、方圆形（又叫城门洞形或圆顶直墙形）、马蹄形和高拱形。为了便于施工，其横断面尺寸至少宽 1.5m、高 1.8m，圆断面隧洞的内径不小于 1.8m。

动力渠道和发电隧洞的断面尺寸应通过动能经济计算来确定。

9.3.4 平水建筑物

平水建筑物的功能是平稳或抑制由于水电站负荷发生变化，在引水道或尾水道中造成流量、压力（明渠中为水深）过大幅度的变化，如有压输水道中的调压室，无压引水道中的压力前池等。压力前池位于引水道的末端，由无压引水道扩大加深而成。

水电站的进水建筑物、引水及尾水建筑物和平水建筑物统称为输水系统。

当水电站采用有压输水系统向水轮发电机组供水，其引水道或者尾水道的长度超过某一数值后，为了避免在机组负荷和流量发生变化时，输水道的压强变化和机组的转速变化超过允许范围，可采用以下设施平抑水锤压力，控制机组的转速上升率：调压室、调压阀、折向器和针阀，或变顶高尾水洞。

9.3.4.1 调压室

调压室的主要作用是利用调压室的自由水面反射水锤波，缩短压力管道的长度，减少管道中的水流惯性，从而减小压力管道、水轮机的水锤压力，改善水轮机在负荷变化时的运行条件，提高系统供电质量。

我国的水利技术规范规定，在初步设计阶段，可由下列压力水道的水流惯性时间常数 T_w 初步判断引水道是否需要设置调压室（简称为上游调压室）。当 $T_w > 2 \sim 4s$ 时，应考虑设置调压室，高水头水电站取小值，低水头水电站可取大值：

$$T_w = \frac{\sum L_i V_i}{g H_r} \tag{9.18}$$

式中：T_w 为压力水道的水流惯性时间常数，s；L_i 为上游压力水道、蜗壳的长度，如有分岔管时，可按最长的一支管道考虑，m；V_i 为相应管段内的平均流速，m/s；H_r 为额定水头，m。

判断设置下游调压室的必要性，可初步按下式计算不设置下游调压室的尾水道的临界长度。当水电站的有压尾水道长度小于此临界长度时，可以不设尾水调压室。

$$L_w = \frac{5 T_s}{V} \left(8 - \frac{\nabla}{900} - \frac{V_d^2}{2g} - H_s \right) \tag{9.19}$$

式中：L_w 为压力尾水道的长度，m；T_s 为水轮机导叶关闭时间，s；V 为机组稳定运行时压力尾水道中的流速，m/s；∇为水轮机的安装高程，m；V_d 为尾水管进口平均流速，m/s；H_s 为水轮机吸出高度，m。

调压室的种类很多，如图 9.30 所示，可根据电站的具体情况，合理选用。

（1）简单式调压室。如图 9.30（a）、（b）所示。前者结构形式简单，反射水击波的效果好，但是在正常运行时隧洞与调压室连接处的水头损失较大，当流量变化时调压室中水位波动的振幅较大，衰减较慢，所需调压室的容积较大，因此一般多用于低水头或小流量的水电站；后者的连接管面积稍大于或者等于调压室底部输水隧洞的过流面积，可减少水流通过调压室底部的水头损失。

（2）阻抗式调压室。底部用面积小于压力水道断面的孔口或者连接管连接压力水道的调压室，如图 9.30（c）、（d）所示。由于阻抗孔口使水流进出调压室的阻力增大，消耗了一部分能量，在同样条件下水位波动的振幅较简单式调压室小，衰减快，因而所需调压室的体积小于简单式，正常运行时水流通过调压室底部流道时的水头损失小。

（3）水室式调压室。水室式调压室是由一个横断面面积较小的竖井和横断面面积扩大的上室、下室或上下两个室组成，如图 9.30（e）、（f）所示。同时具有上室和下室的水室式调压室又称为双室式调压室。适用于水头较高和水库工作深度较大的水电站，宜做成地下结构。

（4）差动式调压室。差动式调压室由大、小两个竖井和阻抗孔组成。小竖井通常称为升管，其上有溢流口，可以与大竖井布置成同心结构，二者之间设较多支撑，其底部以阻力孔口与外面的大井相通，如图 9.30（g）所示，这种调压室也可采用如图 9.30（h）、（i）所示的小竖井布置在大井一侧或者大井之外的结构型式。当要求反射水锤充分、水位涌浪衰减迅速时，多采用差动式调压室。

（5）气垫式调压室。气垫式调压室是一种将自由水面之上空间做成气压高于大气压力的密闭气室的调压室，又称为压气式调压室、空气制动式调压室、封闭式调压室。它利用密闭气室中空气的压缩和膨胀，来制约调压室中的水位高度，减小调压室水位波动的振幅。在表层地质地形条件不适于做常规调压室，或通气竖井较长、造价较高的情况下，气垫式调压室是一种可供考虑选择的型式。这种调压室多用于高水头、地质条件好、深埋于地下的水道，典型布置如图 9.30（j）所示。

（6）溢流式调压室。溢流式调压室的顶部有溢流堰，如图 9.30（k）所示。这种调压室的水位波动幅度小，波动衰减较快。如果调压室附近有条件安全地布置泄水道，可考虑采用这种调压室。

（7）组合式调压室。根据电站的具体条件和要求，吸收上述两种或者两种以上基本类型调压室的特点，组合而成的调压室，如图 9.30（l）所示。其结构形式和水位波动过程比较复杂，多用于要求波动衰减比较快的抽水蓄能电站。

9.3.4.2　调压阀

调压阀一般用于中、小型水电站，它是一种旁通过流设备。水电站调压阀的孔口开度和水轮机的导叶开度由调速器统一控制。调压阀安装在反击式水轮机的蜗壳上适当部位，在机组丢负荷时，调速器快速关闭水轮机导叶，同时逐步开启调压阀，在导叶关闭终了后

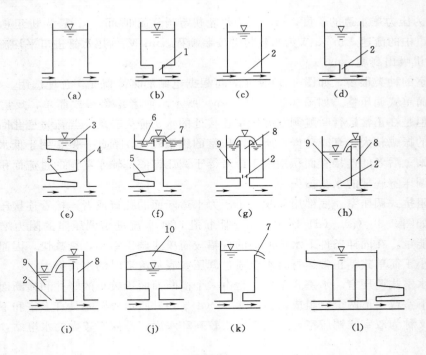

图 9.30 调压室的基本型式

(a)、(b) 简单式调压室；(c)、(d) 阻抗式调压室；(e) 水室式调压室；(f) 溢流式调压室；
(g)、(h)、(i) 差动式调压室；(j) 气垫式调压室；(k) 溢流式调压室；(l) 组合式调压室
1—连接管；2—阻抗孔；3—上室；4—竖井；5—下室；6—储水室；
7—溢流堰；8—升管；9—大室；10—压缩空气

再以缓慢的速度关闭调压阀。在这种操作方式下：一方面，由于水轮机导叶以较快的速度关闭，在很短的时间内截断了流向水轮机转轮的水流，停止提供机组旋转所需的能量，因此将机组转速升高控制在允许范围内；另一方面，由于在导叶关闭的同时调压阀逐步开启泄流，达到最大开度和过流能力后，保持一定时间，而后再缓慢关闭，这样就减小了压力水管中流速变化梯度，从而保证水锤压强在允许范围内。调压阀只能在丢弃较大负荷时起作用，在增加负荷和丢弃小负荷时都不起作用。

9.3.4.3 变顶高尾水洞

当地下式水电站采用首部或中部开发方式，其尾水道的长度在 600m 左右，且下游水位变幅大时，采用变顶高尾水洞代替尾水调压室作为调压设施可能是有利的。变顶高尾水洞的特点是它的流道顶部以某一坡度上翘，在下游低水位发电时，变顶高尾水洞中的无压明流段长，有压满流段短，这样机组甩负荷产生的负水锤压强就小；在下游高水位发电时，虽然变顶高尾水洞中有压满流段的长度较长，甚至尾水洞全部呈有压流动状态，负水锤压强较大，但此时水轮机的淹没水深也较大，有压满流段的平均流速较小。上述正负两方面的作用相互抵消，使得机组甩负荷时所产生的尾水管进口断面真空度仍能控制在要求的范围之内，保证机组安全运行，因此变顶高尾水洞实际上起到了类似下游调压室的作用。

9.3.4.4 折向器和针阀

如果电站使用的是冲击式机组，可在压力管道末端和水轮机转轮之间用折向器和针阀来控制水锤。折向器安装在冲击式水轮机针阀的喷嘴出口处，在机组丢弃负荷时，它快速动作，偏折喷嘴的射流使之离开转轮，以防止机组转速升高过大；针阀则可采用较慢的速度关闭，以有效降低水锤升压，使机组转速和水锤升压同时满足调节保证计算要求。

9.3.5 发电、变电和配电建筑物

发电、变电和配电建筑物包括厂房、变压器场和开关站，统称为厂区枢纽。厂房是将水能转换成机械能，进而转换为电能的场所，是建筑物和机械电气设备的综合体，包括主厂房和副厂房，前者安放水轮发电机组及与之关系密切的控制设备；后者安放其他监控设备或作为工作场所。厂房的位置和结构形状、尺寸应能将水流平顺地引入和引出机组，为水力发电所需的各种必要的机械、电气设备提供合适的空间，并为这些设备的安装、运行和检修提供方便的条件，也为运行人员创造良好的环境。厂房的种类非常多，适用条件各不相同，更具体的内容，可参考相关文献资料。

在布置发电、变电和配电建筑物时，应综合考虑以下因素：枢纽总体布置情况、厂区的地形和地质、施工检修、运行管理、耕地占用、环境保护等。

9.3.6 其他建筑物

其他建筑物包括过船、过筏、过鱼、拦沙、排沙等专门建筑物。寒冷地区的水电站，还要考虑排冰的建筑物。

9.4 抽水蓄能电站

抽水蓄能电站是以一定的水量作为能量载体，通过能量转换向电网提供电能的一种特殊形式的水力发电站。其上水库和下水库用来容蓄能量转换所需水体，利用电力系统待供的富余电能或季节性电能，将下水库的水抽到上水库，以位置势能形式储存起来，如图9.31（a）所示；在电力系统负荷高峰时或枯水季节，再将上水库的水放到下水库，驱动水轮发电机组发电并送往电网，供用户使用，如图9.31（b）所示。抽水蓄能电站的综合效率在65%～80%之间。电网中的电力通常由火电厂、水电站、核电站、风力发电站和太阳能光伏电站生产，为了保持电网频率和电压稳定在规定的范围之内，满足用户对供电质量的要求，电网中各种类型电厂运行机组的出力总和必须始终与用电负荷的总和相一致，发、供、用3个环节必须同时进行。由于用电负荷总是在不断地变化的，要求在同一个电网的发电设备的出力必须具有可调节性。与火电厂和核电站相比，抽水蓄能电站与常规水电站一样，具有启动灵活迅速，能快速跟踪响应电力系统负荷变化的特点；并且具有常规水电站所不具备的吸收电网功率的填谷功能。因此，它很适合担任电力系统的调峰、调频和事故备用功能，还具有黑启动服务能力，能有效地提高电网的供电质量和安全性。以京津唐电网为例，1986年之前，该电网主要由燃煤机组调频，频率合格率不超过81%。1993年之后，随着潘家口和十三陵等抽水蓄能电站的相继投运，该电网的频率合格率达到了99.99%。

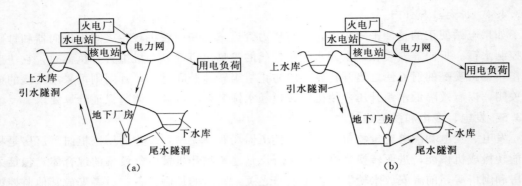

图 9.31 抽水蓄能电站原理示意图

(a) 抽水工况；(b) 发电工况

9.4.1 抽水蓄能电站的功能

一般的电网都以火电为主，利用抽水蓄能电站调峰、调频和填谷运行，可以使电网中的火力发电机组和核电站机组在高效率位置平稳运行，使之负荷均匀化，不仅节省全电网燃料的消耗，而且减少了火电机组频繁开停机及增减负荷所导致的设备磨损，提高机组的利用率和使用寿命，减少火电机组的小修次数，延长大修周期。抽水蓄能电站既能在电力系统中担任调峰、调频、备用和调相任务，又能在电网负荷低谷期间利用富余的电能抽水，起填谷作用，这是其他电厂所不具备的功能。

电力系统中无功功率不足或过剩，会造成电网电压下降或上升，影响供电质量。利用抽水蓄能机组调相运行，及时提供或吸收无功功率，可起到平衡电网无功、保持电压稳定的作用。由于抽水蓄能机组一般都靠近负荷中心，使之能更好地发挥上述作用。

近些年来，我国风力发电和太阳能光伏发电的并网装机容量迅猛增长。针对风电场和太阳能光伏发电站间歇性供电的特点，通过抽水蓄能电站和风电场、太阳能光伏发电站在电网中配合运行，调剂有无，优化调度，充分发挥抽水蓄能电站启动灵活迅速、能快速跟踪响应电力系统负荷变化以及能够调峰填谷的特点，对促进风能和太阳能这两种绿色、可再生能源的开发利用，减少化石燃料的用量和二氧化碳等气体的排放，具有重要意义。

9.4.2 抽水蓄能电站的组成建筑物

抽水蓄能电站的组成建筑物与常规水电站基本相同，包括挡水建筑物、泄水建筑物、进/出水建筑物、输水建筑物、平水建筑物、发配电建筑物和过船过木等其他附属建筑物。由于兼具抽水和发电两种功能，抽水蓄能电站需要两座水库：位置较高的上水库和位于低处的下水库，一般需建两座（组）挡水建筑物。除水库建在河流上，既有抽水蓄能机组，又有常规水轮发电机组的混合式抽水蓄能电站之外，与常规水电站相比，抽水蓄能电站中较少应用过船、过木、过鱼、拦沙和冲沙等附属建筑物。抽水蓄能电站常利用已有的天然湖泊、已经建成的水库作上水库或者下水库，以节省投资。

抽水蓄能电站运行工况多，工况转换频繁，在发电和抽水运行时，输水建筑物中的水流方向是相反的，上水库和下水库进/出水口的水流方向也是相反的，其流态比常规水电站复杂得多。

根据主厂房在输水系统中的位置，抽水蓄能电站有以下 3 种布置形式：首部式布置，其厂房离上水库较近，靠近输水系统的上进/出水口；中部式布置，其厂房位于输水系统的中部，其上、下游的输水道都比较长；尾部式布置，其厂房靠近下水库，位于输水系统的下游侧。

9.4.3 抽水蓄能电站的机电设备

早期的抽水蓄能电站核心设备由水泵机组和水轮发电机组组成，称为四机式机组。前者将下水库的水抽到上水库，将电能转化成水体的势能储存起来；后者在用电高峰时将上水库存储的水放到下水库发电，将水体的势能转化成电能。后来发展为三机式：将发电机和电动机合为一体，水轮机和水泵合用一台发电电动机，水泵位于最低位置，与水轮机和发电电动机共用同一根传动轴，发电电动机则位于传动轴的上部。从 20 世纪 30 年代开始，水轮机和水泵也合为一体，成为水泵水轮机，它和发电电动机一起组成目前广泛使用的二机式机组，也称为可逆式机组。采用二机式机组的抽水蓄能电站，同一套机组设备既可作水轮发电机组发电运行，又可作水泵机组抽水运行，其主机设备的数量、厂房尺寸和配套的辅助设备，均比四机式抽水蓄能电站明显减少，电站的结构得以简化，四机式和三机式机组现已很少在抽水蓄能电站中使用。

可逆式机组可分为单级和多级，目前单级可逆机组的应用水头已发展到 700m。在水头更高时，可采用多级机组，目前最高级数为 5 级，最高发电水头达到 1773m。根据工作水头，常用的可逆式水泵水轮机大致有以下几种形式：混流式水泵水轮机，应用水头 30～700m；斜流式水泵水轮机，应用水头 12～150m；轴流式水泵水轮机，应用水头 5～25m；以及贯流式水泵水轮机，其应用水头一般不超过 20m。混流式和斜流式水泵水轮机主要用于常规抽水蓄能电站；贯流式水泵水轮机主要用于潮汐电站。

9.4.4 抽水蓄能电站的厂房

按照厂房与地面的相对位置，抽水蓄能电站的厂房可以分为地面式厂房、半地下厂房和地下厂房 3 类。前两种一般用于水头不太高，下游水位变化幅度不太大，以及地质条件不宜做地下厂房的抽水蓄能电站。由于抽水蓄能电站的机组需要较大的淹没深度，以满足减少水泵水轮机气蚀的要求，地下式厂房的使用非常普遍。除主厂房布置在地下，主变以及开关站也往往同时布置在地下。因此，除了主厂房洞室，地下厂房还需要开挖各种洞室，以布置机电设备或用作交通运输、出线以及通风的通道。这些洞室包括：交通运输洞、装配场、地下副厂房、阀门洞（室）、尾水闸门洞（室）、主变洞、开关洞和出线洞以及通风洞等。

与地面厂房相比，地下厂房应更充分地考虑其排水、通风、防潮、照明、防噪声等问题。

9.4.5 抽水蓄能电站的发展

世界上第一座抽水蓄能电站是 1882 年建成的瑞士苏黎世奈特拉抽水蓄能电站，功率仅 515kW，扬程 153m，具有季调节功能。抽水蓄能电站成为近代工程意义的设施始于 20 世纪 50 年代，它是目前公认的技术最成熟、经济性最好、已达到实用阶段的大规模储能设施。在过去的 100 多年中，1950—1980 年，是全世界的抽水蓄能电站发展速度最快的时期，数量增加了 7.9 倍，总装机容量增加了 29.3 倍，单站装机容量和单机容量都迅速增大。到 2004 年，全世界已有 38 个国家和地区修建了抽水蓄能电站，建成投产 317 座，总装机容量 122078.81MW。

我国第一座抽水蓄能电站于 1968 年在河北省的岗南水电站建成。它是在岗南水电站 2 台 15MW 常规水电机组的基础上安装 1 台容量为 11MW 的可逆式抽水蓄能机组，最大水头 64m。1978 年之后，随着我国经济的快速发展，电力负荷急剧增大，峰谷差逐渐增大，负荷率下降，促使抽水蓄能电站加速发展。一大批抽水蓄能电站相继建成投产，如河北潘家口混合式抽水蓄能电站（270MW）、广州抽水蓄能电站（2400MW）、北京十三陵（800MW）、西藏羊卓雍湖（90MW）、浙江天荒坪（1800MW）、江苏沙河（100MW）、浙江溪口（80MW）、浙江桐柏（1200MW）、江苏宜兴（1000MW）、安徽琅琊山（600MW）、山东泰安（1000MW）、湖南黑麋峰（1200MW）、湖北白莲河（1200MW）、山西西龙池（1200MW）、广东惠州（2400MW）、江苏溧阳（1500MW）等大型抽水蓄能电站。到 2015 年我国大陆地区已建成的抽水蓄能电站共 28 座，总容量 22745MW；在建 18 座，总容量 24400MW，合计 47145MW，分布在全国 20 个省（自治区、直辖市），主要集中在华北、华东、华中和华南区域，还有一大批正在建设或规划之中。目前，我国已成为世界上抽水蓄能总装机容量最大的国家。

国外的研究和运行经验表明，一般电网中最佳的电源结构是水电容量的比重不小于 20%；在水电资源缺乏地区，如果建设占总容量比重 10%～15% 的抽水蓄能电站，则非常有利于电网的安全、经济运行。随着我国电力系统中高参数、大容量火电机组和大型核电机组的投运，以及并入电网的风力发电与太阳能光伏发电容量的快速增长，电网负荷率进一步降低，抽水蓄能电站将发挥越来越重要的作用。尽管远距离输送电力在技术上已比较成熟，火电机组和燃气轮机组也可以参与电网调峰，但从经济角度看，在负荷中心地区修建抽水蓄能电站仍是必要的。因此，我国十分重视抽水蓄能电站的建设。

目前，抽水蓄能电站的主机设备呈现单机容量增大、应用水头提高和转速不断增高的发展趋势。能适应更大水头变化范围的变转速抽水蓄能机组，也在实际工程中被采用，最大单机出力达到 412MW。世界上最大的抽水蓄能机组单机容量已达到 470MW，扬程最大的抽水蓄能机组具有 778m 扬程。我国单机容量最大的抽水蓄能机组在浙江省仙居抽水蓄能电站，达到 375MW；扬程最大的抽水蓄能机组在山西省西龙池抽水蓄能电站，达到 703m。

第10章 施 工 导 流

10.1 施工导流的任务、设计标准及导流方式

10.1.1 施工导流的任务

为了在河流上建造水利枢纽的各种水工建筑物，一般首先要对建筑物的地基进行处理，而大面积的地基处理和水工建筑物施工一般很难在流水中进行，往往需要进行干地施工，通常是用围堰将建筑物基坑的全部或部分从河床中隔离开来，然后把水抽干再进行施工。施工期间往往会与通航、渔业、供水、灌溉等水资源综合利用的要求发生矛盾。

施工水流控制是指整个施工过程中的水流控制，又称施工导流。概括起来讲，施工导流就是对施工过程中原河流各个时期的水流采取"导、截、拦、蓄、泄"等工程措施，把水流全部或部分导向下游或拦蓄起来，为水工建筑物的干地施工创造必要的条件，并尽可能少地影响国民经济各部门对用水的需要。

施工导流是水利工程施工中的一项十分重要的工作。导流方案的选定，关系到整个工程施工的工期、质量、造价和安全度汛，事先要做出周密的设计。施工导流设计的主要任务如下：

（1）掌握并分析河流的水文特性和工程地点的气象、地形、地质等基本资料以及枢纽布置和施工条件等资料。

（2）选定导流设计标准，划分导流时段，确定导流设计流量。

（3）选择导流方式（方案）及导流建筑物型式，确定导流建筑物的布置、构造及尺寸。

（4）拟定导流建筑物的修建顺序、拆除围堰及封堵导流建筑物的施工方法。

（5）制定拦洪度汛和基坑排水措施。

（6）确定施工期通航、过木、供水等综合利用措施。

施工导流措施受多方面因素的影响，一个完整的施工导流设计方案，需要通过技术经济比较，必要时要做模型实验，反复论证，然后确定最终方案。

10.1.2 施工导流的设计标准

施工导流的设计标准简称导流标准，是指导流建筑物级别及其设计洪水标准。导流标准是导流建筑物规模的设计依据，它的选择会影响施工导流的经济性和安全性。导流标准与工程所在地的水文气象特性、地质地形条件、永久建筑物类型、施工工期等直接相关，需要结合工程实际，全面综合分析其技术上的可行性和经济上的合理性，合理确定导流建筑物级别及设计洪水标准。

我国所采用的导流标准，按《水利水电工程施工组织设计规范》SL 303—2017确定。确定导流标准时，首先根据导流建筑物的保护对象、失事后果、使用年限和工程规模等指

标，根据不同的导流分期划分导流建筑物的级别，见表 10.1；再根据导流建筑物的级别和类型，并结合风险度分析，在表 10.2 规定幅度内选择相应的导流建筑物的洪水标准。对导流建筑物级别为 3 级且失事后果严重的工程，应提出发生超标准洪水时的预案。导流标准还包括坝体施工期临时度汛洪水标准和导流泄水建筑物封堵后坝体度汛洪水标准。

表 10.1　　　　　　　　　　　　　导流建筑物级别划分

级别	保护对象	失 事 后 果	使用年限 /年	导流建筑物规模	
				堰高 /m	库容 /亿 m³
3	有特殊要求的 1 级永久性水工建筑物	淹没重要城镇、工矿企业、交通干线或推迟工程总工期及第一台（批）机组发电，造成重大灾害和损失	>3	>50	>1.0
4	1 级、2 级永久性水工建筑物	淹没一般城镇、工矿企业、或影响工程总工期及第一台（批）机组发电而造成较大经济损失	1.5～3	15～50	0.1～1.0
5	3 级、4 级永久性水工建筑物	淹没基坑，但对总工期及第一台（批）机组发电影响不大，经济损失较小	<1.5	<15	<0.1

注　1. 导流建筑物包括挡水和泄水建筑物，两者级别相同。
　　2. 当导流建筑物根据表中指标分属不同级别时，应以其中最高级别为准。但列为 3 级导流建筑物时，至少应有两项指标符合要求。
　　3. 表列 4 项指标均按施工阶段划分，保护对象一栏中所列永久性建筑物级别按《水利水电工程等级划分及洪水标准》SL 252—2017 确定。
　　4. 有、无特殊要求的永久建筑物都是针对施工期而言，有特殊要求的 1 级永久建筑物是指施工期不允许过水的土坝及其他有特殊要求的永久建筑物。
　　5. 使用年限是指导流建筑物每一导流分期的工作年限，两个或两个以上导流分期共用的导流建筑物，如分期导流一、二期共用的纵向围堰，其使用年限不能叠加计算。
　　6. 导流建筑物规模一栏中，围堰高度是指挡水围堰最大高度，库容指堰前设计水位所拦蓄的水量，两者应同时满足。

表 10.2　　　　　　　　　　　　　导流建筑物洪水标准划分

导流建筑物类型	导流建筑物级别		
	3	4	5
	洪水重现期/年		
土石结构	20～50	10～20	5～10
混凝土、浆砌石结构	10～20	5～10	3～5

当坝体填筑高程超过围堰堰顶高程时，坝体临时度汛洪水标准应根据坝型及坝前拦洪库容按表 10.3 确定。导流泄水建筑物封堵后，如果永久泄水建筑物尚未具备设计泄洪能力，坝体度汛洪水标准应分析坝体施工和运行要求后按表 10.4 确定，汛前坝体上升高度应满足拦洪要求，帷幕灌浆及接缝灌浆高程应能满足蓄水要求。

表 10.3　　　　　　　坝体施工期临时度汛洪水标准（重现期/年）

坝　　型	拦洪库容/亿 m³		
	≥1.0	0.1～1	<0.1
土石坝	≥100	50～100	20～50
混凝土坝、浆砌石坝	≥50	20～50	10～20

表 10.4　　　　导流泄水建筑物封堵后坝体度汛洪水标准（重现期/年）

坝　型		大　坝　级　别		
		1	2	3
土石坝	设计	200～500	100～200	50～100
	校核	500～1000	200～500	100～200
混凝土坝、浆砌石坝	设计	100～200	50～100	20～50
	校核	200～500	100～200	50～100

10.1.3　导流方式

施工导流的基本方式可分为分期围堰导流方式和一次拦断河床围堰导流方式两类。与之配合的包括明渠导流、隧洞导流、涵管导流，以及施工过程中的坝体底孔导流、缺口导流和不同泄水建筑物的组合导流。

10.1.3.1　分期围堰导流方式

分期围堰导流，也称分段围堰法导流，就是用围堰将水工建筑物分段分期围护起来进行施工的方法。分期导流适用于下列情况：①导流流量大，河床宽，有条件布置纵向围堰；②河床中永久建筑物便于布置导流泄水建筑物；③河床覆盖层不厚。分段就是将河床围成若干个干地施工基坑，分段进行施工。分期就是从时间上将导流过程划分阶段施工。如图 10.1 所示为导流分期和围堰分段的几种情况，从图中可以看出，导流的分期数和围堰的分段数并不一定相同。在工程实践中，两段两期导流采用得最多。如图 10.2 所示为两段两期导流的例子。首先在右岸进行第一期工程的施工，河水由左岸的束窄河床宣泄。一般情况下，在修建第一期工程时，为了使水电站、船闸早日投入运行，满足初期发电和施工通航的要求，应优先考虑先建造水电站、船闸，并在建筑物内预留底孔或缺口。到第二期工程施工时，河水即经由这些底孔或缺口等下泄。对于临时底孔，在工程接近完工或需要蓄水时要加以封堵。

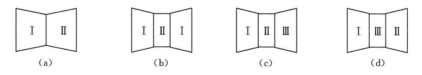

图 10.1　导流分期与围堰分段示意图

（a）两段两期；（b）三段两期；（c）、（d）三段三期

根据不同时期泄水道的特点，分段围堰法导流中又包括束窄河床导流和通过已建或在建的建筑物导流。束窄河床导流通常用于分期导流的前期阶段，特别是一期导流。其泄水道是被围堰束窄后的河床。当河床覆盖层是深厚的细土粒层时，则束窄河床不可避免地会产生一定的冲刷。对于非通航河道，只要这种冲刷不危及围堰和河岸的安全，一般都是许可的。通过建筑物导流的主要方式包括设置在混凝土坝体中的底孔导流，混凝土坝体上预留缺口导流，平原河道上的低水头河床式径流电站可采用厂房导流等。这种导流方式多用于分期导流的后期阶段。

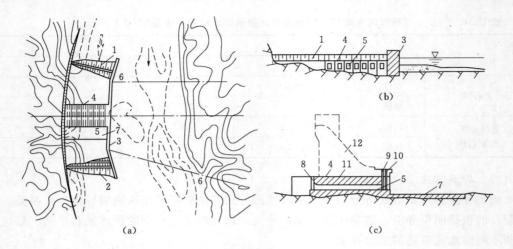

图 10.2 分段围堰法导流示意图

(a) 平面图；(b) 下游立视图；(c) 导流底孔纵断面图

1——期上游横向围堰；2——期下游横向围堰；3—二期纵向围堰；4—预留缺口；5—导流底孔；

6—二期上下游围堰轴线；7—护坦；8—封堵闸门槽；9—工作闸门槽；10—事故闸门槽；

11—已浇筑的混凝土坝体；12—未浇筑的混凝土坝体

10.1.3.2 一次拦断河床围堰导流方式

一次拦断河床围堰导流又称全段围堰法导流。

全段围堰法导流是指在河床内距主体工程（如大坝、水闸等）轴线上下游一定的距离处，修筑围堰将河流一次截断，使河道中的水流经河床外修建的临时泄水道或永久泄水建筑物下泄。全段围堰法导流一般适用于枯水期流量不大，河道狭窄的河流，按其导流泄水建筑物的类型可分为明渠导流、隧洞导流、涵管导流等，分别如图 10.3、图 10.4、图 10.5 所示。在实际工程中也采用明渠、隧洞等组合方式导流。

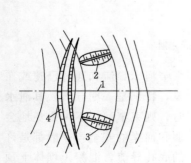

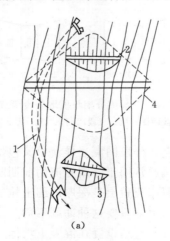

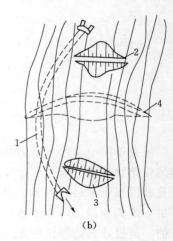

(a)　　　　　　　　　(b)

图 10.3 明渠导流示意图

1—水工建筑物轴线；2—上游围堰；

3—下游围堰；4—导流明渠

图 10.4 隧洞导流示意图

(a) 土石坝枢纽；(b) 混凝土坝枢纽

1—导流隧洞；2—上游围堰；3—下游围堰；4—主坝

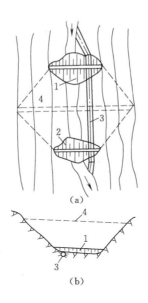

图 10.5　涵管导流示意图

（a）平面图；（b）上游立视图

1—上游围堰；2—下游围堰；3—涵管；4—坝体

10.2　导流建筑物

　　导流建筑物是指枢纽工程施工期所使用的挡水建筑物和泄水建筑物。导流建筑物一般是临时性建筑物，也有些作为永久性建筑物的一部分。导流挡水建筑物主要是围堰。导流泄水建筑物包括导流明渠、导流隧洞、导流涵管、导流底孔等临时建筑物和部分利用的永久泄水建筑物。

10.2.1　围堰

10.2.1.1　围堰的作用及其施工特点

　　1. 围堰的作用

　　围堰的作用是：

　　（1）围护主体建筑物施工基坑，使得水工建筑物能进行干地施工。

　　（2）与已完建的主体建筑物共同挡水，使电站提前在施工期发电。

　　（3）与永久建筑物相结合，成为永久建筑物的一部分。例如：上游土石围堰与永久建筑物相结合，成为土石坝的组成部分；混凝土纵向围堰与大坝相结合，成为大坝的组成坝段；混凝土纵向围堰与导墙相结合，兼作导墙。

　　围堰一般属临时性建筑物，但也常与主体工程结合而成为永久工程的一部分。

　　2. 围堰的施工特点

　　围堰大多在流水中修建，土石围堰下部位于水下的填料难以碾压密实，施工中采用直接向水中抛填的方式，水上部分堰体填料可分层碾压密实。

围堰堰体抛填程序是堰体尾随截流戗堤进占，截流合龙后围堰全断面抛填施工。截流戗堤是围堰堰体的组成部分，通常截流戗堤布置在围堰背水侧兼作排水棱体。堰体中部砂砾石料及上游侧堆石体一般滞后戗堤 20～50m 尾随进占。

围堰要在一个枯水期内建成挡水，在汛前须抢筑到度汛高程，汛期该围堰即可承担挡水或发电等任务。因此围堰施工工期紧、强度大。例如：三峡工程三期上游碾压混凝土大型围堰分两个阶段施工，1997 年 5 月导流明渠进水前已完成第一阶段，浇筑明渠过水断面以下碾压混凝土 56.7 万 m^3；2002 年 11 月 6 日导流明渠截流后在修建的低土石围堰保护下进行第二阶段施工，在一个枯水期内建成高 90m（总高 121m）的上游碾压混凝土大型围堰，2003 年 4 月 16 日浇筑至围堰顶，月最高浇筑强度达 47.6 万 m^3，日最高浇筑强度达 21066m^3，均为当今世界之最，月最高上升高度达 25m。

通常，围堰在围护的永久建筑物完建后，为满足其运行水流条件，需全部或部分拆除，因此围堰设计和施工均需考虑为后期拆除创造条件。例如：三峡工程三期上游碾压混凝土围堰后期需拆除至高程 115m，拆除高度 25m，以满足右岸电站进水条件的要求。

10.2.1.2 围堰分类

围堰按筑堰材料分类，可分为土石围堰、混凝土围堰、草土围堰、木笼围堰、竹笼围堰、钢板桩围堰、土工布袋围堰等。

按围堰与水流方向的相对位置分类，可分为横向围堰和纵向围堰。

按围堰和坝轴线的相对位置分类，可分为上游围堰和下游围堰。

按导流期间基坑过水与否，可分为过水围堰和不过水围堰，过水围堰除需要满足一般围堰的基本要求外，还要满足堰顶过水的要求。

按围堰挡水时段，可分为全年挡水围堰和枯水期挡水围堰。

以上分类是针对围护大坝而言，按被围护的建筑物分类，还有厂房围堰、尾水渠围堰、隧洞进出口围堰、护坦围堰、通航建筑物围堰等。

10.2.1.3 围堰的基本型式及构造

1. 土石围堰

土石围堰是水利水电工程中采用得最为广泛的一种围堰型式。它能充分利用当地材料或废弃的土石方，构造简单，施工方便，可以在水流中、深水中、岩基上或有覆盖层的河床上修建。除非采取特殊措施，土石围堰一般不允许堰顶过水，所以汛期应有防护措施。因土石围堰断面较大，一般用于横向围堰。但在宽阔河床的分期导流中，由于围堰束窄河床增加的流速不大，也可作为纵向围堰，但需注意防冲设计，以保证围堰安全。

土石围堰的防渗结构型式有斜墙式、斜墙带水平铺盖式、垂直防渗墙式及灌浆帷幕式等，如图 10.6 所示。

2. 混凝土围堰

混凝土围堰用常态混凝土或碾压混凝土建筑而成。混凝土围堰宜建在岩石地基上。混凝土围堰具有抗冲能力大、断面尺寸小、工程量少、允许过水等优点。在分段围堰法导流施工中，用混凝土浇筑的纵向围堰可以两面挡水，而且可与永久建筑物相结合作为坝体或闸室体的一部分。

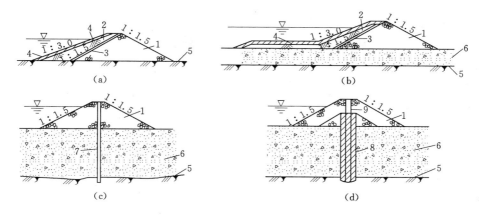

图 10.6 土石围堰防渗结构型式示意图

1—堆石体；2—黏土斜墙、铺盖；3—反滤层；4—护面；5—隔水层；6—覆盖层；

7—垂直防渗墙；8—灌浆帷幕；9—黏土心墙

混凝土围堰型式多采用重力式围堰，主要原因是其结构及施工均较简单。我国三门峡、丹江口、盐锅峡等枢纽的混凝土纵向围堰，均为重力式混凝土围堰。为了节约混凝土工程量，加快施工速度，采用混凝土拱围堰的枢纽也不少。巴西伊泰普水电站明渠围堰、我国龙羊峡水电站上游围堰，均采用混凝土拱围堰型式，它要求两岸有较好的拱座条件。图10.7 和图 10.8 分别为混凝土重力式围堰和混凝土拱型围堰示意图。

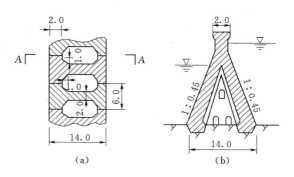

图 10.7 三门峡工程重力式混凝土纵向围堰

(a) 平面图；(b) A-A 剖面

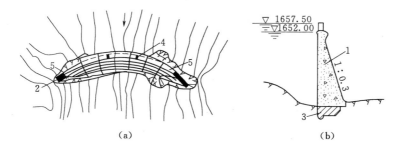

图 10.8 刘家峡水电站上游混凝土拱型围堰

(a) 平面图；(b) 横断面图

3. 草土围堰

草土围堰是一种草土混合结构。草土围堰能就地取材，结构简单，施工方便，造价低，防渗性能好，适应能力强，便于拆除，施工速度快。但草土围堰不能承受较大的水

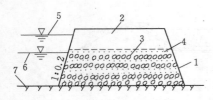

图 10.9　草土围堰示意图

1—水下堰体；2—水上加高部分；3—草捆；
4—散草铺土层；5—设计挡水位；
6—施工水位；7—河床

头，一般适用于水深不大于 8m，流速小于 5m/s 的中、小型水利工程。图 10.9 为草土围堰示意图。

4. 木笼围堰

木笼围堰是由圆木或方木叠成的多层框架、填充石料组成的挡水建筑物。它施工简便，适应性广，与土石围堰相比具有断面小、抗水流冲刷能力强等优点，可用作分期导流的横向围堰或纵向围堰，可在 10～15m 的深水中修建。但木笼围堰消耗木材量较大，目前很少采用。

5. 竹笼围堰

竹笼围堰是用内填块石的竹笼堆叠而成的挡水建筑物，在迎水面一般用木板、混凝土面板或填黏土阻水。采用木面板或混凝土面板阻水时，迎水面直立；用黏土防渗时，迎水面为斜墙。竹笼围堰的使用年限一般为 1～2 年，最大高度约为 15m。

6. 钢板桩格型围堰

钢板桩格型围堰是由一系列彼此相连的格体形成外壳，然后在内填以土料构成。格体是一种土和钢板桩组合结构，由横向拉力强的钢板桩连锁围成一定几何形状的封闭系统。钢板桩格型围堰按挡水高度不同，其平面形式有圆筒形格体、扇形格体、花瓣形格体（图 10.10），应用较多的是圆筒形格体，圆筒形格体钢板桩围堰，一般适用的挡水高度小于 15～18m，可以建在岩基或非岩基上，也可作过水围堰用。

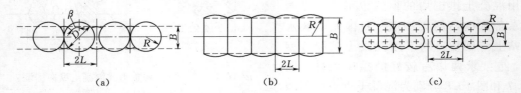

(a)　　　　　　　　　　(b)　　　　　　　　　　(c)

图 10.10　钢板桩格型围堰平面型式

(a) 圆筒形格体；(b) 扇形格体；(c) 花瓣形格体

10. 2. 1. 4　围堰布置

围堰的平面布置要解决围堰外形轮廓布置和确定围堰的基坑范围两个问题。围堰的外形轮廓不仅与导流泄水建筑物的布置有关，而且取决于围堰种类、地质条件以及对防冲措施的考虑。堰内基坑范围大小主要取决于主体工程的轮廓和相应的施工方法。当采用一次拦断河床法导流时，围堰基坑是由上、下游围堰和河床两岸围成的。当采用分期导流时，围堰基坑是由纵向围堰与上下游横向围堰围成。可见，上下游横向围堰的布置，都取决于主体工程的轮廓。通常围堰基坑边线距离主体工程轮廓的距离，不应小于 20～30m，以便布置排水设施、交通运输道路、堆放材料和模板等（图 10.11）。围堰基坑开挖边坡的大小与地质条件有关。

采用分期导流方式时，上、下游围堰的轴线一般不与河床中心线垂直，围堰的平面布置常呈梯形，这样既可使水流顺畅，同时也便于运输道路的布置和衔接。当采用一次拦断河床导流方式时，上、下游围堰不存在突出的绕流问题，为了减少工程量，围堰的轴线多与主河道垂直。

当纵向围堰不作为永久建筑物的一部分时，其围堰基坑边线距离主体工程轮廓的距离，一般不小于 2.0m，以便布置排水导流系统和堆放模板，如果没有该要求，只需留 0.4～0.6m（图 10.11）。

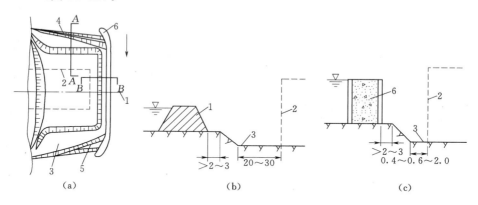

图 10.11　围堰布置与基坑范围示意图（单位：m）

(a) 平面图；(b) A－A 剖面；(c) B－B 剖面

1—主体工程轴线；2—主体工程轮廓；3—基坑；4—上游横向围堰；5—下游横向围堰；6—纵向围堰

实际工程围堰基坑形状和大小往往有所不同。有时可以利用有利的地形条件以减少围堰的高度和长度；有时为照顾个别建筑物施工的需要，将围堰轴线布置成折线形；有时为了避开岸边较大的溪沟，也采用折线布置。为了保证基坑开挖和主体建筑物的正常施工，基坑范围应当留有一定富余。

10.2.2　导流泄水建筑物

10.2.2.1　导流隧洞

导流隧洞是在河岸山体中开挖的用于施工期泄水的隧洞。导流流量不大，坝址河床狭窄，两岸地形陡峻，一岸或两岸地形、地质条件良好，可考虑采用隧洞导流。我国山区水利枢纽工程较多，采用隧洞导流较为普遍。但隧洞是造价昂贵且施工复杂的地下建筑物，所以导流隧洞应尽量与永久隧洞相结合进行布置和设计。通常永久隧洞的进口高程较高，而导流隧洞的进口高程比较低，此时，可采用"龙抬头"的布置方式，即开挖一段低高程的导流隧洞与永久隧洞低高程部分相连，导流任务完成后将导流隧洞进口段堵塞，不影响永久隧洞运行，如图 10.12 所示。只有当条件不允许时，才专为导流开挖隧洞，导流任务完成后还需将它堵塞。

导流隧洞的布置，决定于地形、地质、枢纽布置以及水流条件等因素。具体要求和水工隧洞类似。但必须指出，为了提高隧洞单位面积的泄流能力，减小洞径，应注意改善隧洞的过流条件。隧洞进出口应与上下游水流相衔接，与河道主流的交角以 30°左右为宜；隧洞轴线最好布置成直线，若有弯道，其转弯半径以大于 5 倍洞宽为宜，否则，因离心力作用会产生横波，或因流线折断而产生局部真空，会影响隧洞泄流。隧洞进出口与上下游围堰之间要有适当距离，一般宜大于 50m，以防止隧洞进出口水流冲刷围堰的迎水面。图 10.13 为龙羊峡水电站隧洞导流布置图。

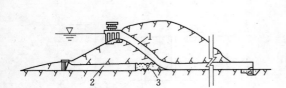

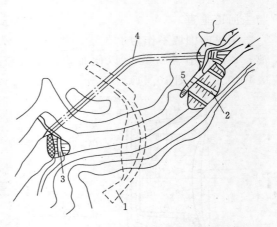

图 10.12 导流隧洞与永久隧洞结合布置示意图
1—永久隧洞；2—导流隧洞；3—混凝土堵头

图 10.13 龙羊峡水电站隧洞导流布置图
1—混凝土坝；2—上游围堰；3—下游围堰；
4—导流隧洞；5—临时溢洪道

10.2.2.2 导流明渠（槽）

导流明渠是在河岸或河滩上开挖用于施工期泄水的渠道。明渠导流方法一般适用于岸坡平缓或有一岸具有较宽的台地、垭口或古河道的地形。明渠具有施工简单、适合大型机械施工的优点，有利于加速施工进度，缩短工期，也有利于通航、放木。

导流明渠的布置，要保证水流顺畅、泄水安全、施工方便，并尽量缩短轴线、减少工程量。明渠进出口应与上下游水流相衔接，与河道主流的交角以 30°左右为宜；为保证水流畅通，明渠转弯半径应大于 5 倍渠底宽度；明渠进出口与上下游围堰之间要有适当的距离，一般以 50～100m 为宜，以防明渠进出口水流冲刷围堰的迎水面；为减少渠中水流向基坑内入渗，明渠水面到基坑水面之间的最短距离以大于 $2.5～3.0H$（H 为明渠水面与基坑水面的高差，以 m 计）为宜。图 10.14 和图 10.15 分别为天生桥二级水电站和龚嘴水电站导流明槽示意图。

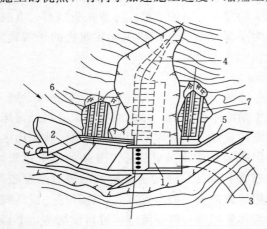

图 10.14 天生桥二级水电站工程导流明槽布置图
1—导流明槽；2—拦砂坎；3—14、24、34 引水隧洞轴线；
4—坝轴线；5—纵向围堰（导流明槽左边墙）；
6—二期上游围堰；7—二期下游围堰

10.2.2.3 导流涵管

导流涵管是事先在河滩或河床上建造的穿过上下游围堰而后埋在坝内的涵管。涵管一般采用钢筋混凝土结构。导流涵管的布置，国内多采用将涵管直接埋置于坝基中这种类型。涵管的位置常在枯水位以上，这样可在枯水期不修围堰或只修小围堰，通常将涵管事先在河滩或河床上建造，然后再修上、下游全段围堰，将水流导入涵管下泄。涵管导流适

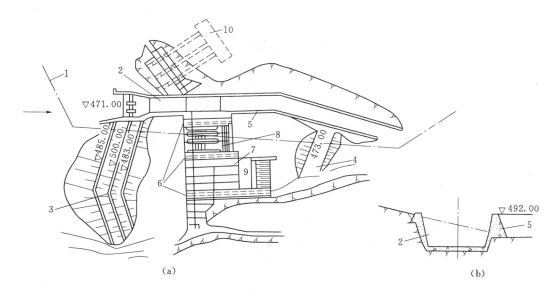

图 10.15 四川省龚嘴水电站明槽导流示意图

(a) 平面图；(b) 剖面图

1—一期围堰轴线；2—导流明槽；3—二期上游横向围堰；4—二期下游横向围堰；5—二期纵向围堰；
6—导流底孔；7—非溢流坝段；8—溢流坝段；9—坝后式厂房；10—地下式厂房

用于导流流量较小的河流或只用来担负枯水期的导流。当有永久涵管可以利用时，采用涵管导流较合理。一般在修筑土坝、堆石坝等工程中采用。

为了防止涵管外壁与坝身防渗体之间的接触渗流，可在涵管外壁每隔一定距离设置截流环，以延长渗径，降低渗透坡降，减少渗流的破坏作用。施工中必须严格控制涵管外壁防渗体填料的压实质量，涵管管身的温度缝或沉陷缝中的止水也必须认真修筑。

10.2.2.4 导流底孔和坝体缺口

导流底孔是在坝体内设置的临时泄水孔口，主要用于河床内导流的工程。底孔导流是利用设置在混凝土坝体中的永久底孔或临时底孔作为泄水道，是二期导流经常采用的方法。导流时让全部或部分导流流量通过底孔宣泄到下游，保证后期工程的施工。

临时底孔的断面形状多采用矩形，为了改善底孔周围的应力状况，也可采用有圆角的矩形。按水工结构要求，孔口尺寸应尽量小，但某些工程由于导流流量较大，只好采用尺寸较大的底孔。底孔导流的优点是挡水建筑物上部的施工可以不受水流的干扰，有利于均衡连续施工。导流底孔一般设置在泄洪坝段，也有个别工程在引水坝段内设导流底孔。导流底孔常置于坝段内，也有一些工程跨缝或在坝的空腔内设置，以简化结构。导流底孔在完成任务后用混凝土封堵，个别工程的导流底孔在水库蓄水后又重新打开，改建为排沙孔。

采用隧洞导流的工程在施工后期，往往可利用坝身泄洪孔口导流，因此只有在特定条件下才设置导流底孔。一些闸坝式工程虽采用河床内导流的方式，但由于泄洪闸堰顶高程很低，可用闸孔导流，不必另设导流底孔。有些工程的导流底孔还用于施工期通航和放木，例如水口、安康等工程。

混凝土坝施工过程中，当汛期河水暴涨暴落，其他导流建筑物不足以宣泄全部流量时，为了不影响坝体施工进度，使坝体在涨水时仍能继续施工，可以在未建成的坝体中预留缺口，以便配合其他建筑物宣泄洪峰流量，待洪峰过后，上游水位回落，再继续修筑缺口。所留缺口的宽度和高度取决于导流设计流量、其他泄水建筑物的泄水能力、建筑物的结构特点和施工条件。在修建混凝土坝，特别是大体积混凝土坝时，由于这种导流方法比较简单，常被采用。

底孔导流和预留坝体缺口导流的方式一般只适用于混凝土坝，它们可用于分段围堰法导流，也可用于全段围堰法后期导流。

10.3　施工导流的一般程序

10.3.1　导流方案和导流程序的概念

水利水电枢纽工程施工中所采用的导流方法，通常不是单一的，而是几种导流方法组合起来配合运用，这种不同导流时段不同导流方法的组合称为导流方案。在工程施工过程中，不同阶段可以采用不同的施工导流方法和挡水、泄水建筑物。不同导流方法组合的顺序，通常称为导流程序。

导流方案的选择受多种因素影响。一个合理的导流方案，必须在周密研究各种影响因素的基础上，拟定几个可能的方案，进行技术经济比较，从中选择技术经济指标优越的方案。选择导流方案时应考虑的主要因素有：①水文条件、河流的流量大小、水位变化的幅度、全年流量的变化情况、枯水期的长短、汛期洪水的延续时间、冬季的流冰及冰冻情况等；②坝区附近的地形条件；③工程地质及水文地质条件；④水工建筑物的型式及其布置；⑤施工期间河流的综合利用要求；⑥施工进度、施工方法及施工场地布置。选择导流方案时，还应使主体工程尽可能及早发挥效益，简化导流程序，降低导流费用，使导流建筑物既施工简单，又适用可靠。

施工导流程序与建筑物的型式和导流方案的选择等有关。

10.3.2　土石坝的施工导流程序

土石坝导流一般采用土石围堰、河床一次拦断施工导流方案。坝址处河谷宽阔，分期导流条件较好时，或在河流洪枯变差很大以及有通航要求和冰凌严重等地区，也可采用分期导流方式。对于高土石坝，一般不宜选用分期导流方案。这是由于分期导流施工，将使左、右岸坝体施工时间不同，填筑的高差较大，坝建成后坝体的密实程度不一致，容易产生坝体不均匀沉陷，造成坝体裂缝。高土石坝常采用一次拦断河床的导流方式，施工初期导流围堰挡水、隧洞泄流，后期导流采用坝体挡水、隧洞泄流的方案，这样既适应高土石坝施工程序要求，又充分利用永久建筑物（一般导流洞与泄洪洞部分结合）。

采用一次断流围堰导流方式时土石坝施工导流的导流程序为：首先建造施工期泄水建筑物（隧洞、涵管或明渠等），在这个时期内河水经原河床下泄。然后建造上、下游围堰，截断河流（简称截流），建造大坝，水流改道经施工期泄水建筑物下泄；由于土石坝绝大多数不允许坝顶溢流，因此，在洪水期之前，必须将大坝修建到拦洪水位之上，以保证在施工期的洪水期发生施工期设计洪水时，大坝能起到拦洪作用，不致因水流漫顶而引起失事。继续修筑大坝，待大坝填筑升高到围堰顶以上时，围堰完成挡水任务，坝体开始挡水，水流仍经施工期泄水建筑物下泄。大坝建造到发电水位或防洪水位以上后，开始封堵施工期泄水道（称为封孔）进行蓄水，同时利用永久性的泄水建筑物控制泄水，以控制库水位上升的速度，保证即使遇到丰水年，也不致发生洪水漫顶。

分期导流方案的土石坝导流程序为：第一期围堰先围滩地或加围一部分河槽，同时施工导流隧洞或导流明渠，河水经束窄的河床下泄。导流泄水建筑物建成后，在河槽修建二期围堰，枯水期截流，河水经由隧洞或明渠下泄。一般二期围堰只挡枯水期或春汛流量，大汛由坝体挡水，此时坝体应达到度汛高程，因此截流以后，在一个枯水期抢筑坝体到度汛高程。

小浪底水利枢纽以防洪、减淤为主，兼顾供水、灌溉和发电效益，采取蓄清排浑的运用方式。枢纽主要包括挡水、泄洪排沙和引水发电3大部分。枢纽大坝为黏土斜心墙堆石坝，最大坝高154m，上游围堰是主坝的一部分，斜墙下设塑性混凝土防渗墙和旋喷灌浆相结合的防渗措施，坝体防渗由主坝斜心墙、上爬式内铺盖、上游围堰斜墙与坝前淤积体组成完整的防渗体系。9条泄洪排沙洞由3条导流隧洞改建的3条孔板洞、3条明流泄洪洞、3条排沙洞组成，与1条溢洪道在平面上平行布置。引水发电系统由发电进水塔、引水洞、压力钢管、地下厂房、主变室、尾闸室、尾水洞、尾水渠和防淤闸等组成。图10.16为小浪底工程平面布置图。

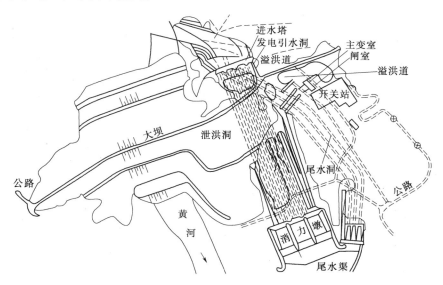

图 10.16 小浪底水利枢纽平面布置图

小浪底工程的施工导流采用围堰河床分期、隧洞导流的导流方式。主体工程1994年9月开工，1997年10月下旬实现主河床截流，1999年10月25日下闸蓄水，2000年1月9日首台机组并网发电，2001年主体工程基本完工。小浪底工程导流建筑物布置图如图10.17所示。导流程序如下：

（1）第一期围护右岸，导流时段为1994年10月主体工程开工至1997年。进行3条

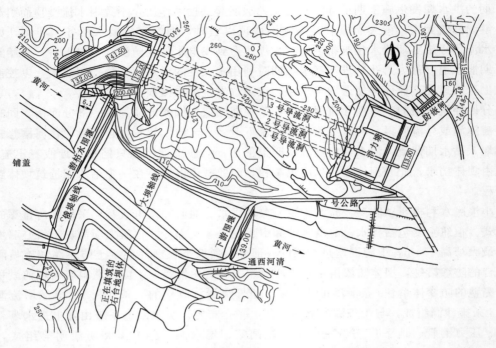

图 10.17　小浪底水利枢纽导流建筑物平面布置图

导流隧洞施工；同时利用右岸 300～400m 宽的滩地进行部分坝体填筑施工，河水由原河床下泄。

（2）第二期拦断河床。导流时段为 1997—1998 年 10 月。建造上、下游围堰，形成基坑，在基坑内进行地基处理并建造大坝，其中上游枯水围堰为土质斜墙堆石围堰，最大堰高 24.5m，上游度汛（高水）围堰为壤土斜墙堆石围堰，与主坝相结合，最大堰高 59m；1997 年 10 月下旬截流；截流后水流由 3 条导流隧洞下泄。在洪水期之前，将大坝修建到拦洪度汛水位之上。非汛期由上游枯水围堰挡水，汛期（1998 年）由上游度汛围堰挡水。

（3）第三期导流时段为 1998 年 11 月—2001 年。继续修筑大坝直至主体工程完工。进行导流隧洞封堵，导流隧洞封堵分两期进行：第一期，1998 年（第 5 年）汛后封堵 1 号导流隧洞，1999 年（第 6 年）汛期洪水利用 2 条导流洞和 3 条排沙洞下泄；第二期，1999 年（第 6 年）汛后封堵 2 号、3 号导流隧洞。1999 年 10 月 25 日下闸蓄水，2000 年 3 条导流隧洞全部改建成"龙抬头"式孔板泄洪洞担负永久泄洪任务，2000 年（第 7 年）汛期洪水利用 3 条排沙洞、3 条孔板洞和 3 条明流泄洪洞下泄。1999 年汛期由大坝临时坝体挡水，2000 年开始由大坝主体挡水。

10.3.3　混凝土坝的施工导流程序

混凝土坝的施工导流程序往往和土石坝有所不同，这是因为绝大多数土石坝不能过水，而混凝土坝中溢流坝和坝内预留的底孔可以用来宣泄施工期的洪水。混凝土坝的施工导流方式主要有一次断流和分期导流两种。对于山区河流，河床狭窄或覆盖层很厚、水深很大的情况,常采用一次断流方式;对河床较宽流量较大的情况,常采用分期导流方式。这两种导流方式的一般程序如下。

10.3.3.1 一次断流方式

一次断流方式的导流施工程序一般可以分为以下 4 期:

第一期,建造施工期泄水建筑物(导流隧洞或导流明渠等),同时修建上、下游围堰,尽可能在枯水期开始时完工,以便及时截断水流,使水流从施工期泄水建筑物下泄。

第二期,在断流围堰的保护下,开始大坝的基础工作,力争在一个枯水期将大坝浇筑到拦洪水位以上。如果这种进度无保证,就应当把围堰做成过水围堰;在汛期遇到超过围堰挡水设计流量的洪水时,让洪水漫过围堰通过基坑下泄。待洪水过后抽干基坑,继续进行大坝施工。

第三期,在大坝浇筑到高出拦洪水位以后,继续升高,这时围堰已失去作用。如果坝体已浇筑到拦洪水位以上,就用坝体拦洪,这时应检查用坝体临时断面挡水的稳定问题。如果坝体还未达到拦洪高程,可以在几段坝块的顶部预留缺口泄洪。

第四期,坝体高出拦洪水位以后,继续升高。在大坝浇筑到足够的高度以后,封闭导流孔蓄水。如果库容很大,蓄水时间较长,就需要提前封孔蓄水,以保证及时发挥水库的作用。但这样就必须经过充分论证,并采取相应措施,以确保大坝安全,直到大坝建成为止。

10.3.3.2 分期围堰导流方式

分期围堰导流建造混凝土坝的施工程序与一次断流方式的导流施工程序大致相同。它的特点是:第一期不是建造施工期泄水建筑物,而是建造第一期围堰把部分河床围起来,水流经过被束窄的另一部分河床下泄。在第一期围堰的保护下,建造包括底孔或溢流坝在内的部分坝体。然后建造第二期围堰,截断水流,让水流经第一期坝体内预留的底孔或坝顶溢流下泄,在第二期围堰保护下,浇筑第二期坝体。在围堰挡水期末,大坝应修筑到拦洪水位以上。

以后的进程与一次断流中的第三、四期大致相同。当考虑在未建成的混凝土坝坝顶过水时,必须事先对大坝坝顶过水时的水力条件(对坝体和地基的冲刷等)进行充分的分析研究,提出相应的措施,以保证大坝的安全。

我国的三峡工程是具有防洪、发电、航运等巨大综合效益的大型枢纽工程。枢纽主要建筑物包括:大坝、水电站、泄洪建筑物和通航建筑物(五级船闸及升船机)。拦河大坝为混凝土重力坝,坝顶高程 185m,最大坝高 175m。右岸茅坪溪副坝为沥青混凝土心墙砂砾石坝,最大坝高 104m。

三峡工程的施工导流采用"三期导流,明渠通航"的分期导流方式,三峡工程分期导流平面布置图如图 10.19 所示。枢纽工程分三期施工,包括施工准备期在内的施工总工期为 17 年(1993—2009 年)。导流程序为:

(1) 第一期围右岸。一期导流时段为 1993 年 10 月—1997 年 11 月。首先采用一期土石围堰围护中堡岛及后河,围堰与右岸岸边相接,形成一期基坑,在一期土石围堰保护下挖除中堡岛,开挖后河及修建导流明渠、混凝土纵向围堰,并预建三期碾压混凝土围堰基础部分;同时在左岸修建临时船闸,进行升船机、双线五级船闸及左岸 1~6 号机组厂房

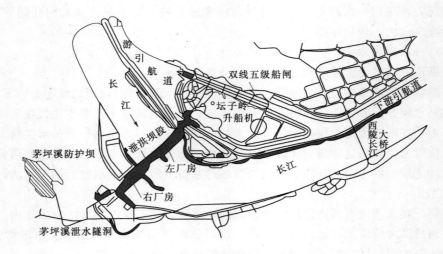

图 10.18　三峡工程平面布置图

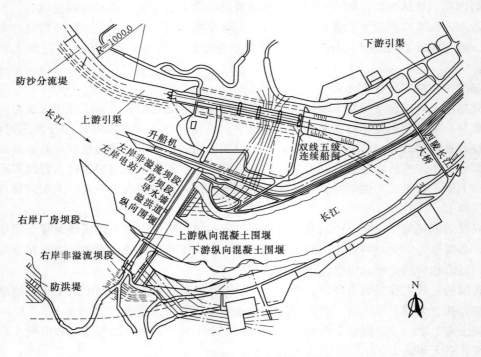

图 10.19　三峡工程分期导流布置图

坝段和厂房等项目的开挖施工；长江水流和过往船舶仍从大江主河道流向下游或驶往上下游；导流通航明渠和左岸临时船闸竣工后，拆除一期土石围堰，进行三峡工程的第一次截流——大江截流。

（2）第二期围左岸。二期导流时段为 1997 年 11 月—2002 年 11 月。1997 年 11 月实现大江截流后，在一个枯水期内完成二期上、下游土石围堰的填筑，与混凝土纵向围堰共同形成二期基坑；将二期基坑内的水抽干，开挖至新鲜岩石后，浇筑混凝土重力坝的泄洪、左岸非溢流坝等坝段，浇筑水电站厂房、安装首批水轮发电机，同时修建左岸永久船闸；长江水流从导流明渠流向下游，过往船舶从导流明渠或临时船闸中航行。2002年汛期末完成二期上、下游土石围堰拆除，在导流明渠内进行三峡工程的第二次截流——导流明渠截流。

（3）第三期再围右岸。三期导流时段为2002年11月—2009年。导流明渠截流成功后，建造三期上、下游土石围堰，在其保护下修建三期上游碾压混凝土围堰并形成三期基坑。在三期基坑内修建右岸非溢流坝段、右岸厂房坝段、右岸电站厂房，左岸各主体建筑物上部结构同时施工，完成相应的金属结构安装、左右岸电站全部26台机组的安装、全部输变电工程，建成垂直升船机。明渠截流后到水库蓄水前，船舶从临时船闸驶往上下游。三期上游碾压混凝土围堰建成后，导流底孔与泄洪深孔下闸蓄水。2003年6月，水位蓄水至135m，由三期上游碾压混凝土围堰与左岸大坝共同挡水，第一批机组发电，双线五级船闸通航。长江水流从泄洪坝段底部的22个导流底孔和23个泄洪深孔宣泄向下游。2006年，工程进入后期导流阶段，封堵导流底孔，拆除碾压混凝土围堰和三期下游土石围堰，大坝全线挡水。右岸电站陆续投产发电，长江洪水由大坝泄洪深孔、表孔及发电机组下泄，直到工程全部完建。

10.4　截流工程

在上述施工导流程序中，在大江大河中截流是一项难度比较大的复杂工作。在施工导流中，截断原河床水流，最终把河水引向导流泄水建筑物下泄，以便在河床中全面开展主体建筑物的施工，就是截流。截流实际上是在河床中修筑横向围堰工作的一部分（图10.20）。

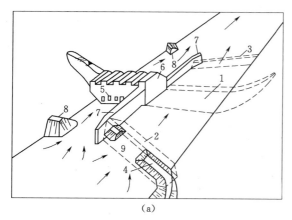 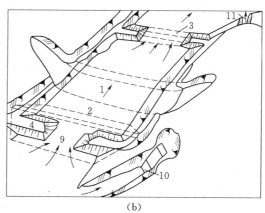

（a）　　　　　　　　　　　　　　　　　（b）

图 10.20　截流布置示意图

（a）采用分段围堰底孔导流时的布置；（b）采用全段围堰隧洞导流时的布置

1—大坝基坑；2—上游围堰；3—下游围堰；4—戗堤；5—底孔；6—已浇混凝土坝体；7—二期纵向围堰；
8——期围堰的残留部分；9—龙口；10—导流隧洞进口；11—导流隧洞出口

截流方式可归纳为戗堤法截流和无戗堤法截流两种。戗堤法截流主要有平堵（图 10.21）、立堵（图 10.22）及混合截流；无戗堤法截流主要有建闸截流、水力冲填法、定向爆破截流、浮运结构截流等。在工程实际中应根据当地水文气象、地形地质、施工条件以及材料等条件选择截流方法。我国大中型水利水电工程常用戗堤法截流。

戗堤法截流施工的一般过程为：先在河床的一侧或两侧向河床中填筑截流戗堤，这种向水中筑堤的工作叫做进占。戗堤填筑到一定程度，把河床束窄，形成了流速较大的龙口。封堵龙口的工作称为合龙。在合龙开始以前，为了防止龙口河床或戗堤端部被冲毁，须采取防冲措施对龙口进行加固。合龙以后，龙口部位的戗堤虽已高出水面，但其本身依然漏水，因此须在其迎水面设置防渗设施。在戗堤全线上设置防渗设施的工作叫闭气。所以，整个截流过程包括戗堤的进占、龙口范围的加固、合龙和闭气等工作。截流以后，再在这个基础上，对戗堤进行加高培厚，修成围堰。

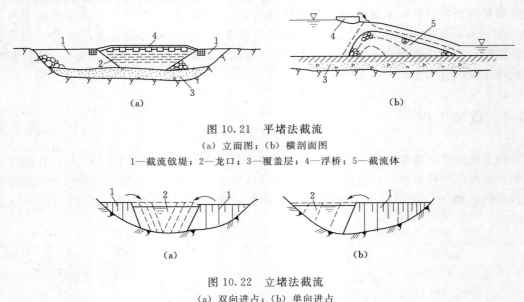

图 10.21　平堵法截流

(a) 立面图；(b) 横剖面图

1—截流戗堤；2—龙口；3—覆盖层；4—浮桥；5—截流体

图 10.22　立堵法截流

(a) 双向进占；(b) 单向进占

1—截流戗堤；2—龙口

截流戗堤断面型式为梯形，堤顶宽度主要与抛投强度、行车密度和抛投方式有关，通常为 15～20m，有时为提高抛投强度，堤顶宽度可达 30m。截流戗堤顶高程通常按高于截流施工期当旬 20 年一遇最大流量对应上游水位加 0.5～1.0m 确定。由于汛后流量按旬逐渐减小，故截流戗堤都是两端高、中间低，为了便于车辆行驶，戗堤顶面纵坡一般不大于 5%，局部不大于 8%。截流戗堤是在水中抛投进占形成的，它的边坡由抛投料的自然休止角决定，戗堤上游边坡一般为 1:1.5～1:1.2，下游边坡一般为 1:1.5～1:1.4，堤头边坡一般为 1:1.5～1:1.3。

截流在施工导流中占有重要的地位，如果截流不能按时完成，就会延误整个河床部分建筑物的开工日期；如果截流失败，失去了以水文年计算的良好截流时机，则可能拖延工期达 1 年。所以在施工导流中，常把截流看作一个关键性问题，它是影响施工进度的一个控制性项目。截流本身无论在技术上和施工组织上都具有相当的艰巨性和复杂性。为了成功截流，必须充分掌握河流的水文特性和河床的地形、地质条件，掌握在截流过程中水流的变化规律及其对截流的影响。为了顺利地进行截流，常需在狭小的工作面上以相当大的施工强度在较短的时间内进行截流的各项工作，为此必须严密组织施工。对于大河流的截流工程，事先必须进行缜密的设计和水工模型试验，对截流工作做出充分的论证。此外，在截流开始之前，还必须切实做好器材、设备、截流材料和组织上的充分准备。

三峡二期导流工程的大江截流围堰于 1997 年 11 月 8 日胜利合龙，创造了截流水深 60m、截流流量 8480~11600m³/s、日最高抛投强度 19.4 万 m³ 和截流施工期有通航要求等 4 项世界记录。龙口宽度 130m，最大落差 0.66m，最大流速 4.22m/s。为在大江大河上进行截流，积累了丰富的经验，标志着我国截流工程的实践跨入了一个新的水平。

10.4.1 截流的基本方法

截流的基本方法有立堵法和平堵法两种。

10.4.1.1 立堵法截流

立堵法截流是将截流材料，从龙口一端向另一端或从两端向中间抛投进占，逐渐束窄龙口，直到全部拦断。截流材料通常用自卸汽车在进占戗堤的端部直接卸料入水，个别巨大的截流材料也可用起重机、推土机投放入水。

立堵法截流不需要在龙口架设浮桥或栈桥，准备工作比较简单，费用较低。但截流时龙口的单宽流量较大，出现的最大流速较高，而且流速分布很不均匀，需用单个重量较大的截流材料。截流时工作前线狭窄，抛投强度受到限制，施工进度受到影响。根据国内外截流工程的实践和理论研究，立堵法截流一般适用于大流量、岩基或覆盖层较薄的岩基河床。对于软基河床如果护底措施得当，采用立堵法截流也同样有效。如青铜峡工程截流时，河床覆盖层厚达 8~12m，采用护底措施后，最大流速虽然达到 5.52m/s，但未遇特殊困难而取得立堵截流的成功。立堵法截流在国内外得到了广泛的应用。

10.4.1.2 平堵法截流

平堵法截流事先要在龙口架设浮桥或栈桥，用自卸汽车沿龙口全线从浮桥或栈桥上均匀地逐层抛填截流材料，直至戗堤高出水面为止。因此，平堵法截流时，龙口的单宽流量较小，出现的最大流速较低，且流速分布比较均匀，截流材料单个重量也小，截流时工作前线长，抛投强度较大，施工进度较快。但在通航河道上，龙口的浮桥或栈桥会碍航。平堵法截流通常适用在软基河床上。

一般说来，因为平堵法需架栈桥或浮桥，所以费用较高，我国大型工程除大伙房水库外，都采用立堵法截流。

截流设计首先应根据施工条件，充分研究两种方法对截流工作的影响，通过试验研究和分析比较来选定合适的方法。有的工程采用混合法截流，混合法截流有两种：①立平堵法，即先用立堵法进占，然后在小范围龙口内用平堵法截流；②平立堵法，即先采用平抛护底，再立堵合龙。

10.4.2 截流时段及截流设计流量

截流时段和截流日期的选择，应遵循以下原则：

（1）宜选择河道枯水期较小流量时段。

（2）应考虑围堰施工工期，确保围堰安全度汛。截流以后，需要继续加高围堰，完成排水、清基、基础处理等大量基坑工作，还应把围堰或永久建筑物在汛期前抢修到一定高程以上，为了保证这些工作的完成，截流日期应尽量提前。

（3）应考虑对河流的综合利用影响最小。例如：在通航的河流上进行截流，截流日期最好选择在对航运影响较小的时段内。因为截流过程中，航运必须停止，即使船闸已经修好，但因截流时水位变化较大，仍需停航。

（4）有冰情的河道截流时段不宜选在冰凌期。这是因为冰凌很容易堵塞河道或导流泄水建筑物，壅高上游水位，会给截流带来极大困难。

此外，在截流开始前，应修筑好导流泄水建筑物，并做好过水准备，如清除影响泄水建筑物运用的围堰或其他设施，开挖引水渠，完成截流所需的一切材料、设备、交通道路的准备等。

大流量河道枯水期按水文特性一般可分为 3 个时段：汛后退水时段（枯水期前段）、稳定枯水时段（枯水期中段）、汛前迎水时段（枯水期后段）。截流时段一般多选在枯水期前段，流量已有明显下降的时候，而不一定选在流量最小的时刻。在实际施工中，还须根据当时的水文气象预报及实际水情分析进行修正，最后确定截流日期。

龙口合龙所需的时间往往是很短的，一般从数小时到几天。为了估计在此时段内可能发生的水情，作好截流的准备，须选择合理的截流设计流量。一般可采用频率法，按工程的重要程度选用截流时期内 10%～20% 频率的月或旬平均流量。如水文资料不足，可根据短期的水文观测资料或条件类似的工程来选择截流设计流量。也可采用统计分析法或用统计分析法配合频率法确定截流设计流量。统计分析法的实质是根据历年水文资料统计出该时段的月或旬的历年最大、最小及平均流量，也可以根据该年的水文特性按典型年求出该时段的流量，然后通过分析确定其截流设计流量。也可采用预报法配合其他方法，通过综合分析，确定截流设计流量。无论用什么方法确定截流设计流量，都必须根据当时实际情况和水文气象预报加以修正，按修正后的流量进行各项截流的准备工作，作为指导截流施工的依据。

10.4.3 龙口位置和宽度

龙口位置的选择，与截流工作顺利与否有密切关系。

选择龙口位置时要考虑下述一些技术要求：

（1）一般说来，龙口应设置在河床主流部位，方向力求与主流顺直，使截流前河水能较顺畅地经由龙口下泄。但有时也可以将龙口设置在河滩上，此时一些准备工作就不必在深水中进行，这对确保施工进度和施工质量均较有利，但为了使截流时的水流平顺，应在龙口上、下游顺河流流势按流量大小开挖引河。

（2）龙口应选择在耐冲河床上，以免截流时因流速增大，引起过分冲刷。如果龙口段河床覆盖层较薄，则应清除；否则，应进行护底防冲。

（3）龙口附近应有较宽阔的场地，以便布置截流运输路线和制作、堆放截流材料。

龙口宽度以不引起龙口及其下游河床的冲刷为限。原则上龙口宽度应尽可能窄些，这样合龙的工程量就小些，截流的延续时间也短些。为了提高龙口的抗冲刷能力，减少合龙的工程量，须对龙口加以保护。龙口的保护包括护底和裹头。护底一般采用抛石、沉排、竹笼、柴石枕等材料。裹头就是用石块、钢筋石笼、黏土麻袋包或草包、竹笼、柴石枕等把戗堤的端部保护起来，以防被水流冲坍。裹头多用于平堵戗堤两端或立堵进占端对面的戗堤。龙口宽度及其防护措施，可根据相应的流量及龙口的抗冲流速来确定。在通航河道上，当截流准备期通航设施尚未投入运用时，船只仍需在截流前由龙口通过。这时龙口宽度便不能太窄，流速也不能太大，以免影响航运。如葛洲坝工程的龙口，由于考虑通航流速不能大于 3.0m/s，所以龙口宽度达 220m。

10.4.4　降低截流难度的措施

一般情况下，把截流最终落差、龙口最大平均流速、龙口水流最大单宽功率、截流施工水深和抛投施工强度等作为衡量截流难度的指标。国内外多数工程目前都把单戗堤最终落差控制在 3.0～3.5m 范围以内，这是因为单戗堤最终落差超过 3.0～3.5m 后，截流水力条件恶化，要求抛投料尺寸大，会成倍加大截流难度。最终落差超过 3.5m 的工程，宜采用双戗堤或多戗堤截流，以分担落差，降低截流难度。

改善截流条件、降低截流难度，应结合工程的实际条件，采取相应的措施。可采取以下几方面的措施：

（1）改善分流条件。河道截流的难易程度，主要取决于分流条件。泄水建筑物的分流条件好，可以减小龙口的单宽流量，从而降低截流落差和龙口流速等。为了改善分流条件，应合理确定导流建筑物尺寸、断面形式和底高程，确保泄水建筑物上下游引渠开挖和上下游围堰拆除的质量，增大截流泄水建筑物的泄水能力或修建专门的泄水道帮助分流。如三门峡工程除利用坝体底孔宣泄水流外，还开辟了神门和鬼门临时泄水道，以造成分流的有利条件。

（2）改善龙口水力条件。可通过降低截流戗堤局部落差、龙口护底等方法改善龙口水力条件。为了改善截流条件，直接从降低落差以减小龙口流速和单宽能量是有效的措施；为了分散落差，可采用宽戗堤截流；为了改善截流条件，有些工程对高落差大流量河道采用双戗堤或多戗堤截流等措施。当河床有深厚易冲刷的覆盖层时，为避免冲刷，常在龙口部位平抛护底，护底常用大块石；当覆盖层为细砂时，也可以用柴排等柔性材料或先抛砂卵石料过渡，其上再压以大块石。当覆盖层厚度小甚至无覆盖层而河床基岩面光滑时，可在龙口部位预抛大块石、混凝土块等抗冲能力强的材料，以加糙河床。当龙口处河底有深坑或水深很大时，可预先平抛部分材料，以减小合龙时的工程量并防止深水中进占时戗堤头部坍塌。我国的葛洲坝工程、青铜峡工程、三峡工程等的截流工程中都采用了龙口护底的措施。

（3）增大抛投料的稳定性，减少块料流失。设置拦石栅、采用锚系和串体或特大块体可以增大抛投料的稳定性。在不利的龙口水力条件下，为了防止大块石或巨型混凝土块体的流失，工程实践中常将若干个大块石或混凝土块体锚系或串连起来进行抛投，有些工程中还采用钢筋石笼串进行抛投。拦石栅能起到拦阻人工抛投料和石串的作用，拦石栅主要由拦石柱组成，采用钢筋混凝土结构。

（4）提高抛投强度。截流过程中应力求提高抛投强度。抛投前沿工作面大小会直接影响抛投强度。抛投材料充分备料是保证戗堤施工抛投强度的必要条件。运输线路布置与机械设备是提高抛投强度的主要环节，因此截流前必须完成运输线路布置并配备一定数量的起重运输设备，有些工程还设置截流专线。

（5）采取水库调度措施。在梯级水电开发的河流上，当上游已建成水库时，可通过水库调度来利用上游水库的调节库容，以控制下泄流量，减小截流施工的难度。例如：大朝山水电站截流期间，与位于电站上游已建的漫湾电站运行密切配合，为大朝山截流创造了有利条件。

第11章 水资源规划与利用

11.1 水资源规划的涵义、目标和内容

11.1.1 水资源的涵义与基本特性

水资源是人类可以作为资源加以利用的水，包括地球系统中储存的所有的气态、液态和固态的天然水。它是具有多种功能的自然资源，大体上包括江河、湖泊、井泉以及高山积雪、冰川等可供长期利用的水源，河川水流、沿海潮汐等所蕴藏的天然水能，江河、湖泊、海港等可供发展水运事业的天然航道以及可用来发展水产养殖事业的天然水域等。

水资源作为与人类生活、生产关系十分密切的自然资源，其特性主要表现为流动性、可再生性、有限性、分布不均匀性、用途多样性等。

（1）流动性。水资源是一种流动性很强的自然资源。这是因为所有的水都是流动的，不仅如此，自然界中的大气水、地表水、地下水等各种形态的水体在水文循环的过程中可以相互转化。因此，水资源难以按地区或城乡的界限硬性分割，而只应按流域、自然单元进行开发、利用和管理。

（2）资源的可再生性。水资源的可再生性源于地球上周而复始的水循环。宏观上看，地球上一切水体都在自然界的水循环中不断地转化、更新。不同水体更替周期长短不同。更替周期短的水体可利用率高，遭受污染时水质恢复快。地球上某些水体，如深层地下水、高山冰川、永冻带底冰等更新速度极其缓慢，其更替周期长达一千年以上。这些水体每年可恢复、更新的水量极其有限。水资源的再生性表明它是一种可持续利用的自然资源。

（3）资源的有限性。水资源的可再生性源于自然界的水循环。由于这种循环是周而复始、永不停息的过程，水资源曾被认为是"取之不尽，用之不竭"的自然资源。这种认识是不恰当的，甚至是有害的。尽管水循环过程是无限的，但是无论从储量上还是从降水补给量上讲，水资源是有限的。从储量上看，全球的淡水储量仅占全球总水储量的2.5%，而且其中大部分还储存在极地冰帽和冰川中，不能够直接利用。降水是可以逐年恢复与更新的地表径流和地下径流的补给源，一个地区的年降水量是有限的。降水到达地面之后发生的蒸发，会消耗掉一部分。

因此，必须清醒地看到水资源的有限性。水资源的开发利用，只有不超出其逐年可恢复、更新的限度，才可能保持其可持续利用。

（4）时空分布的不均性。降水的地域分布和年际、年内变化差异都很大，是全球气候运转机制及相应产生的大气环流的复杂变化影响和制约的结果。我国位于亚欧大陆的东南部，幅员辽阔，地势西高东低，地形复杂。受季风气候影响，东南部地区多雨湿润，西北

部地区少雨干旱。季节变化明显，雨期较集中于夏季。不同地区的降水分布不均，造成水、土资源组成区域差别明显。年际、年内的降水变化大，河川径流的丰枯变化强烈。鉴于这一特性，在开发利用水资源时，不仅应采取工程措施来提高供水的可靠性，还必须设法抗御汛期大洪水所形成的威胁。

（5）用途的多样性。水资源是被人类广泛利用的自然资源。水量、水能、水体均各有用途，不仅广泛用于农业、工业、生活用水，还用于发电、水运、渔业、旅游、生态和环境用水等。在开发利用水资源时，必须注重一水多用，充分发挥水资源的综合利用效益。

11.1.2　水资源规划的目标

从人类有目的、有计划的防洪抗旱以及流域治理等水资源开发利用活动的开始，广泛意义下的水资源规划就不断进行着。水资源规划的历史可以追溯到公元前 3500 年，从那时起在古埃及就有了以防洪为目标的水资源规划活动。

（1）水资源规划的含义。水资源规划是水资源开发、利用、养蓄、保护、管理规划的重要组成部分。它是现在或将来区域开发至不同阶段，为保证域内开发水资源达到一定目标的决策、安排和长远计划。按我国《中华人民共和国水法》的规定，水资源规划的基本含义是：

1）开发利用水资源和防治水害，应当按流域或者区域进行统一规划。

2）兴建跨流域引水工程，必须进行全面规划和科学论证。

3）新批准的规划是开发利用水资源和防治水害活动的基本依据。

现代意义下的水资源规划，是水利规划的重要组成部分，主要是对流域或区域水资源多种服务功能的协调，为适应各类用水需要的水量科学分配，水的供需分析及解决途径，水质保护及污染防治规划等方面的总体安排。应依据水资源客观条件，量入为出，最大限度地满足人民生活和生产建设对水资源的需求；同时，减少和避免产生难以治理的水害。

现代意义的水资源规划活动始于 20 世纪 30 年代，当时美国由于人口增长和经济发展，对水资源需求增长较快，组织开展了水资源需求预测、地表水与地下水源联合调度、水处理及工程实施的经济效益评价等活动。

（2）规划的目标。水资源规划作为国民经济发展总体规划的重要组成部分和基础支撑规划，其目标是要在国家的社会和经济发展总体目标要求下，根据自然条件和社会经济发展形势，为水资源的可持续利用与管理，制定未来水平年水资源的开发利用与管理措施，以利于人类社会的生存发展和对水的需求，促进生态环境和国土资源的保护。

我国 2002 年水资源综合规划技术大纲提出，水资源综合规划的目标是："为我国水资源可持续利用和管理提供规划基础，要在进一步查清我国水资源及其开发利用现状、分析和评价水资源承载能力的基础上，根据经济社会可持续发展和生态环境保护对水资源的要求，提出水资源合理开发、优化配置、高效利用、有效保护和综合治理的总体布局及实施方案，促进我国人口、资源、环境和经济的协调发展，以水资源的可持续利用支持经济社会的可持续发展。"

水资源具有利与害的两重性。在制定水资源规划时，既要看到水资源的使用价值，又要看到它也会给人类带来灾害。水少时干旱缺水、水多时会泛滥成灾，浸没建筑，还直接危害人类健康，有时这种灾害甚至是毁灭性的。在河流或地域的开发治理中，除害是兴利的保证。这两方面是统一的，各种兴利任务之间，通过合理安排，也有可能协调一致。强调水的综合利用，并不是说各项治水任务都能完全、很好地结合。由于各方面要求不同，常常存在相互矛盾和制约的因素。过去由于我们对客观规律认识不足，曾造成某些供水工程建设上的失误，教训是深刻的。要解决这些矛盾，重要的是要有全面的观点，充分考虑各方面的要求，注意在措施安排、运行上进行协调。在确实无法完全协调时，则要按照国家的需要，分析各项任务要求的主次，保证主要任务，兼顾其他任务，有时甚至也要牺牲某些局部利益，以取得最大的社会经济和环境综合效益。

11.1.3 水资源规划的内容

水资源规划是一个系统工程，涉及水资源的自然属性、经济社会发展对水资源的需求和影响，需统筹水资源的开发、利用、治理、配置、节约和保护，规范水事行为，促进水资源的可持续利用和生态环境的保护，内容包括水资源调查评价、水资源开发利用情况调查评价、需水预测、节约用水、水资源保护、供水预测、水资源配置、总体布局与实施方案、规划实施效果评价等，如图 11.1 所示。

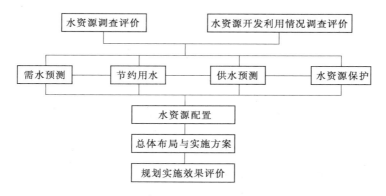

图 11.1 水资源规划总体内容示意图

水资源规划的各个环节及各部分内容是一个有机组合的整体，相互之间动态反馈，需综合协调。

（1）水资源及其开发利用情况调查评价。通过水资源及其开发利用情况调查评价，可为其余部分工作提供水资源数量、质量和可利用量的基础成果；提供对现状用水方式、水平、程度、效率等方面的评价成果；提供对现状水资源问题的定性与定量识别与评价结果；为需水预测、节约用水、水资源保护、供水预测、水资源配置等部分的工作提供分析成果。

（2）节约用水和水资源保护。节约用水和水资源保护要在上述两部分工作的基础上进行，为需水预测、供水预测和水资源配置提供可进行比选的方案，提出技术经济和环境影响因素的有关分析结果；同时，在接纳水资源配置部分成果反馈的基础上，提出推荐的节水及水资源保护方案。

（3）需水预测和供水预测。需水预测和供水预测要以上述工作为基础，为水资源配置提供需水、供水、排水、排污等方面的预测成果，以及合理抑制需求、有效增加供水、积极保护生态环境措施的可能组合方案及其相应的技术经济指标，为水资源配置提供优化选择的条件；预测工作与以上各部分工作及水资源配置工作经过往复与迭代，形成水资源规划的动态过程，以寻求经济、社会、环境效益相协调的合理配置方案。

（4）水资源配置。应在进行供需分析多方案比较的基础上，通过经济、技术和生态环境分析论证与比选，确定配置方案。水资源配置应该以流域水量和水质统筹考虑的供需分析为基础，将流域水循环和水资源利用的供、用、耗、排水过程紧密联系，按照公平、高效和可持续利用的原则进行。水资源配置在接收上述各部分工作成果输入的同时，也为上述各部分工作提供中间和最终成果的反馈，以便相互叠代，取得优化的水资源合理配置格局；同时为总体规划布局、水资源工程和非工程措施的选择及其实施确定方向和提出要求。

（5）总体布局与实施方案。总体布局与实施方案是实现水资源合理配置的支撑和保障，包括根据水资源条件和合理配置结果，提出对调整经济布局和产业结构的建议，提出水资源调配系统的总体格局，制定合理抑制需求、有效增加供水、积极保护生态环境等综合措施的实施方案以及评价实施效果等。

11.2　水资源规划与利用应遵循的基本原则

11.2.1　水资源规划的原则及步骤

1. 水资源规划的原则

水资源规划包括调查研究水资源的各种开发要求，制订比较方案，以及评价规划实施以后，对社会、经济和环境等方面可能产生的各种影响。进行规划的总目标在于加速国民经济发展，改善环境质量，满足人民目前和长远的需要。因此在规划工作中应遵循下列基本原则：

（1）全面规划。应根据经济社会发展需要和水资源开发利用现状，对水资源的开发、利用、治理、配置、节约、保护、管理等做出总体安排。要坚持开源节流治污并重，除害兴利结合，妥善处理上下游、左右岸、干支流、城市与农村、流域与区域、开发与保护、建设与管理、近期与远期等关系。

（2）协调发展。水资源开发利用要与经济社会发展的目标、规模、水平和速度相适应。经济社会发展要与水资源承载能力相适应，城市发展、生产力布局、产业结构调整以及生态环境建设要充分考虑水资源条件。

（3）可持续利用。统筹协调生活、生产和生态环境用水，合理配置地表水与地下水、当地水与外流域调水、水利工程供水与多种其他水源供水。强化水资源的节约与保护，在保护中开发，在开发中保护。

（4）因地制宜。根据各地水资源状况和经济社会发展条件，确定适合本地实际的水资源开发利用与保护模式及对策，提出各类用水的优先次序，明确水资源开发、利用、治理、配置、节约、保护的重点。

（5）依法治水。规划要适应社会经济体制的要求，发挥政府宏观调控和市场机制的作用，认真研究水资源管理的体制、机制、法制问题。制定有关水资源管理的法规、政策与制度，规范和调节水事活动。

(6) 科学治水。应用先进的科学技术，提高规划的科技含量和创新能力。要运用现代化的技术手段、技术方法和规划思想，科学配置水资源，缓解面临的主要水资源问题，应用先进的信息技术和手段，科学管理水资源。

(7) 与其他规划相协调。水资源规划往往包括综合规划和各项专业规划，一要协调好综合规划与专业规划之间的关系，突出综合规划的全面性、系统性和综合性；综合规划应涵盖有关专业规划的原则、任务与总体方案等，对各专业规划的编制或修订具有指导作用；专业规划应当服从综合规划并与综合规划成果相衔接；二要协调好全国规划与流域规划、流域规划与区域规划之间的关系，还要做好与其他部门规划的有机衔接。

2. 水资源规划的步骤

各类水资源规划由于范围、任务和研究的阶段不同，其内容、重点和工作深度常有较大差别，但主要步骤基本相似，在逻辑上可分为 7 个阶段。

(1) 问题剖析阶段。这个阶段包括对流域的野外勘察、水文、地质等基本资料的收集，以及针对提出的问题确定目标和计算方法的初步设想。具体内容包括社会调查、规划地区范围的界定、资源利用方向的明确、资源潜力的分析、远景趋势的预估和规划目标的选定等。

(2) 规划或管理模型制定阶段。对水资源的各种功能及供需要求进行初步排队，确定约束条件、目标和建立模型。

(3) 方案筛选与优化阶段。即在模型建立后，根据输入对各种可行方案进行演算，并提出优化规划和管理策略，具体步骤如下：

1) 确定可能的规划措施。规划措施应满足前面所确定的各项规划要求。为了使规划措施不受传统习惯的影响，在规划方案拟定的过程中，要集思广益，减少对某些规划方案的偏见。

2) 规划措施的分类组合。在选取了可满足各项规划任务要求的措施后，应将这些措施加以组合，形成各种不同的规划方案。值得注意的是无规划状况也应按一种规划方案对待，即将现有的水资源利用状况和计划沿用到"最可能的远景时期"，作为方案实施效果比选的基础。

3) 编制规划方案。在编制规划方案时，一般应提出 3 种类型的方案：满足经济发展目标的规划方案；满足环境质量目标的规划方案；既考虑经济发展目标，又考虑环境质量目标的混合方案。编制规划方案的数量视具体的规划任务而定。但在编制规划方案时，必须充分考虑或利用其他机构所编制的规划，以减少规划的工作量。

(4) 影响评价阶段。影响评价是对规划方案实施以后预期可能产生的各种经济、社会、环境影响进行鉴别、描述和衡量，为以后规划方案的综合评价打下基础，它是相对于"无规划状况"而言的。影响评价的内容包括：鉴别影响源、估量影响大小、说明影响范围等。

(5) 规划方案评价阶段。规划方案评价是确认规划和实施规划前的最后一步。在这一阶段，首先要确定各比较方案实施后相对"无规划状况"而言有利与不利的影响，在从相对有利的规划方案中根据制定的目标找出最佳方案。规划方案评价主要包括目标满足程度评价、效益指标评价、合理性检验及规划方案确定等 4 项内容。

（6）工程实施阶段。本阶段的任务是根据方案决策及工程的优化开发程序进行水资源工程的建设或管理工程的实施。

（7）运行、反馈与调整阶段。工程建成后，按照系统分析所提供的优化调度运行方案，进行实时调度运行。这一阶段是产生各种功能和效益的阶段。

11.2.2　水资源利用的原则

水资源开发利用是指根据兴利、除害的要求，采取工程措施及非工程措施对天然水资源进行治理、控制、调配、保护和管理等，使之满足国民经济各行业的用水要求。可供开发利用的水资源主要是河川径流、地下水等。水资源开发利用的服务对象，涉及国民经济的相关行业，其利用方式可以概括为不耗水的河道内利用，如水力发电、水运、渔业、水上娱乐用水等；耗水的河道外各项利用，如农业用水、工业用水及生活用水和生态环境用水等。

开发利用水资源时，要从整个国民经济可持续发展和环境保护的需要出发，全面考虑，统筹兼顾，尽可能满足各相关行业的需要，贯彻"综合利用"的原则，以利于人类社会的生存和发展。具体来说，水资源开发利用的基本原则可概括为以下几方面：

（1）统筹兼顾防洪、排涝、供水、灌溉、水力发电、水运、水产、水上娱乐以及生态环境等方面的需求，以取得经济、社会和环境的综合效益。

（2）兼顾上下游、左右岸、各地区和各行业的用水需求，重点解决严重缺水地区、工农业生产基地、重点城市的供水。

（3）合理配置水资源，生活用水优先于其他用水。水质较好的地表水、地下水优先用于饮用水。合理安排生产布局，与水资源条件相适应，在缺水严重地区，限制发展耗水量大的工业和种植业。

（4）地表水和地下水统一开发、调度和配置。在地下水超采并发生地面沉降的地区，应严格控制开采。

（5）跨流域调水要统筹考虑调出、引入水源的流域的用水需求，以及对生态环境可能产生的影响。

（6）重视水利工程建设对生态环境的影响，有效保护水源，防止水体污染，实行节约用水，防止浪费。

由于综合利用各相关行业自身的特点和用水要求不同，这些要求既有一致的方面，又有矛盾的方面，其间存在着错综复杂的关系。因此，必须从整体利益出发，在集中统一领导下，根据实际情况，分清综合利用的主次任务和轻重缓急，妥善处理相互之间的矛盾关系，如此才能合理解决水资源的综合利用问题。

11.3　水资源规划的类型、基本方法与发展趋势

11.3.1　水资源规划的类型

水资源开发规划是跨系统、跨地区、多学科和综合性较强的前期工作，按区域、范围、规模、目的、专业等可以有多种分类或类型。

水资源开发规划，除在我国《中华人民共和国水法》上有明确的类别划分外，当前尚

未达成共识。不少文献针对规划的范围、目的、对象、水体类别等的不同而有多种分类。

（1）按不同水体划分。按不同水体可分为地表水开发规划、地下水开发规划、污水资源化规划、雨水资源利用规划和海咸水淡化利用规划等。

（2）按不同目的划分。按不同目的可分为供水水资源规划、水资源综合利用规划、水资源保护规划、水土保持规划、水资源养蓄规划、节水规划和水资源管理规划等。

（3）按不同用水对象划分。按不同用水对象可分为人畜生活饮用水供水规划、工业用水供水规划和农业用水供水规划等。

（4）按不同自然单元划分。按不同自然单元可分为独立平原的水资源开发规划、流域河系水资源梯级开发规划、小流域治理规划和局部河段水资源开发规划等。

（5）按不同行政区域划分。按不同行政区域可分为以宏观控制为主的全国性水资源规划和包含特定内容的省、地（市）、县域水资源开发规划。乡镇因常常不是一个独立的自然单元或独立小流域，而水资源开发不仅受到地域且受到水资源条件的限制，所以，按行政区划的水资源开发规划至少应是县以上行政区域。

（6）按目标单一与否划分。按目标单一与否可分为单目标水资源开发规划（经济或社会效益的单目标）和多目标水资源开发规划（经济、社会、环境等综合的多目标）。

（7）按不同内容和含义。按不同内容和含义将水资源开发规划分为综合规划和专业规划。

各种水资源开发规划编制的基础是相同的，相互间是不可分割的，但是各自的侧重点或主要目标不同，且各具特点。

11.3.2　水资源规划的基本方法

水资源规划人员必须了解和搜集各种规划资料，并且掌握处理和分析这些资料的方法，使之为规划任务的总目标服务。系统分析方法给水资源规划工作提供了处理和分析这些资料的较为科学的方法。

1. 水资源系统分析的基本方法

水资源系统分析的常用方法包括：

（1）回归分析方法。它是处理水资源规划资料最常用的一种分析方法，包括一元线性回归分析；多元回归分析；非线性回归分析；拟合度量和显著性检验等。

（2）投入产出分析法。它在描述、预测、评价某项水资源工程对该地区经济作用时具有明显的效果，不仅可以说明直接用水部门的经济效果，也能说明间接用水部门的经济效果。

（3）模拟分析方法。在水资源规划中多采用数值模拟分析方法，它包括数学物理方法和统计技术，其中数学物理方法在水资源规划的确定性模型中应用较为广泛。

（4）最优化方法。由于水资源规划过程中插入的信息和约束条件不断增加，在处理和分析这些信息，以制定和筛选出最有希望的规划方案时，使用最优化方法是行之有效的。在水资源规划中，最常用的最优化方法有线性规划、网络技术动态规划与排队论等等。

上述4类方法是水资源规划中常用的基本方法。

2. 系统模型的分解与多级优化

在水资源规划中，系统模型的变量很多，模型结构较为复杂，完全采用一种方法求解是困难的。因此，在实际工作中，往往把一个规模较大的复杂系统分解成许多"独立"的子系统，分别建立子模型，然后根据子系统模型的性质以及子系统的目标和约束条件，采用不同的优化技术求解。这种分解和多级最优化的分析方法在解决大规模复杂的水资源规划问题时非常有用，其突出的优点是使系统的模型更为逼真，在一个系统模型内可以使用多种模拟技术和最优化技术。

3. 规划的模型系统

在一个复杂的水资源规划中，可以有许多规划方案。为了加快方案的筛选，必须建立一套适宜的模型系统。对于一般的水资源规划问题可建立 3 种模型系统：筛选模型、模拟模型、序列模型。

系统分析的规划方法不同于"传统"的规划方法，它涉及社会、环境和经济方面的各种要求，并考虑多种目标。这种方法在实际使用中已显示出它们的优越性，是一种适合于复杂系统综合分析需要的方法。

11.3.3　水资源规划的发展趋势

随着水资源涉及的面越来越广，问题的复杂性也越来越大，从 20 世纪六七十年代起，水资源规划进入了系统分析时代，以水资源系统分析为基础理论的现代水资源规划理论与方法开始形成，目前仍在发展之中。

时至今日，随着优化技术和决策理论的发展，水资源规划技术也在不断改进中，一个重要的趋势就是在规划中加入经济领域的概念和理念，同时还将环境保护与生态平衡考虑在内。

多目标规划代表着现代水资源规划发展的方向，它将在未来的水资源规划中占有越来越重要的地位。

第 12 章 大 坝 安 全 监 控

1959 年法国马尔帕塞拱坝和 1963 年意大利瓦依昂拱坝的失事，在世界上引起强烈反响，同时也促使人们意识到大坝原型监测的重要性。20 世纪 50 年代以前，英、美、法等国家已先后制定了《水法》《水库安全法》等法规。法国马尔帕塞拱坝失事后，各国根据其具体情况，分别拟定和修改有关条例和法规。1972 年国际大坝会议综合意大利、日本、瑞士等国的准则，发表了"关于混凝土坝观测的一般意见"，明确规定了观测工作的范围和观测类型，根据坝型和目的安装仪器设备以及安装技术等方面，可以视为是指导开展大坝原型观测工作的国际性规程。

法国在 1966 年设立大坝安全管理常务技术委员会，并于 1970 年对《有关大坝安全性的检查工作法规》（1927 年制定）进行补充修订，正式成为法律性文件，同年通过了《一些水电站下游居民保护法》。

美国大坝委员会于 1972 年公布《大坝与水库安全管理典型法令》，美国国会又于 1972 年通过《国家大坝安全法令》。在 1976 年提堂坝失事后，美国总统于 1977 年 4 月授权联邦科学、工程和技术协作委员会对已建坝进行大检查，以总结建坝经验，为制定大坝安全管理准则做准备。

日本制定了《河川法》《电气事业法》《河川管理设施等构造法令》，并于 1972 年成立大坝结构管理分会，1973 年通过《大坝结构管理标准》，这些法规对大坝建设计划的审批、设计、施工和竣工后管理等准则做了明确规定。

其他国家，如意大利、葡萄牙、苏联和捷克斯洛伐克等，也先后正式发布了大坝等水工建筑物管理的法规或法令，成立专门的管理机构，加强水工建筑物的维护和管理工作。

我国对大坝安全问题也十分重视。1964 年原水电部出版《水工建筑物观测技术手册》，1980 年原电力部发布《电力工业技术管理法规》，1981 年水利部发布《水库工程管理通则》，这些文件对水电厂（或水库）的观测设施、观测内容和初次蓄水等方面做了一些规定，初步使观测工作有章可循。为了加强水电站大坝的安全管理，原水利电力部于 1985 年底建立"水电站大坝安全监察中心"，各网局和省局也相继成立了地区中心和分中心，并着手制定大坝安全管理的法规。原水电部于 1987 年发布《水电站大坝安全管理暂行办法》，原能源部于 1988 年发布《水电站大坝安全检查施行细则》，使全国水电厂的水工建筑物安全管理工作走上制度化。为了加强水利大坝的安全管理，1988 年水利部建立了"水利大坝安全监测中心"，1994 年更名为"水利部大坝安全管理中心"。2004 年"水电站大坝安全监察中心"更名为"国家电力监管委员会大坝安全监察中心"，2013 年划归国家能源局领导，更名为"国家能源局大坝安全监察中心"。

我国《水库大坝安全管理条例》（1991 年）规定："大坝包括永久性挡水建筑物以及与其配合运用的泄洪、输水和过船建筑物等"，因此，"大坝"是广义词，应理解为各种水工建筑物及近坝区岸坡等，大坝安全监测涵盖上述范围。

12.1　安全监控的目的和要求

12.1.1　安全监控的目的和意义

人类治水筑坝历史悠久，在水工建筑物及其设计、施工和运行方面，科学家和工程技术专家们已经积累了相当丰富的实践经验。但是，大坝等水工建筑物是一种包含了许多随机或不确定因素的庞大、复杂的系统工程，不但结构和地基情况复杂，其工作条件和运行机理也非常复杂多变，在设计中不可能将影响其结构性态的所有因素均考虑进去或做出精确的计算和判断，使得不少工程因设计计算模型不甚合理、计算模型中的某些条件考虑得不全面、一些参数靠经验或试验取值的不准确导致大坝的实际工作性态与设计所预期的并不一致，同时由于水文、地质、施工质量和材料老化等原因，也使得这些大坝存在严重或较为严重的安全隐患问题。为此，世界各国都积极采取切实可行的措施和方法，加强大坝安全管理和监测工作。通常，对于大坝等水工建筑物及其基础的安全监测可以达到以下 4 个主要目的。

（1）监测水工建筑物的工作性态。许多破坏实例表明，水工建筑物发生破坏事故，往往是有先兆的。对其进行认真系统的观测和检查，并对观测成果进行分析，能够及时掌握建筑物的工作性态变化，确定控制运行水位，指导大坝安全运行。如发生不正常情况，及时采取加固补强措施，可把事故消灭在萌芽状态中。

（2）验证设计理论和选用参数。由于人们对自然规律的认识还有待深入，加之水文、地质等条件的复杂性，目前尚不能对影响建筑物安全的所有复杂因素都进行精确的计算，因此在水工建筑物设计中，常将结构作适当的简化或采用一些经验公式求解，难以准确反映实际情况。原型观测是对"1∶1 模型"所进行的研究工作。在水工建筑物的适当部位埋设各种仪器，进行长期观测，不仅可以掌握建筑物性态的变化规律，而且可以验证原设计理论的正确性和参数选用的合理性。

（3）检查施工质量。分析施工期的观测资料，可以了解水工建筑物在施工期间的结构性态变化，为后续施工采取合理措施提供信息，据此指导施工，保证工程质量。

（4）为完善和修正设计理论提供科学依据。研究水工建筑物结构性态的主要手段是理论计算和模型试验。由于影响因素的复杂性，无论是理论计算还是模型试验，研究时均需作一定的假定或简化，对新型或复杂的结构更是如此，致使解答与实际情况存在差异。原型观测资料反映了各种因素对建筑物的影响，其结果可弥补理论计算和模型试验的不足，据此对设计理论和方法进行完善和修正，可进一步提高水工建筑物技术水平。

此外，在水工建筑物的科学研究中，需要借助原型观测资料分析，并与其他方法相结合，以解决多方面的实际问题，如：

（1）预演水工建筑物在运行过程中可能出现的各种现象，定量预报结构性态的变化规律。

（2）确定安全监控指标，如变形、裂缝开度、测压管水位、渗流量、扬压力、应力等，研究水工建筑物在各种情况下的稳定和强度的实际安全度。

（3）研究坝体横缝、纵缝的实际结构作用，确定大坝的不利荷载组合。

（4）反演坝体和坝基综合或分区物理力学参数，如弹性模量、线膨胀系数、渗透系数、黏性系数等，了解其对结构性态的影响程度。

（5）研究水工建筑物在施工运行期的温度场变化规律及其对结构的影响，为未来建筑物的设计反馈信息。

（6）研究岩土边坡的变形规律，预测滑坡的发生，为支护加固提供理论依据。

（7）研究泄水建筑物水流对建筑物作用的规律，确定泄水水流对建筑物的荷载作用，为正确选用荷载、合理设计提供基础。

（8）研究水库水质变化规律，为保护环境、保障供水等需要提供科学依据。

因此，水工建筑物安全监控工作既有科学研究意义，又有实用价值，是促进水工建筑物设计理论和施工技术不断发展的有效方法之一。通过对大坝等水工建筑物进行规范的安全监测和管理工作，不仅可以有效地监视大坝在蓄水初期及运行期的安全性，还可以在施工过程中不断反馈，提高设计和施工水平，同时还可以通过实际工作性态的反分析来检验设计和施工，为提高和修正坝工设计理论提供科学依据。工作实践表明：大坝安全监测是监测大坝安全、提高设计水平和改进施工方法的行之有效的手段，对确保大坝的安全运行有极其重要的意义。

12.1.2　安全监控的内容和要求

水工建筑物安全监控包括原型观测、监测分析及建筑物工作状态评估等，其具体工作内容和要求有以下几个方面。

（1）观测系统的设计。根据观测目的和要求，在水工建筑物设计的同时，进行观测系统设计。它包括观测项目的确定和测点布置以及仪器设备的选定，绘制观测设计总布置图及施工详图等。

（2）观测仪器设备的埋设和安装。仪器在埋设安装前要对其进行必要的检验和率定。然后按设计要求安装，并填好安装记录，竣工后绘制竣工图，填写考证表供查用。

（3）现场观测。现场观测包括巡回观察和利用仪器量测，按规定的要求、测次、观测时间严格执行，并做到"四无"（无缺测、无漏测、无不符精度、无违时）"四随"（随观测、随记录、随计算、随校核）。为提高观测精度和效率，还应做到"四固定"，即人员、仪器、测次、时间固定。当观测规定需要改变时，须经研究决定并报上级批准。

（4）观测资料的整理与分析。对现场观测成果及时进行整理，绘制各物理量的过程线及效应量与环境量之间的相关曲线，建立数学模型和监控预报方程，研究各效应量的变化规律和发展趋势，为建筑物工作性态评估提供可靠资料。

（5）水工建筑物工作性态的评估。根据上述分析成果，结合专家经验对建筑物的工作状态进行综合评估。对有异常现象的建筑物应及时通报主管部门和设计单位，及时研究对策，提出处理方案；对正常状态的建筑物也应对维修养护提出指导意见，以确保建筑物长期处于完好状态。

大坝安全监测是大坝安全管理的必要手段，安全监测及监测资料分析对保证工程的安全运行至关重要，为此，世界各国都对此高度重视并且通过各种技术手段，从各个角度去观测了解大坝的实际运行状态，设法加强对大坝的实际运行状态的安全监控。美国垦务局认为，使用观测仪器和设备对水工建筑物及地基进行长期和系统的监测，是诊断、预测、法律和研究等 4 个方面的需要：①诊断的需要，对异常状态、不安全迹象和险情进行及时的诊断和发现，然后采取措施进行加固；②预测的需要，运用长期积累的观测资料掌握变化规律，对建筑物的未来性态做出及时有效的预报；③法律的需要，对由于工程事故而引起的责任和赔偿问题，观测资料有助于确定其原因和责任，以便法庭做出公正判决；④研究的需要，观测资料是建筑物工作性态的真实反映，为未来设计提供定量信息，可改进施工技术，利于设计概念的更新和对破坏机理的了解。

12.2　监测项目

大坝安全监测工作包括现场检查和仪器监测两项不同的内容。其中，现场检查可分为巡视检查和现场检测两项工作，分别采用简单量具或临时安装的仪器设备在水工建筑物及其周围定期或不定期进行检查，可以是定性或定量的，借以了解有无缺陷和隐患或异常现象。现场检查的项目见表 12.1，原则上对各级建筑物均需按表中要求进行现场检查，其中带"√"号者为必检项目，其余为选检项目，可根据建筑物的实际情况进行必要的调整。仪器监测应包括仪器观测和资料分析两项工作，是利用专门及固定安装的仪器设备对作用于建筑物的自变量和应变量进行连续长期测量，以定量为主，并通过对观测值的计算和正反分析，了解其工作状态。按不同工程等别及按建筑物级别划分的仪器监测项目见表12.2，表中带"√"号者为必测项目，其余为选测项目，可根据各工程不同特点进行选择。

表 12.1　　　　　　　　　　　现 场 检 查 项 目

类别	项目	土石坝	堆石坝	混凝土坝	水闸、溢洪道	隧洞、地下厂房	水库
水文	侵蚀	√			√	√	
	植被	√			√		√
	兽穴	√					
	淤积	√	√	√	√	√	√
	冰冻	√		√	√	√	√
变形	开裂	√	√	√	√	√	√
	塌坑	√	√	√			
	滑坡	√	√	√	√	√	√
	隆起	√	√	√			
	错动	√	√	√			
渗流	渗漏	√	√	√	√	√	√
	排水	√	√	√	√	√	
	管涌	√					
	湿斑	√					
	浑浊	√	√	√	√		

12.2 监 测 项 目

类别	项目	土石坝	堆石坝	混凝土坝	水闸、溢洪道	隧洞、地下厂房	水库
应力	碳化			✓	✓	✓	
	锈蚀			✓	✓	✓	
	风化			✓			
	剥落			✓		✓	✓
	松软			✓			
水流	冲刷	✓	✓	✓	✓	✓	✓
	流态			✓	✓		✓
	气蚀			✓	✓	✓	
	磨损			✓	✓	✓	
	雾化				✓	✓	
	振动				✓	✓	

表 12.2　　　　　　　　　　仪 器 监 测 项 目

类别	项目	按 工 程 分 类						按 级 别 分 类			
		土石坝	堆石坝	混凝土坝	水闸、溢洪道	隧洞、地下厂房	水库	1	2	3	4
水文	水位	✓	✓	✓	✓	✓	✓	✓	✓	✓	✓
	降水	✓	✓	✓	✓		✓	✓	✓		
	波浪	✓					✓				
	冲淤			✓	✓	✓		✓			
	气温	✓	✓	✓	✓			✓	✓	✓	
	水温			✓				✓			
变形	表面	✓	✓	✓	✓	✓		✓	✓		
	内部	✓									
	地基			✓				✓	✓		
	裂缝	✓	✓	✓	✓	✓		✓	✓		✓
	接缝			✓		✓					
	边坡	✓		✓	✓		✓				
渗流	坝体	✓	✓					✓			
	坝基	✓	✓	✓	✓			✓	✓	✓	
	绕渗	✓						✓			
	渗流量	✓	✓	✓	✓	✓		✓	✓	✓	✓
	地下水				✓		✓				
	水质	✓	✓	✓		✓		✓			

223

续表

类别	项目	按 工 程 分 类						按级别分类			
		土石坝	堆石坝	混凝土坝	水闸、溢洪道	隧洞、地下厂房	水库	1	2	3	4
应力	土壤										
	混凝土							√			
	钢筋		√	√		√		√	√		
	钢板							√			
	接触面	√									
	温度			√				√	√		
水流	压强				√	√		√			
	流速				√	√					
	掺气										
	消能				√			√			
地震	振动										

　　根据大坝安全监测的目的，监测项目主要有变形、应力应变、接缝开度、温度、水位、扬压力（或测压孔水位）、渗流量以及水质等等。其中，变形和渗流监测被普遍视为最重要的监测项目，变形观测常用控制网、视准线、引张线、激光线和垂线等，渗流监测常用测压管、渗压计、量水堰等。

12.2.1　变形监测

12.2.1.1　水平位移

　　大坝水平位移主要采用视准线、引张线和激光线 3 种方法进行监测，每一种方法又可细分为两种方法。

　　（1）视准线法。视准线法可分为小角法和觇牌法，理论上两种方法的结果是一致的，但根据实践经验，小角法稍优于活动觇牌法。以往视准线法观测精度普遍较低，不能满足规范要求，需在观测技术及操作上采取措施，提高仪器精度，如采用测角精度为 $0.5''$、测距精度为 1×10^{-6} mm 的自动跟踪全站仪，不仅能满足水平位移观测精度要求，而且可以提高自动化水平。

　　（2）引张线法。引张线可分为单向和双向两种，其中单向引张线适用于长坝，需要设浮托装置；双向引张线适用于短坝，不需设浮托装置。当对长坝进行分段观测时，也可采用双向引张线。目前主要采用单向引张线。为了提高引张线的观测效率，最好采用双向引张线，它是引张线的发展方向和必然趋势。当采用双向引张线时，需注意各测点的观测高程是不同的，它应随引张线垂径的变化而变化，设计时需分别对各测点高程进行计算。

　　（3）激光线法。激光线可分为真空激光线和大气激光线两种，其中前者适用于长坝，后者适用于短坝，其特点是可观测双向位移。真空激光线的观测精度接近引张线法，相对误差可达 1×10^{-7}，可比视准线法提高一个数量级。大气激光线观测精度稍高于视准线。为了提高大气激光的观测精度，建议增设大气激光管道装置（可采用塑料管），此时观测精度可提高到真空激光与视准线之间。

12.2.1.2　垂直位移

垂直位移一般可分为表面垂直位移和内部垂直位移两种。

（1）表面垂直位移。表面垂直位移监测目前仍以精密水准法为主，该法设有测点、工作基点和校核基点（基准点）3种。目前一般监测设计和施工都要求坝顶和坝基之间进行高程传递，实际上，一些坝的坝顶和坝基等部位分别建立了水准路线，即分别建立了基准点，在这种情况下就可以不再进行高程传递，以简化观测。设计时对于是否需要进行高程传递宜进行方案比较论证。一般认为，利用三维倒垂线兼作高程传递也是一种较为可行的办法。

（2）内部垂直位移。对于土石坝内部垂直位移，目前大多采用水管式沉降仪监测，这种方法必须随坝体填筑进行埋设，且需挖沟、浇筑混凝土垫层等，对施工有一定干扰，如不挖沟埋设，则易受施工机械和人为损坏。除可采用电磁式等沉降仪外，还可采用埋设电测传感器来观测土石坝的内部沉降。

（3）基准点。垂直位移监测的基准点，可采用平洞基岩标、钢管标、双金属标等多种方式。但需注意的是，只有在温度变化较大的部位设置基准点时，才应采用双金属标。

12.2.1.3　挠度

挠度一般采用正垂线和倒垂线进行监测。

（1）正垂线。一些工程在进行正垂线设计时，没能将悬挂点设置在坝顶，而仅设置在上部廊道中，失去了观测坝顶最大挠度的可能，损失的这部分位移往往占较大的比例。另外，有条件时，最好将垂线布设在两坝段交界处，这样可以一线两用，即利用一条垂线同时监测两个坝段的位移。

（2）倒垂线。倒垂线钻孔深度需达到变形可忽略不计处，因此，可以认为倒垂线在钻孔底部锚固点的稳定性是比较可靠的，一般情况可不再校核倒垂线的稳定性。目前有不少工程采用控制网校核倒垂线，由于控制网观测精度低于倒垂线，所以效果不够理想。倒垂孔内可以埋设保护管。

12.2.1.4　倾斜

坝体和地基倾斜主要采用精密水准、静力水准及倾斜仪和测斜仪进行监测。

（1）精密水准。采用精密水准法监测大坝倾斜是一种间接观测方法。此法简单、方便、适应性强，观测出两测点之间的相对高差，即可计算出倾斜角。如果采用每公里往返测高差的标准偏差仅为 $\pm(0.2\sim0.3)$mm 的电子水准仪或自动安平水准仪，则可以满足规范要求。

（2）静力水准。据统计，我国混凝土坝一般都布设有静力水准进行倾斜监测，但其观测结果只能是相对高差，并不代表大坝的垂直位移。如果串接静力水准测点后，便认为可以作为垂直位移监测，而不再布设廊道垂直位移监测项目，是不合适的。另外，将静力水准多个测点串接后，若其中一个或几个测点发生垂直位移，会引起其他未发生位移测点水位的改变，从而产生较大误差，影响测点的变形规律，在这种情况下，虽然读数精度有可能很高，但其准确度却很低。提高静力水准准确度的方法是设置补偿器，如果要求观测垂直位移还应测出补偿器的绝对高程。此外，当已知补偿器和测点罐体有效面积时，也可计算出相应的观测精度。

(3) 倾斜仪。倾斜仪的型式有多种，监测规范虽有规定，但以往布置较少。可采用遥测倾斜仪，将仪器布设在监测基面的不同高程，即可建成快速、可靠、精密的自动化监测系统。

(4) 测斜仪。测斜仪受观测精度的限制，适用于土石坝、滑坡体及高边坡的倾斜监测，而不适用于混凝土坝及其基岩的倾斜监测。

12.2.2 渗流监测

12.2.2.1 测压管

(1) 管径。测压管管径宜为 50mm，实际上大多数工程都超过规定值，一般采用值在 $\phi 75 \sim 150mm$ 之间。

(2) 进水段。测压管进水段长度应包括花管段和未封堵段，混凝土坝监测规范规定为钻孔"孔深距离建基面不大于 1.0m"，土石坝则规定"一般长 1～2m，当用于点压力观测时，应小于 0.5m"。

土坝坝体等势线一般并不垂直，因此一根测压管要穿过几条等势线，测值为其平均值，很难说明问题，其次由于进水段过长，孔口封堵过短，可能产生裂缝或渗水通道，使雨水或地面水渗入孔内，若为混凝土坝，则因钻孔孔身裸露，容易造成测值异常。理论分析表明，进水段花管的开孔率与滞后时间成反比，因此，应增大开孔率。

(3) 观测。混凝土坝监测规范规定"两次读数之差不大于 1cm"，土石坝则规定"两次测读误差应不大于 2cm"。这种规定是比较宽的，尤其是土石坝，但实际工程上仍然难以达到。美国规定读数精度为 0.3cm。此外，当为有压孔时，混凝土坝规定"选用量程合适的压力表，使读数在 1/3～2/3 量程范围内，压力表的精度不得低于 1.5 级"。在这种情况下，即使采用 0.2～0.4MPa 的小量程压力表，其精度也在 30～60cm 之间，可见压力表的观测精度较低，改为渗压计进行观测较为合适。

12.2.2.2 渗压计

国内外生产的渗压计品种较多，常用且国内已可生产的有钢弦式、电感式和电阻式 3 种。

12.2.2.3 渗流量

渗流量常用量水堰观测。目前我国在大坝安全监测工作中，无论是混凝土坝或土石坝，对于渗流量监测的重要性的认识都还不够，尚需加强监测。

12.2.3 应力监测

12.2.3.1 混凝土应力

在混凝土应力观测中，混凝土无应力计观测是一项重要内容，其观测值中包括有温度、湿度和自生变形。混凝土坝监测规范规定"每一应变计组附近应布置相应的无应力计"，可以理解为无应力计要跟随应变计布置，它服务于应变计，这只是利用了无应力计的部分功能。应把无应力计监测作为独立项目对待，即让它即使离开应变计也能生存，以便深入了解混凝土材料性能的变化及老化过程，更好地发挥监控大坝安全的作用。

12.2.3.2 钢筋应力

混凝土坝监测规范中列出的钢筋应力计算公式的计算值是钢筋的综合应力（总应力），

计算结果仅适合于钢筋单独受力作用的情况。当钢筋与混凝土联合作用后，由于受到混凝土徐变和自由体积变形的影响，便包含了荷载应力和附加应力两部分，为了求出与设计钢筋应力相应的荷载应力，就需要考虑混凝土徐变和自由体积变形的影响。因此在布设钢筋计时，应同时布设混凝土无应力计，或利用钢筋计附近混凝土的无应力计，才能计算出钢筋的荷载应力，并推算出混凝土应力。

12.2.3.3 岩石应力

岩石应力监测一般仍采用直接监测岩石应变的方法。由于岩石表面节理裂隙较多，在观测岩石应变时，往往要将传感器加长，加长杆一般为钢筋或钢管，长度为 1～2m 或更长，为此，应考虑加长杆温度变化对测值的影响。此外，在进行岩石应力和应变监测时，也应布置相应的岩石无应力计，其构造可在靠近测点 1～1.5m 处岩石表面钻直径为 40～50cm 环形槽，使其与周围介质受力条件隔开，中心钻孔安装岩石无应力应变计。

12.2.3.4 土压力

土压计一般用于土体或土体界面的土压力观测。由于受仪器结构效应、埋设效应、标定效应等因素影响，技术上尚不够成熟，因此土压力观测值与实际值相差较大，如新疆某大型土坝，观测值仅相当于实际值的 30％～60％，平均为 48.7％。因此，土压力监测技术尚需进一步研究。

在岩石与混凝土交界面观测压应力时，较为合适的是采用混凝土压应力计进行观测。

12.2.4 仪器鉴定

为了保证已安装埋设仪器的可靠和正常工作，及时对监测系统进行检查和鉴定是至关重要的，建议每年进行一次检查，每 3 年进行一次鉴定。除此之外，在下列情况下也应进行鉴定：①进行大坝监测系统更新改造时；②进行长期观测资料整理分析时；③进行大坝安全检查鉴定时；④决定仪器停测或重新启用时；⑤鉴别仪器编号正确性时；⑥鉴定仪器工作性能是否正常时；⑦鉴定大坝监测系统损坏、失效及出现异常情况时。

大坝已埋设仪器的鉴定是评价仪器设备性能是否正常及确定取舍的问题，宜慎重对待。鉴于仪器检查和鉴定工作尚无统一的评价标准，以往主要根据经验作定性判断，鉴定结果会因人而异。为此需按误差理论确定定量评价标准，这样不仅能对监测系统的状态有明确的了解，便于维修管理，而且经过鉴定对于好的和比较好的仪器，可按工程安全运行需要选择和继续观测，对于差的测点则可建议停测或封存。

12.2.5 自动化监测

12.2.5.1 测点选择

自动化监测技术已有了很大的发展。自动化监测具有精度高、速度快，可实现远程监测及传输等优点，获得了越来越多的应用。由于大坝测点较多，如何选择其中一部分纳入自动化系统是做好自动化监测的关键。虽然每座大坝都有各自的特点和问题，但应以满足监视大坝安全运行为主的原则是一致的，即应对可能存在安全隐患和异常部位的测点进行跟踪监测。

12.2.5.2 报警系统

已建的自动化监测报警系统，一般只有测值超限报警功能，还应增加设备故障报警。同时对于测值超限报警也应包括监测物理量的技术监控指标报警，此外，应将水库水位超过设计最高洪水位和水库泄洪量超过设计最大泄量也作为报警指标之一，即将安全监测和水情测报两种报警系统相结合，组成一个统一的报警系统。

12.2.5.3 准确度

已建立的自动化系统中，一般仅对系统的观测精度提出要求，而没有提出准确度指标，致使往往造成观测值精度很高，但准确度很低，不能反映大坝的真实性态。人工观测也有类似情况。例如，当垂线或引张线复位精度较差时，即使观测精度很高，也没有多大实用价值。因此，除加强自动化设备的现场管理和维护外，今后强调监测准确度要求是十分必要的。

12.2.5.4 人工比测

自动化监测不允许出现中断运行，必须长期可靠并真实反映大坝及地基的性态变化，发生故障能及时判断和迅速排除，同时可用人工观测取得数据，特别是在汛期大洪水等情况下更应如此。因此，自动化系统应具有人工观测接口，以便进行人工补测或校测。

12.3 监测资料分析和监控模型

早在 1955 年，意大利的法那利（Fanelli）和葡萄牙的罗卡（Rocha）等，应用统计回归方法定量分析了大坝的变形观测资料。此后法那利等人又于 1977 年提出了混凝土坝变形的确定性模型和混合模型，将理论计算值（运用有限元法）与实测数据有机地结合起来，这类模型对监控大坝安全比较适用。法国在资料分析方面要求简便、迅速，他们采用了 MDV 方法监测大坝，即在测值序列中去掉水压分量和温度分量后的剩余部分（即时效分量和残差），并分析其变化规律，判断大坝的运行工况。在常规分析资料的基础上，苏联、日本、法国等国家也开展不同内容的反分析，主要是反演坝体材料的物理力学参数以及施工期反馈分析。

我国的监测资料分析工作大致分为两个阶段：在 1974 年以前，以定性分析为主；在 1974 年以后，河海大学陈久宇首先应用统计回归法分析原型监测资料，吴中如将其发扬光大，提出了"一机四库"，将分析成果加以物理成因的解释，使其逐渐用于监视大坝的安全运行和评价大坝的工作状况。

迄今，国内外大坝安全的监测资料分析（定量）领域主要形成了 3 种常用的传统监控模型：①应用统计分析建立的统计模型；②依靠物理力学关系和演绎推理所建立的确定性模型；③一部分依靠物理力学关系、一部分应用统计分析所建立的混合性模型。

12.3.1 统计模型

这里以变形监测资料统计模型为例阐述统计模型的理论。大坝变形总是受到多种环境因素的影响，其变形观测数据及作用于大坝的各环境因素变化具有一定的随机性。利用统计方法，通过分析观测变形和内外因之间的相关性来建立荷载和变形之间关系的数学模型，以揭示大坝变形的规律。

以混凝土坝变形为例，在水压力、扬压力、泥沙压力和温度变化等荷载作用下，大坝任一点产生一个位移矢量 δ，它可以分解为水平位移 δ_x、侧向位移 δ_y 和竖直位移 δ_z，如图 12.1 所示。按其成因，位移可分为水压分量 δ_H、温度分量 δ_T 和时效分量 δ_θ 3 个部

分，即

$$\delta(\delta_x/\delta_y/\delta_z)=\delta_H+\delta_T+\delta_\theta \quad (12.1)$$

12.3.1.1 水压分量

（1）水压分量表达式。在水压力作用下，大坝任意一点产生位移由 3 部分组成：①静水压力作用在坝体上产生的内力引起的坝体位移；②在地基上产生内力使地基变形引起的坝体位移；③库水作用使地基面转动引起的坝体位移。根据分析，重力坝上任一点在水压力作用下产生的水平位移 δ_H，与因子 H、H^2、H^3 呈线性关系，即

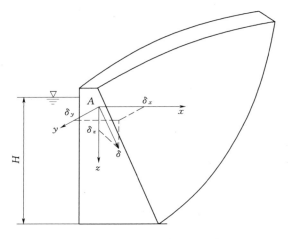

图 12.1 位移矢量及其分量示意图

$$\delta_H = \sum_{i=1}^{3} a_i H^i \quad (12.2)$$

式中：H 为库水深，m；a_i 为回归系数。

拱坝是高次超静定结构，其上任一点在水压力作用下产生的水平位移 δ_H 不仅与水位因子 H、H^2、H^3、H^4（或 H^4）呈线性关系，而且与观测日前 j 日的平均库水深因子 $\overline{H}_j^1$、$\overline{H}_j^2$、$\overline{H}_j^3$ 呈线性关系，即

$$\delta_H = \sum_{i=1}^{4(5)} a_{1i} H^i + \sum_{i=1}^{3} a_{2i} \overline{H}_j^i \quad (12.3)$$

式中：H 为坝前水深，m；$\overline{H}_j$ 为观测日前 j 日的平均库水深，m；a_{1i}、a_{2i} 为回归系数。

（2）扬压力和泥沙压力对位移的影响。扬压力为上浮力，使坝体产生弯矩并减轻坝体有效自重，从而使坝体产生变形；泥沙压力则加大坝体的压力和库底压重，也使坝体产生变形。研究认为，坝基扬压力在坝上任一点引起的位移与上下游水头、下游水深呈线性关系，坝身扬压力在坝中任一点引起的位移与水深 H^2 呈线性关系，同时考虑到上游水位是动态的，扬压力要滞后库水位，因此，采用观测日的库水位与观测日前 j 日的平均库水位之差 $\Delta\overline{H}_j$、$\Delta\overline{H}_j^2$ 作为因子，则扬压力分量的表达式为

$$\delta_H = a_1 \Delta\overline{H}_j + a_2 \Delta\overline{H}_j^2 \quad (12.4)$$

式中：$\Delta\overline{H}_j$ 为观测日库水位与观测日前 j 日的平均库水位之差，m。

在多泥沙河流中修建大坝，泥沙在坝前逐年淤积，加大坝体的压力和库底压重。随着时间的增长，一方面泥沙逐年淤高；另一方面泥沙逐步固结，内摩擦角增大，侧压力减小。因此，泥沙压力对位移的影响十分复杂。研究经验表明，一般可把泥沙对位移的影响由时效因子来体现，可不另选因子。

12.3.1.2 温度分量

位移的温度分量（δ_T）是由于坝体和基岩温度变化引起的位移，因此应选择坝体和基岩的温度计测值作为因子。温度计的布设一般有两种情况：①坝体和基岩内部布设足够数量的温度计，其测值可以反映温度场；②坝体和基岩没有布设温度计或只布设极少量的温度计，但有气温和水温等边界温度计。

（1）有内部温度计的情况。由于温度的变化，大坝任一点的位移与各点的变温值呈线性关系，所以当有足够数量的坝体温度计时，可选用各温度计的变化值 T_i 作为因子，则温度分量表达式为

$$\delta_T = \sum_{i=1}^{m_2} b_i T_i \tag{12.5}$$

式中：T_i 为温度变化值；b_i 为回归系数。

（2）只有边界温度计的情况。大坝温度场取决于上、下游坝面边界温度的变化，其影响深度和变幅与温度变化的周期有关。

1）有水温和气温资料时，温度因子选择。当有水温和气温资料时，考虑边界温度对坝体温度的热传导影响，不同部位的温度滞后于边界温度的情况不同，以及考虑温度变化强度衰减的规律，选用观测日前 i 日（或旬）的气温和水温的均值或观测日前 i 日的气温和水温与年平均温度的差值作为因子，则温度分量表达式为

$$\delta_T = \sum_{i=1}^{m_2} b_i \overline{T}_i \tag{12.6}$$

式中：T_i 为观测日前 i 日（或旬）的气温和水温的均值；b_i 为回归系数。

2）只有气温资料时，温度因子的选择。坝体内任一点的温度可以用周期函数表示，同时考虑温度位移与温度变化呈线性关系，选用多周期的谐波作为因子，即

$$\delta_T = \sum_{i=1}^{1(2)} b_{1i} \sin \frac{2\pi it}{365} + b_{2i} \cos \frac{2\pi it}{365} \tag{12.7}$$

式中：i 为周期数，$i=1$ 为年周期，$i=2$ 为半年周期；b_{1i}、b_{2i} 为回归系数。

12.3.1.3　时效分量

大坝产生时效分量的原因极为复杂，它综合反映坝体和基岩的流变、塑性变形以及基岩地质构造的压缩变形等，同时还包括坝体裂缝引起的不可逆位移以及自生体积变形。该时效分量可归纳为以下几种函数形式。

（1）指数函数。时效分量随时间衰减的速率与残余变形量成正比，则时效分量为

$$\delta_\theta = C(1 - e^{-C_1 \theta}) \tag{12.8}$$

式中：δ_θ 为时效位移的最终稳定值；C 为系数；C_1 为参数；θ 为时间。

（2）双曲函数。当测值较稀疏时，时效分量可以取为

$$\delta_\theta = \frac{\xi_1 \theta}{\xi_2 + \theta} \tag{12.9}$$

式中：ξ_1、ξ_2 为参数。

（3）对数函数。式（12.8）可以用对数表示，即

$$\delta_\theta = C \ln \theta \tag{12.10}$$

式中：C 为参数。

12.3.2　确定性模型

如果效应量和环境量之间存在确定的数学力学关系就可以直接利用这种关系建立数学模型。如利用弹性理论对位移和应力建立模型，或者利用场理论对渗流建立模型等。它可以是一个简单的模型，如由材料力学法或达西定律求得的；也可以是一个复杂的模型，如

由有限元法或有限差分法求得。但不管如何，它总是一个根据材料的应力与应变关系或渗透流速与渗透坡降的关系为主要依据而得到的模型，它包含结构的物理常数、几何尺寸和边界条件。

从本质上讲，这是一种"先行"的模型，它提供的预报并不基于结构过去的历史表现，甚至在结构尚未存在时，就可以建立确定性模型。它依赖于所采用的确定的数学力学关系以及所采用的参数值反映实际情况的程度。

通常，希望建立一个不随时间改变或不因观测量的数值而改变的模型，这就意味着在确定性模型中所选取的物理常数的值应完全符合实际情况。实际上，某些物理常数的值一般不可能预先准确地知道，对这些常数就有一个后行的确定过程，通常把这过程称为常数的标定。也就是说，由于人们对某些物理常数了解得很不够，故很难建立真正的确定性模型，因而只存在以一段时间的观测数据为基础的确定性模型。下面以大坝位移确定性模型为例，说明建立确定性模型的一般步骤。

为了建立确定性模型，需要作以下几点假设：

(1) 结构材料是线弹性的，包括坝体混凝土和地基岩体。

(2) 主要影响坝体性态的外界因素为水位和温度变化（包括气温、水温和混凝土温度）。

(3) 结构内部温度变化是周期的。

(4) 水位影响和温度影响的线性合成和分解是可能的。

(5) 有内部温度计的情况下，可以将每支温度计的贡献分离出来，允许分别考虑每支温度计对给定点位移的贡献，即引入"单温度计模型"。

(6) 为了考虑材料长期的非弹性性质（如地基岩体和坝体混凝土的流变）而引入时效位移分量。

以上这些假设在坝体正常工作阶段是可以接受的，基本符合实际情况。这一点已被原型观测以及其他类型模型的计算所证明。

假设采用有限元法建立大坝位移的确定性模型。根据前述假设，可以把坝体某点的位移视为几种外界条件贡献的总和。在外荷载（水压力 H、温度变化 T 等）作用下，大坝和地基任一点产生的位移及其分量可分为水压分量 $f_H(t)$、温度分量 $f_T(t)$ 和时效分量 $f_\theta(t)$ 3 个部分，即

$$\delta = f_H(t) + f_T(t) + f_\theta(t) \tag{12.11}$$

(1) 水压分量 $f_H(t)$。已知坝体与基岩的真实平均弹性模量为 E_c、E_r、E_b，用有限元法计算不同水位（作用在坝体和库区基岩上）时，大坝任一点的位移，即 $H_i \rightarrow \delta_{Hi}$，然后用多项式拟合，即

$$\delta_H = \sum_{i=0}^{n} a_i H^i \tag{12.12}$$

可以求得 a_i。一般重力坝用 3 次式（$n=3$），拱坝和连拱坝用 4 次式（$n=4$）。

如果 E_c、E_r 已知，则 δ_H 无需修正，即 $f_H(t) = \delta_H$。

(2) 温度分量 $f_T(t)$。温度分量是由于坝体的温度变化所引起的位移，这部分位移一般在坝体总位移中占相当大的比重，尤其是拱坝和连拱坝。正确处理温度分量对建立确定

性模型是至关重要的。温度因子的选择根据温度计布设的不同而不同。

（3）时效分量 $f_\theta(t)$。用非线性有限元法计算时效分量，由坝体和基岩的流变资料，求出它们的本构关系（$\sigma-\tau$）。若缺少这些资料，可用不同阶段的变形或应力监测资料反演坝体和基岩的弹性模量，推求弹性模量的历史过程线 $E(\tau)-\tau$。然后用非线性有限元法计算时效分量 $f_\theta(t)$。

由于影响位移时效分量的因素极为复杂，它不仅与坝体混凝土的徐变和基岩的流变有关，而且还受基岩的地质构造和坝体裂缝等因素的影响。因此，目前时效分量一般采用统计模式。

大坝位移确定性模型的一般表达式为

$$\delta = X\delta_{1H} + Y\delta_{2H} + Z\delta_{3H} + J\zeta\delta_T + \delta_\theta \tag{12.13}$$

式中：X、Y、Z、J、ζ 为调整参数。

12.3.3　混合模型

混合模型是结合大坝的实际工作性态，用有限元法计算荷载（如水压力）作用下的大坝和地基的效应场（如位移场、应力场或渗流场）得到水压分量，用统计分析得到其他温度分量和时效分量，然后与实测值进行优化拟合而建立的模型。大坝位移混合模型的一般表达式为

$$\delta = X\delta_{1H} + Y\delta_{2H} + Z\delta_{3H} + \sum_{i=1}^{m_2} b_i T_i + \delta_\theta \tag{12.14}$$

式中：X、Y、Z 为调整参数。

12.4　大坝安全实时监控和预警系统

对于大坝安全监测，世界各国都根据本国的国情，逐步采用自动化监测方案。主要有两类：一类是以意大利为代表的实现遥控和自动化监测方案，另一类是以西班牙为代表的实现局部自动化监测方案。前者由意大利国家电力局和贝格莫模型和结构试验研究所合作开发了自动采集观测数据，由微机处理、储存以及具有不同干预方法的快速分析等功能的自动化系统。该系统还可以与离线处理分析连接，即在全国 8 个地区中设立二级管理中心，统一集中到米兰研究中心，该中心配置较大规模的计算机系统，建立全国性的计算机网络，各地区的观测数据，通过网络通信、载波电话或记录磁带定期送到米兰中心进行处理分析。后者主要对内部观测仪器设备（应变计、温度计、测缝计和压力计等）进行自动化采集数据和计算机处理，其他仪器采用人工测读，然后人工输入计算机处理。法国、葡萄牙和美国等国家也采用人工测读数据，由计算机进行观测数据的自动化处理。

我国也逐步开展了自动化监测，并在自动化采集监测数据、在线实时监控和预警等方面已经取得了显著成果。

12.4.1　预警系统开发的目的和意义

新中国成立以来，掀起多次筑坝建库高潮，已建成的水库达 9.8 万余座，大坝数量居世界第一位。这些工程在防洪、发电、供水、灌溉、航运、水产养殖、改善生态环境以及文化娱乐等方面发挥了重大作用。然而，水利工程在为人类造福的同时也会留下许多隐

患，甚至引起溃坝事故导致巨大灾难。我国水库大坝有一半以上建成于 20 世纪 50—70 年代，由于历史、建筑标准低、长期运行等多种原因，不少大坝出现了安全隐患。有些大坝出现了危及大坝安全的裂缝和病患；有些大坝的坝址地质条件复杂，大坝安全度偏低；有些大坝的防洪标准较低；有些大坝运行时间较长，建筑材料老化，等等。这些因素不仅不同程度地影响工程效益的发挥，而且威胁到下游人民生命财产、基础设施和生态环境的安全，制约当地社会经济的可持续发展。此外，我国新一轮的筑坝高潮已经接近尾声，许多二、三百米的大坝已经建成，仍有不少正在建设或者将要兴建，这些大坝的安全性也随着社会和经济发展水平的不断提高而更显重要。

大坝的监测资料种类多，数量大，处理和分析的工作量很大。由于各种条件限制，水电站和水库管理单位的技术人员很难及时进行处理，一般要委托有关单位来进行整理分析，耗时较长，不能将监测和分析成果及时用于监控大坝的安全运行，也就不能及时发现隐患并进行预警和处理，以至延误时机，造成不必要的损失。另外，为了进行大坝安全定期检查，上级主管部门和水电站或水库管理单位需要花费大量的人力、财力和时间来组织委托有关单位或部门协调工作。因此，通过对监测系统采集的数据进行科学管理，及时分析，迅速有效地评价工程的安全状况，发现隐患及时预警，对于确保大坝长期安全运行十分必要。

水利工程建设具有建设周期长、施工条件复杂、地质条件复杂等特点，设计和施工需要多专业联合作业，受不确定性因素的影响大。因此大坝施工期也是最容易出现大坝安全问题的时期之一。大型水利水电工程一般建设期长，如葛洲坝水利枢纽工程施工期长达 16 年，长江三峡水利枢纽工程为 17 年，在建设期中海量的施工期监测资料和施工问题需要及时分析和解决，特别是及时有效地解决施工中发现的问题是反馈设计确保大坝安全施工的关键措施之一，如混凝土坝的温控措施、土石坝的碾压及防渗排水结构的施工、有关泄洪建筑物的机电安装等都将直接影响大坝的安全。而欲发现这些问题，都需要对大坝施工期各部分的施工进行实时的监控以获取相应的资料，并及时分析和预警，才能保证大坝顺利施工并确保施工质量。因此，大坝施工期间也需要安全监测，以获取大坝施工的第一手资料，为综合评价提供可靠信息。

21 世纪将是我国高坝建设、老坝加固、病坝除险的高峰期，也是人力资源得到极大肯定、计算机科学与网络技术飞速发展的时代。在不断完善大坝安全监控系统功能和提高大坝安全性的同时，需要充分运用现代监测技术、计算机科学、网络技术、数据库技术、人工智能等多学科理论和技术，实现对监测系统采集的数据进行科学有序的管理，及时有效地分析评价工程的安全状况，及时发现影响建筑物安全的前兆信息，确保能在发生灾害性事故之前及时预警，为业主或管理层决策提供支持，以便采取应急措施将灾害损失降低到最小。因此，开发一套适用性强、操作灵活、可视化的大坝安全实时监控和预警系统具有重要的科学意义和实用价值。

12.4.2 预警系统开发的原则

大坝安全实时监控和预警系统是一个庞大的系统工程，涉及到硬件配置、软件配置和集成以及不同类型的大坝和复杂环境等多方面因素，在研制和开发时需要制定一定的开发原则。根据现有条件和应用的需要，开发该系统需遵循以下原则。

（1）规范性。该系统遵循大坝安全监测有关规范、规程和要求进行开发，符合规范要求。

（2）实用性。该系统以解决大坝安全管理和分析评价为重点，遵循大坝安全监测有关规范、规程和要求，采用功能完善、操作灵活、运行可靠、实用先进的硬件和软件，以解决工程和管理的实际问题为第一目标。

（3）可靠性。大坝安全监测是获取大坝工作性态第一手资料、关系到大坝安全的大事，尤其在汛期或遇到特殊情况时，监测及其安全分析评价不允许中断。因此，系统的硬软件及网络能长期可靠地工作，能安全可靠地管理监测资料，并对大坝进行运行状态分析和评价，保证信息通讯安全畅通。

（4）实时性。监测系统采集的监测资料应及时输入本系统的监测数据库，并及时整编和分析。在发现异常后可立即进行判别：当判别为监测引起的异常，则发出监测报警，并进行监测检查，排除监测故障；当判别为结构或渗流等引起的建筑物工作异常，则及时进行物理成因解析，发出结构报警，并提出辅助决策的建议。由此，实现对大坝的实时安全分析评价和监控。

（5）先进性。在满足实用性、可靠性和实时性的前提下，应尽量采用当前先进的硬软件环境，包括计算机和网络技术、开发的应用软件等，应采用国内外先进可靠的系统开发技术和应用软件，使系统达到国内外的先进水平。

（6）开放性。由于监测技术、计算机硬软件技术和网络技术日新月异，因此，系统应具有升级和更新能力，要求系统具有较好的开放性。

（7）通用性。研制和开发的系统应尽可能适用于多个大坝，或者稍作修改补充即可移植应用于类似的大坝，从而使系统达到通用化、产品化。同时，应做到监测信息整编和分析的标准化和规范化。

（8）广域性。系统需具备广域网远程浏览和查询的性能，可供多个授权用户在 Internet 网络上和移动终端上浏览和查询水库大坝相关资料及其安全监测和评价预警信息。

（9）经济性。在满足以上原则的前提下，系统研制和开发应尽量满足技术经济最优的原则，减少不必要的系统硬软件开销和功能，尽可能使系统精炼，便于运行和维护。

12.4.3 系统开发的内容

根据水库大坝的一般性特点以及大坝安全分析评价的需要，参照《水库大坝安全鉴定办法》《水库大坝安全评价导则》《水库大坝安全管理办法》《水电站大坝安全管理办法》《土石坝安全监测技术规范》《土石坝安全监测资料整编规范》《混凝土坝安全监测技术规范》《混凝土坝安全监测资料整编规范》《大坝安全管理法规与标准汇编》《水电站大坝安全检查施行细则》等法规和规范以及有关标准，确定系统开发的内容。

12.4.3.1 系统规划设计

（1）系统总体规划。提出系统的开发目标和开发原则，系统的总体结构以及主要相关内容等。

（2）系统专业内容规划设计。分别对本系统的系统管理子系统、工程档案子系统、监测数据子系统、远程浏览子系统、查询子系统、实时监控子系统、分析预警子系统等进行规划和设计。

（3）系统的硬软件环境。根据实时监控和预警系统的需求分析，规划本系统研制和开发物理模型所需的硬件环境和软件环境，即计算机及其打印机、网络设备等外围设备；软件环境，即服务器和 PC 客户机的操作系统，以及数据库管理软件、开发工具软件、通讯软件、多媒体播放和图形显示软件、档案管理软件等。

（4）实施计划及概算。提出该系统研制和开发的工作大纲、工作进度计划以及经费概算等。

12.4.3.2 系统详细设计

根据大型系统软件工程研制和开发的流程程序，对该系统进行详细设计，即编制实施细则，其主要设计内容如图 12.2 所示。

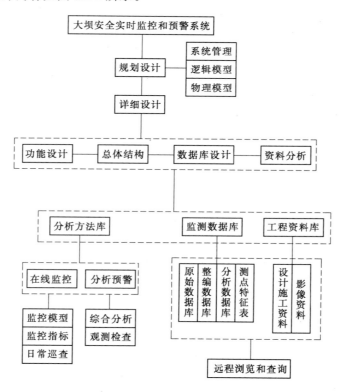

图 12.2　详细设计内容示意图

1. 系统的功能

根据规划设计的内容，对本系统的功能进行细化。该系统具有下列功能（或目标）。

（1）对人工采集和自动化监测系统采集的监测资料以及与安全有关的设计、施工资料进行科学有序的管理。

（2）动态管理监测系统及其监测资料数据库，可根据需要增加或删除测点信息，而不影响系统运行。

（3）对监测资料进行及时（人工）或实时（自动化）整编和初分析，而且用户可根据需要对监测资料的整编和归档进行调整。

（4）依据监测资料及其分析成果，对大坝等水工建筑物的安全状况做出及时或实时评价，实现及时或在线实时监控。

（5）对及时或实时监控发现的异常测值，进行在线实时反馈分析。首先对异常测值，进行综合分析检查和监测检查，区分监测因素和建筑物异常或险情；其次对于建筑物的异常或险情，进行物理成因分析，并发出报警信息。

2. 系统总体结构

（1）管理模块结构。一般水利工程水工建筑物包括挡水建筑物、泄水建筑物、引水建筑物以及通航建筑物等其他专门建筑物。该系统采用模块化管理，主要研制和开发挡水建筑物的安全实时监控和预警系统，其他相关建筑物也可根据需要增加。

（2）逻辑模型结构。依据以上功能，对系统的逻辑模型的总体结构进行设计，主要包括工程资料库、监测数据库、分析方法库。其中：①工程资料库主要储存与安全有关的设计、施工、影像等资料并进行科学有序的管理，必要时供查询调阅；②监测数据库主要储存各种监测仪器测得的数据资料以及观测点的测点编号、埋设部位等特征信息，并进行科学有序的管理，供系统综合分析调用查阅；③分析方法库主要储存对监测资料进行误差分析和处理、资料分析、结构分析、渗流分析、预警指标分析以及综合评价等计算分析程序，为实时在线监控和分析预警提供定量依据。

（3）物理模型结构。为了在计算机上实现逻辑模型，依据系统的逻辑模型结构，对物理模型的总体结构进行设计，主要包括设计系统结构的总体网络流程、计算机网络结构，以及比选系统的硬件环境和软件环境等。其中：①系统结构的总体流程，包括输入系统、输出系统、分析方法库、工程资料库、监测数据库等结构和信息流；②计算机网络结构，依据基地中心和现场监测的原则，设计计算机网络系统结构，包括水库大坝现场监测局域网络系统结构和 Internet 广域网络系统结构；③支持系统的硬件，依据逻辑模型的需求，比选服务器和客户机及其配件和通讯网络的型式；④支持系统的软件，根据需求，比选数据库管理软件、开发工具软件、多媒体应用软件、图形应用软件等。

（4）数据流结构。大坝安全实时监控和预警系统的数据流程是根据用户指令，大坝安全监测数据自动化采集系统自动采集数据，通过数据接口进入本系统数据库的原始数据库中；人工采集数据、日常巡查资料、监测仪器考证数据和工程概况数据，由人工输入各自的数据库。这些数据可以查询和输出，即在计算机屏幕上显示或打印机打印等；监测数据可以通过预处理系统进行异常数据识别，若正常，可进入整编数据库，若异常，则报警，并进行检查分析。整编数据可以查询和输出，也可以采用图形（图像）表示，即将整编数据形象地用图形显示和输出。调用分析方法库中的监控模型、结构分析、渗流分析程序等可以对大坝进行预警指标分析和综合评价。上述分析和评价结果可以直接输出，便以指导大坝安全运行，或进入分析数据库，以成果报告形式提供给用户。

3. 逻辑模型结构设计概述

根据以上功能、总体结构以及大型软件系统研制和开发程序的流程，对工程资料库、监测数据库、分析方法库、数据流进行详细设计。

（1）工程资料库。工程资料库主要储存为大坝等水工建筑物的安全分析评价提供依据和定性分析的基础资料，其功能是储存工程档案，并科学有序可靠地管理与安全有关的设计、施工、影像等资料。详细设计需依据内容，编制相应菜单，对图标的屏幕显示、数据流、数据结构及数据接口等进行详细设计。

（2）监测数据库。监测数据库主要储存为大坝等水工建筑物安全分析评价提供定量分析的基础资料，以及观测点的测点编号、埋设部位、埋设时间、起测时间、停测时间、参数指标等。其功能是科学有序可靠地管理监测系统中观测点的特征信息以及各种仪器监测得到数据资料，主要分原始数据、整编数据、分析数据和测点特征等 4 个层次。

原始数据库主要管理人工和自动化采集的原始监测资料，以保持原始监测数据的连续性和真实性；整编数据库主要根据监测规范对原始数据进行整编，并进行管理，包括数据转换、误差分析、按监测项目进行整编、初分析以及编制相应的报表；分析数据库主要管理监测资料分析成果、结构和渗流分析成果、监控模型和预警指标等资料；测点特征表主要管理工程中观测点的基本信息和各项参数指标等，包括所有观测点的测点编号、埋设部位、埋设时间、起测时间、停测时间等等。

详细设计需依据内容，编制相应菜单，对数据流、数据结构及数据接口等进行详细设计。

（3）分析方法库。分析方法库主要包括实时监控和分析预警两个部分，是本系统的核心，其主要内容概述如下：

1）实时监控。依据实测资料及其分析成果，用监控指标体系评判准则分别对变形、渗流和应力应变等监测资料进行评价，实时查找和发现异常值。需分别对垂线、引张线、静力水准、测缝计等变形监测资料，扬压力、绕坝渗流、渗压计（测压管水位）、量水堰流量等渗流监测资料，以及应力应变、压应力计、钢筋计、测缝计、温度计等内部监测资料的评判准则及其评价方法进行详细设计，并依据内容，编制管理实时监控指标菜单，进行相应的界面、数据流及数据结构等设计。实时监控示意图如图 12.3 所示。

2）分析预警。依据实测资料及其分析成果，用预警指标体系评判准则分别对变形、渗流和应力应变等监测资料进行评价，找出异常值；同时，利用分析方法库中的程序对监测资料进行分析处理，并进行结构分析、渗流分析以及综合评价等，确定预警指标，为大坝等水工建筑物的安全分析和评价提供定量依据，实现分析预警。它主要包括以下主要内容（或程序）：

a. 资料分析软件包，包括监测资料的预处理，建立各种监控模型和预警指标等软件。

b. 非连续变形分析（DDA）程序，可对重力坝抗滑稳定、拱坝拱座稳定和岩体边坡稳定等问题进行模拟分析。

c. 渗流分析程序，可对坝体和坝基进行二维和三维渗流有限元分析，包括稳定渗流和非稳定渗流。

d. 结构分析程序，可对坝体和坝基进行三维结构有限元分析，包括三维线弹性有限元分析程序、黏弹性有限元分析程序、非线性有限元分析程序等。

e. 综合评价程序，可对异常或不安全因素的影响因素以及对建筑物影响的安全程度进行综合评价。

详细设计需针对上述内容，编制实时监控与分析预警菜单；依据各测点的实测资料及分析成果，对各测点的监测量的评判准则和评价方法进行设计；对相应的界面、数据流及数据结构等进行设计，对各分析软件包进行系统接口和界面设计和开发。分析预警示意图如图 12.4 所示。

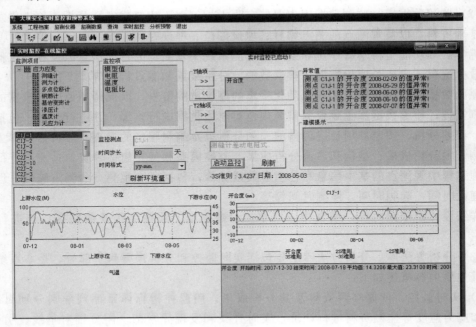

图 12.3 实时监控示意图

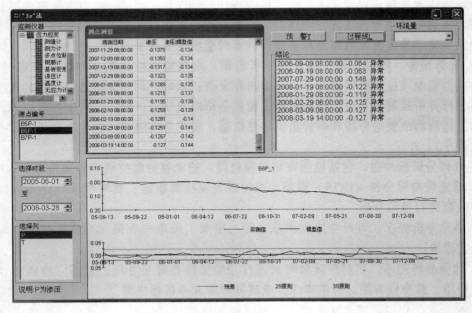

图 12.4 分析预警示意图

4. 物理模型结构设计概述

物理模型结构设计包括：依据逻辑模型的内容编制计算机程序；设计计算机网络结构；根据逻辑模型的需求比选主要硬件和系统管理与应用软件等。

（1）工程资料库。依据逻辑模型，研制工程资料库的菜单，应用文档处理软件、AutoCAD 等图形处理软件以及多媒体应用软件开发与安全监测和评价有关的设计、施工、影像等资料的图表、图像处理程序以及管理程序等，将相关工程资料输入工程资料库。

（2）监测数据库。

1）原始数据库。按水库大坝安全监测系统（人工、自动化等）布置情况，研制原始数据库的管理菜单，编制监测系统与原始数据库的接口程序、转换计算程序、图表处理程序以及管理程序。

2）整编数据库。根据有关规范，研制相应的管理菜单，开发监测数据处理、整编、初分析和报表生成等程序，以及图表输入/输出等管理程序。

3）分析数据库。按照实时监控和分析预警的需求，研制生成数据库的管理菜单，编制监控模型分析、结构分析、渗流分析、监控指标预警和指标分析等的管理程序以及与其他数据库的接口程序。

4）测点特征表。依据系统需求，研制测点特征表的菜单，设计相应的人机界面。应用 PowerBuilder 软件等开发具有对观测点的基本信息和各项参数指标进行添加、修改、删除等功能的管理程序以及浏览和查询的接口程序。

（3）分析方法库。依据逻辑模型研制分析方法库的管理菜单，编制实时监控和分析预警的计算机程序。

1）实时监控。依据实时监控的评判准则，对各测点的评判准则进行分析和管理，研制实时监控菜单，编制相应的计算机程序及图形、图像处理程序。

2）分析预警。依据分析预警所需的应用程序，结合一般水库大坝的工程特点，研制分析预警管理菜单，编制相应的计算机程序及图形、图像处理程序以及与其他数据库的接口程序。

5.计算机网络结构

根据规范和应用要求，大坝安全实时监控和预警系统控制网络分两个层次，即水库大坝管理中心和上级主管部门，依据这个方案，按"中心管理、多端浏览"的设计思想，构建计算机网络。系统在水库大坝管理处（亦称管理中心）建立大坝安全性态实时预警系统，实现对大坝安全的实时监控；同时，允许广域网上的任何一台授权用户的计算机通过浏览器，按指定的权限访问管理中心的监测数据库，以查看有关信息、图表等。依据以上原则，并根据逻辑模型的需求，选择客户机与服务器，并依次确定计算机网络，即 C/S 结构和 B/S 结构体系。计算机网络结构如图 12.5 所示。

根据水库大坝安全监测特点及其应用要求，以及计算机科学和技术的发展水平，该系统采用性能较好的微机平台，即 IBM 兼容机系列，配置必要的外围设备和软件。

（1）主要硬件。根据系统的需求分析，以及目前计算机科学和技术及其管理软件的市场情况，主机 CPU 选择 Intel 或 AMD 系列，视工程安全监测系统的布置和仪器数量选择速度快、性能较好的微机，其他外围设备视具体需要选配，如扫描仪、打印机、刻录机、网络通信设备等。

（2）主要软件。

1）客户机。操作系统采用 Windows XP、Windows 7、Windows 10，开发工具采用

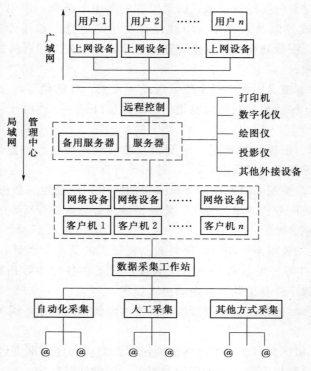

图 12.5　计算机网络结构

PowerBuilder 等，还有其他与系统兼容性较好的图形软件或显示软件等。

2）服务器。操作系统采用性能稳定的 Windows 2000 Server，数据库管理软件采用 Microsoft SQL Server。

第 13 章 生 态 水 利 工 程

兴建水利工程的主要目的是改造和控制河流，以满足人们防洪和水资源利用等多种需求。而河流不仅是可供开发的资源，更是河流系统生命的载体，在关注河流的资源功能的同时，还要关注河流的生态功能。河流治理不仅要符合工程设计原理，也应符合自然原理。因此，生态水利工程应运而生，用以满足河流生态系统的健康与可持续性的需求。

13.1 基本概念和设计原则

13.1.1 基本概念

生态水利工程是指传统水利工程在满足人类社会需求的同时，遵循生态平衡的法则和要求，建立满足良性循环和可持续利用的水域生态系统健康需求的工程。生态水利工程关注的对象不仅是具有水文特性和水力学特性的河流，还包括具备生命特性的河流生态系统，关注的范围从河道及其两岸的物理边界延伸至河流走廊生态系统的生态尺度边界。

生态水利工程在德国称为"近自然河道治理工程"，河道的整治要符合植物化和生命化的原理，在日本称为"多自然型建设工法"或"生态工法"，在美国称为"自然河道设计技术"。

生态水利工程的应用已有许多成功的案例。20 世纪 80 年代阿尔卑斯山区相关国家德国、瑞士、奥地利等，在山区溪流生态治理方面积累了丰富的经验。莱茵河"鲤鱼—2000"计划实施成功，提供了以单一物种为目标的大型河流生态治理的经验。20 世纪 90年代美国的凯斯密河及密苏里河的生态修复规划实施，标志着大型河流的全流域综合生态修复工程进入实践阶段。近年来，随着生态学的发展，我国对于河流治理有了更加深入的认识，即水利工程除了要满足人类社会的需求外，还要满足维护生物多样性和人与环境和谐的需求，并发展了生态工程技术和理论。中国最大的内陆河塔里木河的下游 363km 河道，生态严重恶化，在干涸 20 多年后，通过实施向下游调水、分水等生态工程措施，河流下游重新过流，挽救了濒临死亡的沙漠植被，绿色走廊重现生机。太原市治理汾河城区的生态水利工程历时 3 年，共治理河道 6km、兴建橡胶坝 4 座、蓄水池 3 个等，极大地改善了太原市缺水少绿、环境污染严重的现状，美化了太原城区段等八大景区的环境。

生态水利工程的内涵包括，针对新建工程提供减轻河流生态系统胁迫的工程技术；针对已经人工改造的河流，提供河流生态修复规划和设计的原则和方法，提供河流健康评估技术，提供水库等工程设施生态调度的技术方法，提供污染水体生态修复技术等。

13.1.2 设计原则

生态水利工程的设计原则也就是生态水利工程的基本原则，主要包括以下 5 个方面。

1. 工程安全性和经济性原则

生态水利工程既要符合水利工程学原理，也要符合生态学原理。生态水利工程是一种综合性工程，在河流综合治理中既要满足人的需求，即防洪、灌溉、供水、发电、航运以及旅游等需求，也要兼顾生态系统健康和可持续性的需求。既要保证工程设施的安全、稳定和耐久性，也要保证河流修复工程的耐久性。

由于对生态演替的过程和结果事先难以把握，因此生态水利工程有一定程度的风险。生态水利工程应遵循风险最小和效益最大的原则，充分利用河流生态系统自我恢复的能力和规律，采用力争以最小的投入获得最大产出的合理技术路线。

2. 保持和恢复河流形态的空间异质性原则

一个地区的生物环境（生境）空间异质性越高，就意味着创造了多样的小生物环境，能够允许更多的物种共存。河流生态系统生境的主要特点是：水-陆两相和水-气两相的联系紧密性、上中下游的生境异质性、河流纵向的蜿蜒性、河流横断面形状的多样性、河床材料的透水性等。大规模的水利工程建设造成自然河流渠道化及河流非连续化，使河流生物环境在不同程度上单一化，引起河流生态系统不同程度地退化。生态水利工程的目标是恢复或提高生物群落的多样性，但是并不意味着主要靠人工直接种植岸边植被或者引进鱼类、鸟类和其他生物物种，生态水利工程的重点应该是尽可能提高河流形态的异质性，使其符合自然河流的地貌学原理，为恢复生物群落的多样性创造条件。提高河流形态空间异质性是提高生物群落多样性的重要前提之一。

3. 生态系统自设计、自恢复原则

生态系统自设计功能是自然生态系统的重要特征，表现为生态系统的可持续性。将自组织原理应用于生态水利工程设计是其与传统水利工程设计存在的本质区别。传统水利工程设计的特征是对于自然河流实施控制；而生态水利工程设计是一种辅助性设计，主要依靠生态系统自设计、自恢复功能，由自然界选择合适的物种，形成合理的结构，实现人与自然的和谐，从而完成和实现设计目标。

对于被严重干扰的生态系统，需要辅助人工措施以创造生境条件，运用生态系统自设计、自恢复原则，发挥自然修复功能，有可能使生态系统实现某种程度的修复，其中人工措施包括工程措施、生物措施和管理措施。

4. 流域尺度及整体性原则

河流生态系统是一个大系统，包括生物系统、广义水文系统和人造工程设施系统，如果仅仅考虑河道本身的生态修复问题，显然是把复杂系统简单化了。河流生态系统修复活动不可能是孤立的，因此，河流生态修复规划和管理应该在大景观尺度、长期的和保持可持续性的基础上进行，而不是在小尺度、短时期和零星局部的范围内进行。在大景观尺度上开展河流生态修复效率高，而小范围的生态修复不但效率低，而且成功率也低。河流生态系统修复活动规划的尺度可能是流域，甚至需要与相邻的流域进行协调。

整体性原则是指从生态系统的结构和功能出发，掌握生态系统各个要素间的交互作用，提出修复河流生态系统的整体、综合的系统方法，而不是仅仅考虑河流水文系统的修复问题，也不仅仅是恢复单一物种或修复河岸植被。

5. 反馈调整式设计原则

生态水利工程设计主要是模仿成熟的河流生态系统的结构，力求最终形成一个健康、可持续的河流生态系统，但河流修复工程短期奏效是不现实的，并且河流生态修复存在着多种可能性，并不一定按照设计预期的目标而发展。这种不确定性使生态水利工程设计不同于传统水利工程的确定性设计，而是一种反馈调整式设计。

反馈调整式设计按照"设计-执行（包括管理）-监测-评估-调整"的流程，以反复循环的方式进行。需建立监测系统进行长期观测，其中监测工作包括生物监测和水文观测，并开展阶段性评估，对未达到修复目标的措施进行调整，从而达到设计目标。

13.1.3　推进措施

生态水利工程是一个长期的系统工程，未来的生态水利工程将是流域的中上游由"绿色水库""绿树水库"、水库和湖泊组成的调蓄系统，可有效地调节水资源。生态水利工程将进一步发展，成为自动化生态水利工程。而真正实现绿色、健康、有机发展的生态水利工程，需要采取相关的保障措施。

1. 转变观念

改变水利建设方向，树立现代水利新理念，建立科学防治的观念，水患是不能根治的，治水要根据地球大气候的变化、人类生活和经济发展的情况，因势利导，按自然规律办事。摒弃重目标效益和行政区域利益的观念，树立以市场为导向、以全流域综合利益为目标，重长期生态经济效益的观念，转变水利管理是行政管理的观念，树立水利管理法制化、市场化的新观念。

2. 管理机制

建设生态水利工程需要开展水利法制建设，完善水利法规体系。建立适用于生态水利工程的管理机制，包括水资源统一管理和市场分配机制，生态水利项目专家评估、社区群众参与机制，生态水利工程建设项目法人制、建设招投标制、施工监理制、合同管理制，农村小型生态水利工程自建、自管、自利机制，生态水利项目管理良性运行机制，水环境和水土流失监控机制等等。此外还应完善生态水利管理体制，健全生态水利管理机构。

3. 流域综合规划

流域综合规划是生态水利工程的基础，遵循生态水利工程的整体性原则。流域综合规划根据人口和资源确定经济结构，处理上下游、左右岸、经济与生态、城市与农村、发展与保护、近期效益与长远效益的关系，开展生态水利工程设计。流域综合规划需严格控制流域内污染企业，重点规划缺水地区的用水需要，加强生态保护管理，减少工业或生产废料，流域内明确重点保护区和缓冲区，解决流域内水土流失问题。

4. 合理配置

水资源合理配置是生态水利工程建设又一重要内容。水资源合理配置是指将水资源管理纳入法制化、科学化、一体化的轨道，对水资源统一规划、统一调度、统一管理，因地制宜地逐步建立水务管理服务体系，对防洪、排涝、供水、排水、水资源保护、污水处理实行一体化管理。建立水资源合理分配机制，根据供求关系调整供水价格体系，实行城镇生活用水和工业用水的市场价及农业用水政府适当补贴的成本价，促进节水措施推广。协调配置流域的水资源，解决上下游之间、左右岸之间、城市与农村之间、工农业用水与生态用水之间的矛盾日益突出的问题，切实推行河长制。

5. 完善防汛体系建设

防汛是生态水利工程建设的重中之重。防汛体系建设要坚持防治并重、工程和非工程措施并举的原则。例如按流域特性设置保护屏障，在流域中上游丘陵山区建第一道防护屏障——水源林和水土保持林，治理水土流失。水源林的林地在枯水期可补充大量的河川径流，缓解水污染，保护水域和湿地的生态环境。生态防护林建设与保护生物多样性和景观多样性以及生态旅游和经济建设相结合。中上游地区布设第二道防线——调蓄水库，进一步完善水库群落体系。同时，在生态环境恶劣、水土流失严重的地区不宜兴建水库，以免工程报废而带来更大的危害。

13.2　低水头壅水坝

河流生态治理常常需要建设一些低水头壅水建筑物，以形成河道景观水体。常见的这些低水头壅水建筑物的结构型式较为复杂，明显区别于其他传统水工建筑物，如橡胶坝、水力自动翻板坝、液压坝等。

13.2.1　橡胶坝

橡胶坝是一种适用于低水头、属薄壁柔性结构的水工建筑物，是随着高分子合成材料的发展而出现的挡水建筑物。橡胶坝是用高强度合成纤维织物作受力骨架、内外涂敷橡胶作保护层，加工成胶布，再将其锚固于底板上成封闭状的坝袋，通过充排管路用水（气）将其充胀形成的袋式挡水坝。坝顶可以溢流，并可根据需要调节坝高，控制上游水位，以发挥灌溉、发电、航运、防洪、挡潮等效益。

1957 年世界上首座橡胶坝诞生于美国洛杉矶，坝高 1.52m，长 6.1m，坝袋胶布厚为 3mm，强度为 90kN/m。此后世界各国相继开始兴建橡胶坝。我国于 1965 年开始进行橡胶坝的研制建设工作，于 1966 年 6 月建成我国第一座橡胶坝——北京右安门橡胶坝，坝高 3.4m，坝顶长 37m，坝底长 24m，该橡胶坝曾两次更换坝袋，至今正常运行。1966—1993 年近 30 年中全国仅建成橡胶坝 366 座。1992 年，橡胶坝被原国家科学技术委员会批准列入"国家级科技成果重点推广计划"项目，此后橡胶坝在我国迅速发展。截至 2006 年 10 月，我国的橡胶坝已建成约 2000 座，近年来更是以每年新建 300 座左右的速度发展。

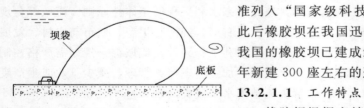

图 13.1　橡胶坝横断面示意图

13.2.1.1　工作特点

橡胶坝根据充填介质不同可分为充水式和充气式两种，横断面示意图如图 13.1 所示。充气式橡胶坝是以空气为充填介质的柔性挡水活动坝。与充水式橡胶坝相比，充气式橡胶坝有如下优点：环保、易取易排、运行基本无费用；充坝和降坝时间一般为 30～50min，充坝速度快、塌坝时间短，自控程度高、运行管理简单；在有冰冻的地区，充气式橡胶坝不存在冰冻问题。但充气式橡胶坝也有缺点：气密性要求更高，坝袋制造必须采用整体无接缝工艺；坝顶溢流时，出现凹口现象，水流集中，对下游河道冲刷较强。

根据橡胶坝坝体布置不同可分为单跨式和多跨式两种，单跨长度一般为 50～100m。山东临沂小埠东拦河橡胶坝是目前世界上最长的多跨橡胶坝，全长 1135m，由 16 段组成，每段长 70m，拦河最大蓄水量 2830 万 m³。

橡胶坝运用条件与水闸相似，与常规闸坝相比又有以下特点：①造价较低，可减少投资 30%～70%，可节省钢材 30%～50%、水泥 50% 左右、木材 60% 以上；②施工期较短，坝袋只需 3～15 天即可安装完毕，多数橡胶坝工程当年施工当年运行；③坝体为柔性软壳结构，能抵抗地震、波浪等冲击，且止水效果好，跨度大，汛期不阻水，可用于城区园林美化；④维修较少，管理方便，橡胶坝袋的使用寿命一般为 15～25 年。

13.2.1.2 布置与构造

橡胶坝水利枢纽一般由橡胶坝、引水闸、泄洪闸、冲沙闸、水电站和船闸等组成。橡胶坝枢纽布置应根据地形、地质、水流等条件以及枢纽各建筑物的功能、特点和运用要求等确定，力求布局合理、结构简单、安全可靠、运行方便和造型美观等，组成枢纽效益最大的整体。

橡胶坝构造主要由土建部分、坝袋及锚固件、充排水（气）设施及控制系统等部分组成。

橡胶坝的土建工程包括基础底板、边墩（岸墙）、中墩（多跨式）、上下游翼墙、上下游护坡、上游防渗铺盖或截渗墙、下游消力池以及海漫等，设计应考虑地基的渗透稳定、底板的整体抗滑稳定、抗倾覆稳定和地基承载力以及消能防冲要求。

橡胶坝坝袋由承受坝袋张力的补强帆布和保护帆布并确保气密性的橡胶层构成。橡胶层通常分布在坝袋的外层、中层、内层，以发挥各层橡胶的功效。外层橡胶需阻挡河流中漂浮物，宜采用具有耐磨损、耐日照、耐热、耐臭氧等性能的特种橡胶；中层橡胶为直接保护帆布，对两层或多层帆布起连接作用，给予橡胶和帆布之间较好的黏和性；内层橡胶除具有保护帆布的功能外，还具有较高的水密性和气密性。充水式橡胶坝内外压比宜选用 1.25～1.60，充气式橡胶坝内外压比宜选用 0.75～1.70，一般充气式选择 1.1～1.4，因此，一般充水式橡胶坝的坝袋厚度要比充气式橡胶坝厚 30% 左右。设计内外压比 α 计算公式为

$$\alpha = \frac{H_0}{H_1} \tag{13.1}$$

式中：H_0 为坝袋内压水头，m；H_1 为设计坝高，m。

锚固件是影响橡胶坝关键结构之一。橡胶坝依靠充涨后的袋体挡水并承担水压力等荷载，荷载通过锚固件传递给底板，并最终传给地基。锚固结构型式按所采用锚固构建的材料不同，分为螺栓压板式锚固 [图 13.2（a）]、楔块挤压式锚固 [图 13.2（b）] 和胶囊充水式锚固 [图 13.2（c）]。螺栓压板式锚固方式的锚固力可控，安装止水效果较好，容易安装，但造价较高，适用于坝高 3.5m 以上的橡胶坝。楔块挤压式锚固造价低，但锚固密封性较差，楔块重复利用率低，适用于坝高较低、锚固力要求不高或者坝袋胶布较薄的橡胶坝。胶囊充水式锚固须保持胶囊内压持续稳定，运行管理较为麻烦。

橡胶坝充排水（气）设施及控制系统的充排形式包括动力式和混合式两种，应根据工程现场条件和使用要求等确定。

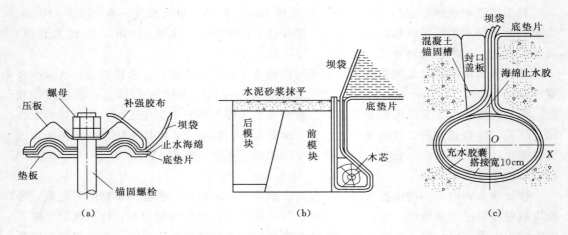

图 13.2 橡胶坝锚固结构型式

(a) 螺栓压板式锚固；(b) 楔块挤压式锚固；(c) 胶囊充水式锚固

13.2.1.3 适用条件

橡胶坝主要适用于低水头、大跨度的闸坝工程。例如：用于水库溢洪道上作为闸门或活动溢流堰，可以增加水库库容及发电水头；用于河道上作为低水头、大跨度的滚水坝或溢流堰，可以免除常规闸的启闭机、工作桥等；用于渠系上作为进水闸、分水闸、节制闸，能够方便地蓄水和调节水位和流量；用于沿海岸作防浪堤或挡潮闸，由于橡胶不受海水侵蚀和海生生物的影响，比金属闸门效果好；用于跨度较大的孔口船闸的上、下游闸门；用于施工围堰或活动围堰，橡胶活动围堰高度可升可降，并且可从堰顶溢流，不需取土筑堰可保持河道清洁，节省劳力并缩短工期；用于城区园林工程，采用彩色坝袋，造型优美、线条流畅，可为城市建设增添一道优美的风景。

13.2.1.4 运行管理

橡胶坝运行时要严格按照规定的方案和操作规程进行，要注意坝袋内的充水（气）压力不能超过设计压力，以免坝袋爆裂。橡胶坝虽然很少维修，不像常规钢闸门那样需要定期涂刷油漆防锈，但也要定期检查，尤其是在洪水过后，要检查是否有漂浮物对坝袋造成刺伤，以及坝体振动、坝袋与底板磨损、河卵石摩擦撞击坝袋等造成的损害。橡胶坝袋容易受到尖利和有头角物体的损坏，故应划出橡胶坝工程的管理范围和安全区域。

13.2.2 水力自动翻板坝（闸）

水力自动翻板坝（闸）是一种不需要外力和人工伺服结构的低水头挡、泄水建筑物，也称为水力自控翻板坝（闸）。19 世纪中期欧洲一些国家开始使用水力作用下开启的平板横轴旋转闸门，20 世纪 40 年代由上游水位自动控制的翻板坝被应用于美国等国家。我国于 20 世纪 50 年代开始水力自动翻板坝的研究和应用，逐步应用于防洪、灌溉、发电、航运和供水等工程。20 世纪 90 年代研发的新型滑块式翻板闸门在使用性能和生产工艺等方面均有质的飞跃。这种新型的自动翻板坝被应用于城市水利工程中，可用于提高水位，美化城市环境，节省人力和能源，实现了一定的环保目标。

13.2.2.1 工作原理

水力自动翻板坝的工作是基于闸门和动水压力的平衡，也就是说要维持翻板闸门的开启状态必须有一定的动水压力，动水压力来源于上下游水位差和水流流速。因此，水力自动翻板坝工作原理是杠杆平衡与转动，具体来说，水力自动翻板坝是利用水力和闸门重量相互制衡，通过增设阻尼反馈系统来达到调控水位的目的。

水力自动翻板坝利用水力开启和关闭闸门，不需要任何外力和人工伺服机构，完全由上下游水位差和水流流速改变，引起作用于闸门上的合力大小及作用点发生改变，并通过支腿、支墩与导板、滑轮、连杆的协调配合，使支点随开度不断变化来实现翻闸门的自动开启和关闭。当上游水位升高，则闸门绕"横轴"逐渐自动开启泄流；反之，上游水位下降，闸门自动关闭蓄水，使上游水位始终保持在设计要求的范围内。

水力自动翻板坝具有建设投资费用较小，结构比较简单，设计施工简便，施工工期短，运行管理维护较方便的优点。但是翻板坝也存在很多缺陷。首先，翻板坝容易引起阻水；其次，翻板坝容易毁坏，一旦遇到暴雨天气，翻板坝通常很难应对较大洪水的冲击，坝体比较容易被冲毁，我国汛期时有翻板坝被冲毁的情况。此外，翻板坝容易受河道漂浮物、上游泥沙等的影响，导致翻板坝难以自动启闭，从而影响河道防洪安全。

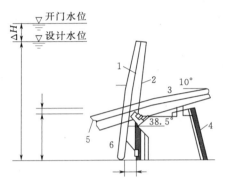

图 13.3 单铰翻板闸门
1—木面板；2—钢梁；3—支铰；4—支墩；
5—配重块；6—钢筋混凝土面板

13.2.2.2 类型及特点

水力自动翻板坝（闸）的型式多样，常见的有以下几种。

1. 单铰翻板闸门

20 世纪 60 年代，单铰自动翻板闸门（图 13.3）逐渐开始投入使用，其支铰布置在闸门高 1/3 处，当上游水位未超过门顶时，闸门直立挡水，当水位超过门顶一定值后闸门自动开启，然后卧倒与水平面成一定角度；当水位下降到一定值后闸门自动关闭，重新直立挡水。

单铰翻板闸门是一种早期的翻板坝型式，但这种翻板坝存在一些问题：①闸门开门前上游水位会产生较大的壅高；②闸门关闭不及时，水位控制不够准确，自动调节性能较差；③闸门在开启卧倒时产生溃坝式波浪，对下游消能防冲不利；④闸门突然开启和关闭的运行方式产生较大的撞击力，闸门和支墩均易发生破坏。

2. 双铰轴加油压减震器翻板闸门

双铰轴加油压减震器翻板闸门（图 13.4）可一定程度上改善单铰翻板的突开突关运行方式存在的问题。采用较矮支墩，支墩上设置高低铰位，在每个门铰上设置上、下轴的结构型式，闸门在开关过程中有一个变换支承轴的过程，使闸门的开关分两步进行，可一定程度地减小闸门启闭时的撞击和改善开关不及时等问题。采用闸门和支墩之间设置油压减震器的设计，可减缓闸门的启闭速度，消耗门

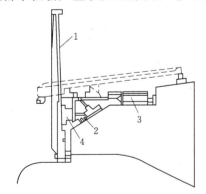

图 13.4 双铰轴加油压减震器翻板闸门
1—上轴；2—下轴；3—泊压减震器；
4—带肋面板

叶旋转过程中的大部分动能，较好地解决翻板闸门在回关时猛烈撞击门槛致使闸门和门槛破坏的问题。

双铰轴加油压减震器翻板闸门一定程度上改善了闸门突开突关的问题，但这种翻板坝仍存在一些问题：①闸门回关水位较低，不能及时挡水，闸门全开后一般要待水位降至正常挡水高度 1/2 以下闸门才能自动回关；②闸门需用两个油压减震器，装置结构复杂，机械加工精度及要求高，制作成本高，维修难度大；③闸门全开泄洪时属于淹没出流，在上下游某一水位差范围内，会出现门叶反复拍击支墩、拍坏闸门的现象（即"拍打"现象）；④漂浮物易卡铰。

3. 多铰轴翻板闸门

多铰轴翻板闸门（图 13.5）具有多个铰轴位和开度，提高了闸门的调节精度，使闸门能随水位的涨落而逐渐启闭，既能调节过闸流量，又能避免闸门突开突关所引起的问题。多铰轴翻板闸的特点是在闸门后加一框架式支腿，支腿后设置铰座，铰座上设置倾斜的轴槽座，轴槽座上设有与铰轴相应的轴槽。多铰轴翻板闸门能逐次启闭，开门前水位壅高和关门时水位降落均比单铰、双铰翻板闸门小，水位控制较准确，未设置复杂的油压减震器结构。

多铰轴翻板闸门仍存在一些问题：①闸门的支腿、铰轴和轴槽等结构相当复杂，制作成本较高；②铰座存在防污问题；③水位控制的精度虽然较准确，但仍需进一步提高。

4. 曲线铰式翻板闸门

曲线铰式翻板闸门（图 13.6）用完整的曲线形铰代替多铰的作用，取消了闸门后的支腿，改善了多铰轴翻板闸门的问题，具有结构简单、造价低廉、施工维修方便、开闸前闸前水位壅高较低等优点。在下游水位较低时，可保证自由出流的水力条件。

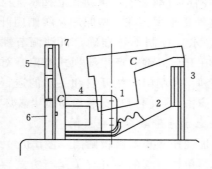

图 13.5　多铰轴翻板闸门

1—铰轴；2—轴精座；3—支墩立柱；4—支弧；
5—上部钢筋混凝土空心土面板；6—下部钢筋
混凝土实心面板；7—纵梁

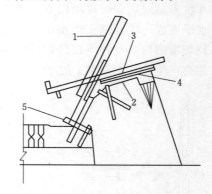

图 13.6　曲线铰式水力自动翻倒闸门

1—闸门门体；2—圆弧曲线支座；3—链带支座面；
4—可调螺栓；5—平衡配重

但是，曲线铰式翻板闸门仍存在一定的问题：①闸门抵御外来干扰力的能力较差，如波浪、动水压力、下游水流紊动等都可能使闸门改变开度位置，使得闸门来回摆动，徐开徐关，甚至出现"拍打"现象，严重时使闸门及闸底坎遭受破坏；②此闸门型式易出现漏水问题。

5. 连杆滚轮式翻板闸门

连杆滚轮式翻板闸门（图13.7）是利用力矩平衡原理，在重力、水压力的作用下，随水位的变化实现渐开渐关的一种新型自动翻板坝。连杆滚轮式翻板闸门是一种双支点带连杆的闸门，由面板、支腿、支墩、滚轮、连杆等部件组成，根据闸门水位的变化，依靠水力作用自动控制闸门的开启和关闭。当上游来流量加大，闸门上游水位抬高，动水压力对支点的力矩大于门重与各种阻尼对支点的力矩时，闸门自动开启到一定倾角，直到在该倾角下动水压力对支点的力矩等于门重支点的力矩，达到该流量下新的平衡。流量不变

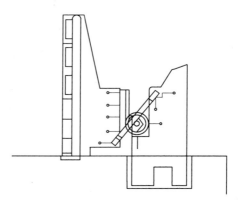

图13.7 连杆滚轮式翻板闸门

时，开启角度也不变。而当上游流量减小到一定程度，使门重对支点的力矩大于动水压力与各种阻尼对支点的力矩时，水力自动翻板闸门可自行回关到一定倾角，从而又达到该流量下新的平衡。

连杆滚轮式翻板闸门利用连杆的阻尼作用，使闸门的稳定性得到大幅改善，此类闸门的连杆、滚轮的尺寸及位置设置合理，可实现基本不发生"拍打"现象。

13.2.2.3 结构设计要点

1. 翻板闸门

翻板闸门启门水深宜取高于门顶10～25cm，堰上闭门水深不宜低于9/10铅直门高，翻板闸门最大翻门角度不宜大于80°。翻板闸门总布置宽度大于50m时宜中间加隔墩，将翻板闸门分为若干联，每联翻板闸门宜为5～8扇。翻板闸门宜采用装配式钢筋混凝土结构，即下部面板采用钢筋混凝土实体板，高度可取7/20～2/5门体高度，上部面板采用钢筋混凝土槽型板（图13.8），装配构件宜用面板、支腿、支墩等组成。翻板闸门门体重心高度不宜大于9/20门体高度。闸门面板厚度应进行强度、抗裂验算。闸门面板悬臂长度按梁板支撑点转角为0°计算确定，支腿布置距面板边缘0.225B处（图13.9）。

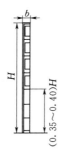

图13.8 组合式翻板闸门面板示意图

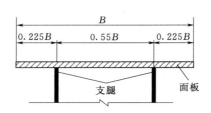

图13.9 翻板面板悬臂结构示意图

2. 止水设计

翻板闸门的止水材料可采用橡胶或橡塑复合材料，止水应具有连续性和严密性，止水可采用 P 型圆头或方头橡胶，翻板闸门底止水设计如图 13.10 所示。

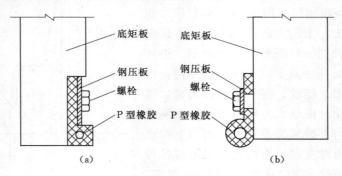

图 13.10　底止水设计图
(a) 双铰轴翻板闸门；(b) 连杆滚轮式翻板闸门

翻板闸门侧止水宜选用厚度 6～8mm 平板橡胶或圆头 P 型橡胶，侧止水设计如图 13.11 所示。平板橡胶侧止水应预留 4mm 压缩量，圆头 P 型橡胶侧止水应预留 2mm 压缩量，底止水橡胶应预留 8～14mm 压缩量，止水压板厚度宜为 6～10mm，螺栓间距宜为 150～200mm。

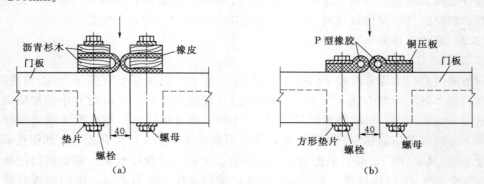

图 13.11　翻板闸门侧止水设计图
(a) 平板橡胶止水；(b) 圆头 P 型橡胶止水

13.2.2.4　闸门减振措施

水力自动翻板坝在运行过程中存在一些不稳定现象，如闸门的频繁摆动、"拍打"等，这种不稳定现象虽然短期内不会影响整个结构的安全性，但长期的"拍打"将会导致翻板闸门底部和固定件产生疲劳损伤，以致闸门结构、止水渗漏，甚至影响结构的安全性，发生破坏问题。因此闸门的振动问题需要特别关注。

自动翻板闸门的振动是特殊的水力学问题，涉及水流条件、闸门结构及其相互作用。闸门结构在水中的振动是弹性体系和流体相互作用、相互影响的复杂过程，通常与闸门开度、门后淹没水跃、止水漏水、闸门底缘形式等因素有关。总体来说，振动是由于动水作用的不平稳所造成。工程实践证明，闸门在泄流或在动水操作时受水流作用时均会发生不

同程度的振动。一般情况下，振动比较弱时
对结构安全影响较小，但在某些特定条件下，
闸门将产生强烈振动，甚至产生共振或动力
失稳现象。

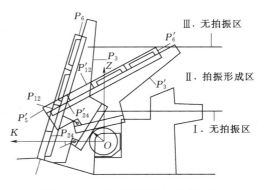

图 13.12 翻板闸门拍打形成区域

自动翻板闸门"拍打"振动与水位相关，
翻板闸门拍打形成区域如图 13.12 所示，在
自由出流、小淹没度或大淹没度的情况下都
不会形成"拍打"，当水位在某一范围变化时
（Ⅱ区），容易形成"拍打"。下列措施可缓解
"拍打"，起到减振作用：①翻板闸门布置在
水流较平顺的部位；②选定适当位置布设数
孔冲沙闸，设导流墙将冲沙闸与水流隔开；③优化闸门底缘型式；④翻板闸门底缘设置在
堰顶最高点的下游侧；⑤在翻板闸门上部设置通气管；⑥闸门开启角度较大时，可以在闸
门与支腿之间加设阻尼装置；⑦优化设计结构尺寸。

13.2.3 液压（升降）坝

液压（升降）坝是近十多年来发展起来的新坝型，属于低水头壅水建筑物，也叫液压
活动坝，是一种采用液压系统控制原理和机械力学原理，结合支墩坝水工结构型式，通过
液压缸产生较大支撑推力，使得活动面板蓄水或泄水的新型活动坝，具备挡水和泄水双重
功能，液压坝结构示意图如图 13.13 所示。已建成的液压坝工程水头大多在 7m 以下，如
安徽池州市青阳县液压坝、北京丰台县弧形液压坝、山西太原市汾河核心区液压坝（15
座）等。

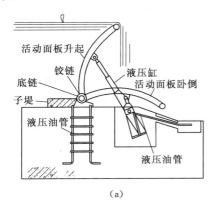
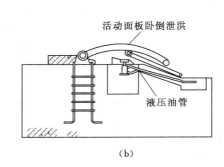

图 13.13 液压坝结构示意图
（a）活动面板升起；（b）活动面板卧倒

13.2.3.1 工作原理

液压（升降）坝由面板（平面或弧形）、液压杆、支撑杆、液压缸和液压泵站等组成。
用液压缸和液压杆直顶以底部为轴的活动挡水面板的背部，实现升坝挡水、降坝行洪的目
的。采用滑动支撑杆支撑活动挡水面板的背面，构成稳定的支撑结构（支墩坝）。采用小
液压缸及限位卡，形成支撑结构（支墩坝）固定和活动的相互交换，达到升坝固定挡水，

活动降坝泄水的目的。采用手动推杆开关，控制操作液压系统，根据洪水涨落，人工操作活动面板的升降；也可采用浮标开关，控制操作液压系统，根据洪水涨落，实现无人管理的活动面板的自动升降。

13.2.3.2　工作特点

液压坝既保留了传统活动坝型的优点，又克服了部分传统活动坝型的缺点。液压坝的主要优点包括：压坝坝体跨度大，力学结构科学，结构简单，支撑可靠，易于建造；可基本保持原河床，可畅泄洪水、上游堆积泥沙、卵石和漂浮物而不阻水；启闭方式灵活，可根据需要开启一扇或多扇闸门、任意开度进行控制泄水，达到随意调蓄库水、控制河道水位的目的；与传统水闸及类似的橡胶坝相比，过流能力大，泄流量大；适用于橡胶坝不宜建造的多沙、多石、多树、多竹和寒冷地区的河流；施工简单，施工工期短，和传统水闸相比，减少了闸墩、大量金属结构埋件及闸门启闭设备，混凝土工程量少，从而节约了大量资金；此外只要坝面结构和液压系统正常维护，工程耐久性较橡胶坝要长。

液压坝的主要缺点包括：①降坝操作的前提条件是液压泵站通电，如果暴雨等天气条件造成液压系统断电，则导致无法降坝，因此保障液压泵站的电力供应至关重要；②液压坝主液压缸的基座位于消力池的底部，全部的油管和软管也位于消力池底部，而消力池是长期存有淤积泥沙和积水的，造成液压坝检修困难；③运行期间，液压设备维护稍显麻烦，液压坝每间隔约 5 年，需要为液压系统补充液压油。

液压坝是近 10 多年来发展的新活动坝型，它广泛应用于农业灌溉、渔业、航运、海水挡潮、城市河道景观工程和小水电站等建设，特别对于城市河流梯级开发和生态治理，可形成宽阔的水面，增加城市风光带，坝体上易于形成瀑布景观，可有效改善生态人文环境，提升城市的社会环境。

13.2.3.3　结构设计要点

液压坝结构（图 13.14）可参考水闸规范进行设计，主要设计内容包括：上游铺盖段、液压坝、下游消能防冲及海漫段设计。

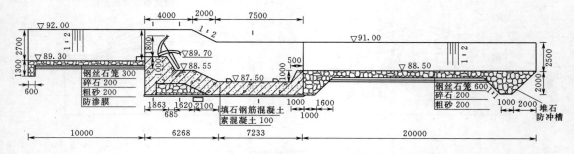

图 13.14　液压坝结构布置纵剖面图

1. 上游铺盖段

上游铺盖长度根据液压坝地基防渗需要确定，一般采用上、下游最大水位差的 3～5 倍。混凝土或钢筋混凝土铺盖的最小厚度不宜小于 0.4m，顺水流向的永久缝缝距可采用 8～20m，缝宽可采用 2～3cm；黏土或壤土铺盖的前端最小厚度不宜小于 0.6m，逐渐向闸室方向加厚；土工膜铺盖厚度不宜小于 0.5mm，土工膜上应设保护层。

2. 液压坝段

液压坝段设计主要包括液压坝坝面型式、高度以及跨长。液压坝坝面型式分为平板型和弧形；坝面高度较小，一般为1～6m；可采用多跨和单跨设计型式。

液压坝段进行底板设计时，参考水闸设计规范，需对液压坝的平均基底应力、最大值与最小值之比及抗滑稳定等进行分析，按照相关规范确定底板的厚度及配筋等处理措施。液压升降坝底板分缝设置可根据水闸设计规范对不同地基条件，并结合液压坝坝片型式确定，分缝内应设置止水材料，如设置橡胶止水带，填充闭孔泡沫板。

采用混凝土面板（图 13.15）作为液压坝升降坝面时，应分析面板、横梁及支撑杆件的应力分布，判断面板及横梁结构是否需要配筋设计，确定支撑杆件的临界应力判定其稳定性。采用钢弧形面板（图 13.16）作为液压升降坝面时，应分析支撑杆件临界应力判定其稳定性。

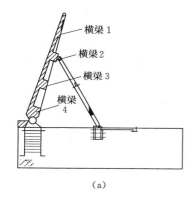
（a）

（b）

图 13.15 混凝土升降坝面
（a）设计简图；（b）有限元网格图

图 13.16 钢弧形升降坝面

3. 下游消能防冲及海漫段

液压坝宜采用底流式消能，根据液压坝的尾水深度及跃后水深来确定消力池型式，如突槛式消力池、挖式消力池及综合式消力池；海漫宜做成等于或缓于1:10的斜坡，具有柔性，透水性，表面粗糙性，末端应设防冲槽（或防冲墙）；两岸护坡长度应大于护底（海漫）长度，护坡、护底下面均应设垫层。

13.3 淤地坝

淤地坝是指在沟道中修建的具有滞洪、拦泥、淤地功能的水土保持建筑物，与淤地坝相配套的建筑物通常还有放水建筑物和溢洪道等。淤地坝运行有单坝运行和坝系运行两种方式。在坝系运行方式中，对滞洪、拦泥、淤地具有控制性作用的淤地坝又称为骨干坝。淤地坝一般为均质土坝，采用碾压或水坠等方法施工。

13.3.1 淤地坝的发展

淤地坝发展至今已有约400多年的历史。最早的淤地坝不是人工修筑，而是地震和地下水等作用，造成沟坡发生大体积的滑坡或塌坑，堵塞河道，形成天然坝库。人工修筑淤地坝的记载最早见于明代万历年间（公元 1573—1619 年）的山西省《汾西县志》，距今已有 400 多年。1946 年黄河水利委员会批准关中保持试验区在西安市荆峪沟流域修建淤地坝一座，是黄河水利委员会在黄土高原修建的第一座淤地坝。

从 1949 年开始在陕西省米脂县试修淤地坝。1952 年绥德水保站成立以后，以绥德、米脂、佳县、吴堡 4 县为重点试建区，积极宣传推广修建淤地坝，两年内修建淤地坝 214 座，一般坝高 5～10m。1953—1957 年在晋、陕、内蒙古得到了大面积推广，筑坝技术也得到了普及。

1986 年以后，在黄河中游地区进行了治沟骨干坝专项工程建设。骨干坝工程由于库容较大，不仅有拦泥库容，而且有防洪库容。2000 年以后随着淤地坝工程的大量建设，已逐渐形成坝系。

13.3.2　淤地坝的作用

淤地坝属水土保持沟巡治理工程，是黄土高原水土保持生态建设的关键性措施之一。淤地坝在拦泥淤地、防洪减蚀、改变农业生产条件、促进土地利用结构调整、控制入河泥沙等方面发挥着重要作用。

（1）拦泥保土，防洪减灾。拦蓄坡面下泄的洪水泥沙，削减洪峰，调节洪水径流，提高沟道工程防洪标准，减少洪水灾害，保护下游农田、城镇、村庄、道路、工矿以及保障群众生命财产安全。

（2）稳定岸坡，防止侵蚀。抬高侵蚀基点，固定河床，减少沟道比降，制止沟底下切；防止沟岸坍塌，稳定沟坡，防止和减缓沟道扩张与沟头前进。经过坝库调节之后的下泄洪水，冲蚀强度减小，降低了对下游沟道的侵蚀能力。

（3）淤地造田，改善农业生产条件。通过拦泥淤地，增加基本农田面积，发展农业生产，提高农民群众生活水平。坝路结合，便利山区的道路交通，改善当地群众的生产生活条件。

（4）滞洪蓄水，合理利用水资源。沟道坝系的形成可以抬高地下水位，增加沟道长流水。一些淤地坝前期利用库容蓄水，进行灌溉和发展养殖业，解决人畜饮水困难，使黄土高原地区有限的水资源得到充分利用。

（5）促进土地利用结构调整。淤地坝建设所新增的坝地、水地，是解决或部分解决人畜口粮的重要途径，是大面积植被恢复的可靠保证。通过土地利用结构和产业结构调整，促进陡坡退耕还林还草，改善当地生态环境，实现社会经济的可持续发展。

13.3.3　淤地坝的运行方式

淤地坝的运用是通过对运行过程的人为控制，达到提高水资源利用率、保证坝系工程度汛和坝地生产安全、最大限度地发挥综合效益的目的。淤地坝的运用主要有单坝运行和坝系运行两种方式。骨干坝在小流域坝系运用中发挥着主导作用和控制作用。

1. 单坝运行方式

单独坝体运行情况：单独运行的淤地坝其主要目的是拦截泥沙，不承担蓄水的功能，所以其库容一般是由防洪库容和拦泥库容两部分构成。淤地坝建成的初期，坝体会将上游来水来沙全部拦蓄在坝体内，将清水通过放水建筑物流向坝体下游用于农业灌溉等方面，而来水里面所含泥沙将会被坝体全部或大部分拦蓄；而当坝体被泥沙淤满形成坝地后，当地农民即可用于种植，从而发挥了淤地坝的经济和治沙效能。坝体在淤满后只能发挥拦截洪水和淤积泥沙的功能，为了保证工程的安全性、提高其防洪能力需要对坝体进行加高或者增设溢洪道等放水工程。

淤地坝总体上采用滞洪、排清的运行方式，通过对坝体和放水建筑物的运行控制实现。放水建筑物是调控坝库水位和蓄水量的重要设施，通过控制人工启闭放水孔的数量来控制放水流量；但由于其泄量很小，在运行时不考虑其调洪作用。淤地坝的溢洪道一般采用开敞式，其泄洪运行不具备人工控制的条件。

（1）淤积前期。当流域发生降雨时，淤地坝拦蓄上游洪水，将泥沙沉淀在库内，洪水被转变成清水，再由放水建筑物缓慢下泄，腾空库容以便再次拦洪。有些淤地坝在非汛期库内存蓄一定的水，用于灌溉、养殖或提供人畜饮用。

放水建筑物是调控坝库水位和蓄水量的重要设施。一般在洪水来临之前通过放水建筑物排放库水，预留出足够的防洪库容。

放水建筑物的结构尺寸一般按照无压流设计，通过控制人工启闭放水孔的数量来控制放水流量。淤地坝管理人员通常在洪水来临之前，预先在可能达到的最高洪水位处开启1~3个放水孔，其余放水孔全部关闭；在放水的过程中，随着水位的下降依次开启放水孔。放水过程中严格控制放水孔流量不得超过设计值，防止放水涵洞和卧管出现有压流而造成毁坏。

（2）淤积后期。淤地坝运行一段时间以后，拦泥库容基本淤满，坝地基本淤成，具备了种植生产的条件，可以种植高杆作物等投入生产利用。期间，设计洪水可以通过放水建筑物排出，但此时的坝地保收率可能还比较低。

（3）淤满后。当拦泥库容全部淤满后，此时的坝地面积和保收率达到了设计要求，可以正式投入运行，发挥效益。但此时的防洪库容也可能因持续淤积而被泥沙挤占，防洪能力无法达到设计要求，此时一般采用两种方案：

1）加高坝体。根据淤积情况适时对坝体进行加高。此种办法在使之淤满达到防洪标准的同时，淤地面积也将持续加大，保收率也相应得到提高。

2）增建溢洪道。淤地坝受地形、工程设施和生活设施分布位置等条件限制无法加高坝体，或为了尽早利用坝地，可以采用在坝端岸坡的一侧增设溢洪道的方式。当地下水位较高时，为了防止坝地盐碱化，可以采用复式断面溢洪道的结构。淤地坝增设溢洪道的不利因素是拦泥减沙能力大大降低，难以继续滞洪淤地。

2. 坝系运行方式

坝系共同调控的运行情况：坝系共同调控主要由防洪工程和生产部分两大部件组成。防洪工程是坝系的主体，主要保证整个坝系运行的安全，一般都是由坝系构成的骨干坝来完成这一任务，控制坝体上游的来水来沙，提高整个坝系的防洪能力，为坝系内生产活动提供安全保障；生产部分是坝系直接经济来源的主要部分，通过当地农民在坝系所形成的坝地内的生产活动，增加当地农民的收入，从而达到改善当地生产和生活条件的目的。

坝系运行过程实际上是各类坝之间优化组合、相互协调、功能转化的过程。坝系运行方式具有自身的明显特征：

（1）在考虑坝系的整体利益和效果的目标下，最大限度地发挥各类坝的功能优势和结构特点；这种方案对于单坝而言可能并非是最佳的运用方式，有一些利益的损失，但从整体上来看确是较优的、可行的。

（2）在坝系形成和发展的过程中，各类坝的功能和作用并非是一成不变的，前期是防洪，而后期可能是生产；前期是中型淤地坝，后期可能被改建成骨干坝。

坝系运行一般采用以下几种运行方式：

（1）上坝拦洪、下坝种地。对流域面积小于 $20km^2$、坡面治理较好、来水较少的沟道，采用从下游向上游梯级建坝、上拦下用的方式，逐步形成坝系：第一座坝建成并淤满种地后，在其上游修第二座坝用以拦洪，以保证第一座坝的生产安全。第二座坝淤成种地后，其上游再修第三座坝以保护下游坝。这种运行方式的特点是：坝系拦蓄作用显著，坝地形成快，收益早。此种运行方式的坝地利用也是从沟口到沟掌梯级开发利用。

（2）上坝生产，下坝拦淤。对于流域面积大于 $20km^2$、坡面治理较差、来水较多的沟道，坝系运行从保证工程安全的角度考虑，可以采用从上游到下游分期筑坝的方式，待上游坝淤满利用后，再建下游坝，拦蓄上坝和控制区间的洪水泥沙，拦泥淤地，依次由上游向沟口逐步形成坝系。

（3）支沟滞洪、干沟生产。多数情况下，对于已经初步形成坝系的小流域，其干沟一般治理较好，沟道平缓宽阔，库容条件较好，形成了大片的坝地，但同时受到地形、村庄、道路和工程建设规模因素的限制，往往难以实施大规模的淤地坝建设，一般只能进行一些旧坝的配套和改建，或采用淤漫的方式进行治河造地，发展生产。淤地坝的建设的重点是在支沟内修建骨干坝，控制支沟的洪水泥沙，保护干沟淤地坝及其建筑设施的安全运行和坝地的安全生产，发挥坝系的综合效益。

13.3.4 淤地坝枢纽布置要求

以淤地坝为主体的水利水电枢纽与一般土石坝枢纽类似，主体建筑物包括大坝、放水建筑物、溢洪道等。淤地坝枢纽布置要求优化选择这些建筑物的位置，在适应当地地形、地质、水文、水工、施工等具体条件的情况下，达到既安全又经济的目的。

（1）淤地坝枢纽的骨干坝坝址选择应符合以下要求。

1）坝轴线短，工程量小，宜采用直线。

2）应有宜于布设放水工程溢洪道的地形地质条件，宜选择岩基或黏土基础。

3）坝址附近应有较充足的筑坝土石料等建筑材料。

4）坝址应避开较大弯道、跌水、泉眼、断层、滑坡体、洞穴等，坝肩不得有冲沟。

（2）淤地坝枢纽的放水工程布设应符合以下要求。

1）卧管布设应综合考虑坝址地形条件、运行管护方式和坝体加高要求等因素，选择岸坡稳定、开挖量少的位置。

2）涵洞轴线布设应尽量与坝轴线垂直，进口处应设消力池或消力井与卧管连接，涵洞的进口、出口均应伸出坝体以外，涵洞出口水流应采取妥善的消能措施，使消能后的水流与尾水渠或下游沟道衔接。

3）涵洞宜全部布设在岩基或均匀坚实的原状土基上。

（3）淤地坝枢纽的溢洪道布设应尽量利用开挖量少的有利地形，进口、出口附近的坝坡和岸坡应有可靠的防护措施和足够的稳定性，出口应采取妥善的消能措施，并使消能后的水流离开坝脚一定距离。

崔家河骨干坝的枢纽布置如图 13.17 所示。

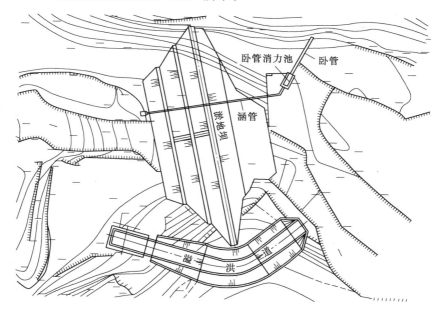

图 13.17　崔家河骨干坝枢纽布置图

13.3.5　筑坝材料及填筑标准

对于淤地坝筑坝土石料一般要求如下：

（1）具有与使用目的相适应的工程性质，例如，坝壳料需有较高的强度，防渗料具有足够的防渗性能。

（2）土石料的工程性质在长期内保持稳定。

（3）具有良好的压实性能，例如，填土压实后有较高的承载力；无影响压实的超径材料。

土料填筑标准如下：

（1）水坠坝土料选择与填筑标准。修建水坠坝的土料（黄土、类黄土）应符合表13.1 规定。

表 13.1　　　　　　　　　　　　　填 筑 土 料 指 标

项目	颗粒含量 /%	塑性指数	崩解速度 /min	渗透系数 /(cm/s)	有机质含量 /%	水容盐含量 /%
指标	3～20	<10	<10	>1×10⁶	>3	<8

边埝应采用分层碾压施工，设计干重度不应低于 1.5t/m³。对于充填泥浆的起始含水量应按照 40%～50%控制，相应稳定含水量应控 20%～24%，设计干重度不应低于1.5t/m³。

（2）碾压坝土料选择与填筑标准。一般黄土、类黄土均可作为碾压筑坝土料，其有机质含量不应超过 2％，水溶盐含量不应超过 5％。坝体干重度应按最优含水量控制，不得低于 1.55t/m³。

13.3.6　淤地坝设计

13.3.6.1　坝体断面设计

1. 坝高确定

依据《水土保持工程设计规范》（GB 51018—2014）规定，淤地坝的坝高按照式（13.2）确定：

$$H = H_L + H_Z + \Delta H \tag{13.2}$$

式中：H 为坝高，m；H_L 为拦泥坝高，m；H_Z 为滞洪坝高，m；ΔH 为安全超高，m。

拦泥坝高 H_L 和滞洪坝高 H_Z 由相应的库容查水位-库容曲线确定。相应的库容按下式计算：

$$V = V_L + V_Z \tag{13.3}$$

$$V_L = \frac{\overline{W_{sb}}(1-\eta_s)N}{\gamma_d} \tag{13.4}$$

式中：V 为总库容，万 m³；V_L 为拦泥库容，万 m³；V_Z 为滞洪库容，万 m³；$\overline{W_{sb}}$ 为多年平均总输沙量，万 t/a；η_s 为坝库排沙比，可采用当地经验值；N 为设计淤积年限，a；γ_d 为淤积泥沙干重度，可取 1.3～1.35t/m³。

安全超高 ΔH 按表 13.2 规定确定。

表 13.2	坝体安全超高 ΔH		单位：m
坝高	＜10	10～20	＞20
安全超高	0.5～1.0	1.0～1.5	1.5～2.0

2. 坝顶宽度确定

水坠坝坝顶最小宽度，当坝高在 30m 以上时应取 5m；坝高在 30m 以下时应取 4m。碾压坝坝顶宽度应按表 13.3 的规定确定。

表 13.3	碾压坝坝顶宽度		单位：m
坝高	＜10	10～20	20～30
坝顶宽度	2～3	3～4	4～5

3. 坝坡确定

坝高超过 15m 时，应在下游坡每隔 10m 设置 1 条马道。马道宽度应取 1.0～1.5m。碾压坝不同坝高的坝坡坡比按照表 13.4 的规定进行确定。

13.3.6.2　溢洪道设计

溢洪道是淤地坝工程枢纽的重要建筑物，它承担着排泄洪水、保证淤地坝安全的重要作用。溢洪道分河床式与岸边式两大类，河床式溢洪道多用于混凝土坝枢纽中，在土坝枢纽中，一般不允许在坝身泄水，而在河岸上适当地点修建岸边式溢洪道。

表 13.4 碾压坝不同坝高的坝坡坡比

部 位	坝 高/m		
	<10	10～20	20～30
上游坝坡	1.50	1.50～2.00	2.00～2.50
下游坝坡	1.25	1.25～1.50	1.50～2.00

岸边式溢洪道又分为开敞式和封闭式两种。开敞式溢洪道又分为正槽式溢洪道和侧槽式溢洪道，淤地坝工程大多采用正槽式溢洪道，当沟道地形地质情况允许时，为了减少开挖量，也可以采用侧槽溢洪道。

溢洪道由进口段（包括引渠段、渐变段、溢流段）、陡坡段、出口段（包括消力池、渐变段、尾水渠）3 部分组成。如图 13.18 所示。

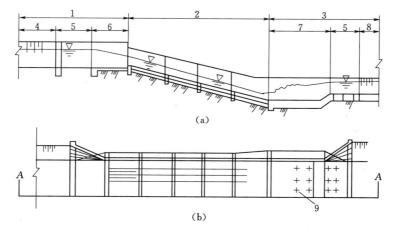

图 13.18　溢洪道示意图

(a) $A-A$ 剖面图；(b) 平面图

1—进水段；2—泄槽；3—出口段；4—引水渠；5—渐变段；6—溢流堰；
7—消力池；8—尾水渠；9—排水孔

进口段由引水渠、渐变段和溢流堰组成。引水渠进口底高程应采用设计淤积面高程，一般选用梯形断面。溢流堰一般采用矩形断面，堰宽可按宽顶堰公式［式 (13.5)、式 (13.6)］计算。溢流堰长度一般取堰上水深的 3～6 倍，溢流堰及其边墙一般采用浆砌石修筑，堰底靠上游端应做深 1.0m、厚 0.5m 的砌石齿墙。

$$B=\frac{q}{MH_0^{3/2}} \tag{13.5}$$

$$H_0=h+\frac{V_0^2}{2g} \tag{13.6}$$

式中：B 为溢流堰宽，m；q 为溢洪道设计流量，m^3/s；M 为流量系数，可取 1.42～1.62；H_0 为计入行进流速的水头，m；h 为溢洪水深，m，即堰前溢流坎以上水深；V_0 为堰前流速，m/s；g 为重力加速度，可取 $9.81m/s^2$。

泄槽在平面上宜采用直线、对称布置，一般采用矩形断面，用浆砌石或混凝土衬砌，

259

坡度根据地形可采用 1∶5.0～1∶3.0，底板衬砌厚度可取 0.3～0.5m。顺水流方向每隔 5～8m 应设置 1 条沉陷缝。泄槽基础每隔 10～15m 应做 1 道齿墙，可取深 0.8m，宽 0.4m。泄槽边墙高度应按设计流量计算，高出水面线 0.5m，并满足下泄校核流量的要求。

溢洪道出口一般采用消力池消能或挑流消能形式。在土基或破碎软弱岩基上的溢洪道宜选用消力池消能。采用等宽的矩形断面，其水力设计主要包括确定池深和池长。

在较好的岩基上，可采用挑流消能，在挑坎的末端应做 1 道齿墙，基础嵌入新鲜完整的岩石，在挑坎下游应做一段短护。挑流消能水力设计主要包括确定挑流水舌挑距和最大冲坑深度。

13.3.6.3 放水建筑物设计

淤地坝放水建筑物应满足 7 天放完库内滞留洪水的要求。放水工程一般采用卧管式放水工程或竖井式放水工程，由卧管或竖井、涵洞和消能设施组成。

1. 卧管式放水工程

卧管结构布置如图 13.19 所示。

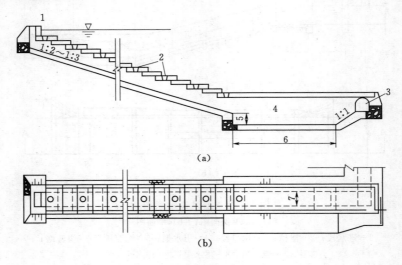

图 13.19　卧管示意图

(a) 纵剖面图；(b) 平面图

1—通气孔；2—放水孔；3—涵洞；4—消力池；5—池深；6—池长；7—池宽

卧管应布置在坝上游岸坡，坡底应取 1∶3.0～1∶2.0，在卧管底部每隔 5～8m 设置 1 道齿墙，并根据地基变化情况适地设置沉降缝，采用浆砌石或混凝土砌筑成台阶，台阶高差 0.3～0.5m，每台设置 1 个或者两个放水孔，卧管与涵洞连接处应设置消力池。

卧管式放水工程涵洞断面一般有 3 种，包括方形涵管、圆形涵管和拱形涵管，如图 13.20 所示。

2. 竖井式放水工程

竖井式放水工程结构布置如图 13.21 所示。

竖井一般采用浆砌石修筑断面，形状采用圆环形或方形，内径 0.8～1.5m，井壁厚度取 0.3～0.6m。井底设置消力井，井深为 0.5～2.0m，沿井壁垂直方向每隔 0.3～0.5m

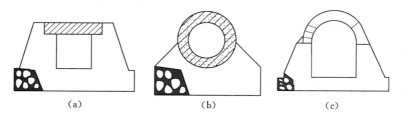

图 13.20　涵洞结构图
（a）方涵断面图；（b）涵管断面图；（c）拱涵断面图

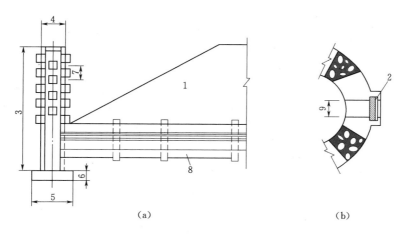

图 13.21　竖井结构图
（b）竖井剖面图；（b）放水孔大样图
1—土坝；2—插板闸门；3—竖井高；4—竖井外径；5—井座宽；6—井座厚；
7—放水孔距；8—涵洞；9—放水孔径

可设 1 对放水孔，放水孔应相对交错排列，孔口处设门槽。插入闸板控制放水，竖井下部与涵洞相连。当竖井较高或地基较差时，应在井底砌筑 1.5～3.0m 高的井座。

13.4　生态混凝土与生态护坡

13.4.1　生态混凝土

生态混凝土，是既能减少给地球环境造成的负荷，又能与自然生态系统协调共生，为人类构造更加舒适环境的混凝土材料。生态混凝土作为一种环境友好型混凝土，可以有效减少对环境的破坏，同时由于其植物相容性，还可以起到美化环境、调节生态平衡、保护环境的作用。生态混凝土的出现有效地解决了城市积水问题、地下水资源枯竭问题、热岛效应问题及路面噪音问题。

13.4.1.1　分类

1. 原生生态混凝土

原生生态混凝土是指在生成的初期，利用低能耗、低影响的原材料或者其使用用途为保持环境绿色生态、减少环境破坏的混凝土产品，目前最常见的是植被混凝土和透水混凝土。

(1) 植被混凝土。又称植生混凝土，以粗骨料为骨架，经过改变原有多孔孔洞的碱性、填充适生材料、播种植物及后期养护等步骤制得。植被混凝土的施工方法是将植物种子、水泥、砂、黄土、保水剂、混凝土添加剂、水等混合，利用高压喷播机械按设计厚度喷播到岩石表面上。因为其组成材料中含有一定强度的水泥，对边坡有良好的稳固作用，且具有良好的抗雨水冲刷能力。同时，其所含的保水剂吸收充足水分，天气干燥时为植物提供水分，从而极大提高植被混凝土中植物的抗旱能力，为植物生长提供良好环境。植被混凝土具有良好的透气性、通水性、大孔隙率的功能特点，无论陆地、水中均可适用。

(2) 透水混凝土。透水混凝土是一种多孔轻质混凝土，又称多孔混凝土、无砂混凝土、透水地坪，是由粗骨料、水泥和水拌制而成，工作原理是利用粗骨料表面包覆一薄层水泥浆相互黏结而形成孔穴均匀分布的蜂窝状结构，具有透气、透水和重量轻的特点。

2. 再生生态混凝土

再生生态混凝土是将废弃混凝土经过清洗、破碎、分级和按一定比例相互配合后得到的"再生骨料"（RCA）作为部分或全部骨料代替天然骨料配制的混凝土，也称再生骨料混凝土（RAC）。再生混凝土具有绿色生态、渗透能力强、强度低这3个显著的性能特点。

13.4.1.2 生态混凝土的优点与不足

1. 生态混凝土的优点

(1) 净化大气，减少污染。植物光合作用可以有效地吸收 CO_2，释放出 O_2，吸附有害气体。植物还具有效吸收噪音和多方位反射太阳光线等功能。

(2) 植被防护、保持水土。植被可以减弱雨水对裸露土地的直接溅蚀，从而能有效地控制水土的流失，大面积的裸露土地被植物覆盖，水土流失趋势将会下降。

(3) 经济效益。相比普通混凝土，生态混凝土能节省造价约 $10\%\sim30\%$。

(4) 景观效益。生态混凝土表面覆盖有植被，一改往日普通混凝土给人以沉闷、压抑的感觉，既减少了城市"热岛效应"，又提升了整个城市的品位，改善了人居环境。

(5) 自净效益。生态混凝土护坡可以增强水体的自净功能，改善河道水质；同时多孔隙结构，有利于氧从空气传入水中，促进微生物、鱼类等水生生物的生长，进一步自净水体，改善河道水质。

(6) 人类发展观的转变。人类的发展观历经了认识自然、改造自然、修复自然的过程。从被动的改造自然转变为能动的与自然一起发展。而生态型混凝土正是人类与自然界共同发展，和谐相处的成果。

2. 生态混凝土的不足

生态混凝土的优点有很多，但是在我国的使用率有限，主要存在以下几个问题：

(1) 草种选择和播种的问题。草种的混播比例以及播种密度等问题还没有充分的科学依据，更多的是凭经验甚至盲目施工；加大本地草种的使用量。相比于外来物种，本地物种的抗逆性和适应性一般都比较强，因此本地植物种的应用有着深远的意义；土壤肥力变化、营养循环和水分循环等方面缺乏研究。土壤肥力水平直接影响到边坡绿化的后期效果。

（2）生态混凝土降碱处理问题。生态混凝土降碱处理后其力学强度等是否有较大的损伤和破坏还需进一步研究。

（3）生态混凝土抗腐蚀性问题。为防止雨水的冲刷，生态混凝土表面覆盖的植被应具有一定的强度和较好的抗侵蚀性，目前还没有专门针对生态混凝土植被抗侵蚀性问题的研究。生态混凝土具备很多普通混凝土并不具备的优点，但是生态混凝土还有两个重大的缺陷：①其强度比普通混凝土低；②耐久性差。在一些发达国家和地区，这两个问题也未能解决，有待进一步的研究。

13.4.1.3　生态混凝土的应用

1. 生态混凝土在护坡工程中的应用

生态混凝土在河道护坡中的应用能够有效保障河流岸坡的安全与稳定，同时还能对河流岸坡的生态问题进行有效的修复，提升河流水的自我净化能力，实现对水体生态环境的有效改善。其中，在植物根系处生产起来的混凝土对护坡工程会产生以下几方面的影响：

（1）根的锚固作用。植物的根系会直接穿过坡体中最软弱的层，在摩擦作用下将根系和周围的土体进行充分结合，从而起到加固的作用，这种作用和锚杆的作用相似。

（2）浅根的加筋作用。植草的根系会在边坡的表土层进行缠绕，从而使得坡体成为土和草根之间联合的一种复合型材料。在这种情况下，根系的加筋作用将会变为土层的凝聚作用。

（3）降低坡体本身的孔隙水压力。导致滑坡出现的一个重要原因就是降雨的发生，在降雨发生的同时坡体的孔隙水压力会导致边坡本身失去稳定性，植物通过自身对水分的吸收和有关的蒸腾作用能够在最大限度上降低孔隙水压力，提升土体本身的抗剪强度，进一步提升边坡本身的稳定性能。

（4）实现对土粒流逝的控制。地表径流会带走被水冲散的土粒，进而引发更深一步的腐蚀和垢浊，无法抑制植被地表径流流失的问题。

2. 生态混凝土在水污染治理中的应用

生态混凝土本身具有很好的透水性，这是因为应用的是粗骨料，而不是应用细骨料。应用粗骨料时会使得混凝土的内部形成多种连通的孔，这种多孔混凝土具有很好的物理作用、化学作用和生物作用，在多种综合作用下能够实现净化水的目的。

3. 生态混凝土材料在海绵城市建设中的应用

（1）透水路面铺装。透水性混凝土路面是海绵城市建设中最常用的方式，是直接进行摊铺、压实而成的连通多孔结构路面。其主要组成材料有水、水泥净浆、单粒级粗骨料、添加剂。海绵城市建设中的透水路面铺装材料除了直接进行透水混凝土摊铺，还可以对透水混凝土、再生混凝土进行加工，制成各种形状、颜色的地砖，然后进行拼贴铺装以美化城市地面。它们的作用原理都是利用材料的孔隙，以达到排水、抗滑、降噪、降温、水循环利用等综合目的。

（2）固土护坡。植被混凝土现已大量应用于生态固土护坡工程中。采用机械化方法浇筑的绿化混凝土河道护坡，可以在护坡表面生长出自然植被，大大增加城市的绿化面积，较好地兼顾工程及生态景观等多方面的要求。目前，植被混凝土已经广泛使用于护坡护堤、城市绿地、停车场地、屋顶花园等处，对调节生态平衡、美化环境景观、实现人类与自然的协调具有积极作用。

（3）净化过滤。利用透水铺装具有较大孔隙率的特点，能够将地表水净化后下渗到下层土壤，在稳定地下水水位的同时，还可以净化地下水水质。透水铺装的净化作用表现在对金属元素和有机污染物两者的去除方面。

13.4.2 生态护坡

生态护坡，是综合工程力学、土壤学、生态学和植物学等学科的基本知识对斜坡或边坡进行支护，形成由植物或工程和植物组成的综合护坡系统的护坡技术。开挖边坡形成以后，通过种植植物，利用植物与岩、土体的相互作用（根系锚固作用）对边坡表层进行防护、加固，使之既能满足对边坡表层稳定的要求，又能恢复被破坏的自然生态环境的护坡方式，是一种有效的护坡、固坡手段。常用的生态护坡材料有绿色植物、土工合成材料、生态混凝土等。

13.4.2.1 生态护坡的设计原则

1. 水力稳定性原则

护坡的设计首先应满足岸坡稳定的要求。岸坡的不稳定性因素主要有：①由于岸坡面逐步冲刷引起的不稳定；②由于表层土滑动破坏引起的不稳定；③由于深层土滑动引起的不稳定。因此，应对影响岸坡稳定的水力参数和土工技术参数进行研究，从而实现对护坡的水力稳定性设计。

2. 生态原则

生态护坡设计应与生态过程相协调，尽量使其对环境的破坏影响达到最小。这种协调意味着设计应以尊重物种多样性，减少对资源的剥夺，保持营养和水循环，维持植物生境和动物栖息地的质量，有助于改善人居环境及生态系统的健康为总体原则。主要包含以下3个方面：

（1）当地原则。设计应因地制宜，在对当地自然环境充分了解的基础上，进行与当地自然环境相和谐的设计。包括：①尊重传统文化和乡土知识；②适应场所自然过程，设计时要将这些带有场所特征的自然因素考虑进去，从而维护场所的健康；③根据当地实际情况，尽量使用当地材料、植物和建材，使生态护坡与当地自然条件相和谐。

（2）保护与节约自然资源原则。对于自然生态系统的物流和能流，生态设计强调的解决之道有4条：①保护不可再生资源，不是万不得已，不得使用；②尽可能减少能源、土地、水、生物资源的使用，提高使用效率；③利用原有材料，包括植被、土壤、砖石等服务于新的功能，可以大大节约资源和能源的耗费；④尽量让护坡处于良性循环中，从而使资源可以再生。

（3）回归自然原则。自然生态系统为维持人类生存和满足其需要提供各种条件和过程，这就是所谓的生态系统的服务。着重体现在：①自然界没有废物，每一个健康生态系统，都有完善的食物链和营养级，所以生态设计应使系统处于健康状态；②边缘效应，在两个或多个不同的生态系统边缘带，有更活跃的能流和物流，具有丰富的物种和更高的生产力，也是生物群落最丰富、生态效益最高的地段，河道岸坡作为水体生态与陆地生态之间的边缘带，在设计时应充分考虑其边缘效应；③生物多样性，保持有效数量的动植物种群，保护各种类型及多种演替阶段的生态系统，尊重各种生态过程及自然的干扰，包括自然火灾过程、旱雨季的交替规律以及洪水的季节性泛滥。

13.4.2.2　生态护坡技术

生态护坡技术应该是既满足河道护坡功能，又有利于恢复河道护坡系统生态平衡的系统工程。生态护坡技术可以分为植物护坡和植物工程措施复合护坡技术。植物护坡主要通过植被根系的力学效应（深根锚固和浅根加筋）和水文效应（降低孔压、消弱溅蚀和控制径流）来固土、防止水土流失，在满足生态环境需要的同时，还可以进行景观造景。植物工程复合护坡技术有铁丝网与碎石复合种植基、土木材料固土种植基、三维植被网、水泥生态种植基等形式。在上海崇明岛瀛东村生态河道示范工程中，生态护坡技术的应用使坡岸抗剪强度明显增加，坡岸稳定性增强，河水水质经过护坡植物的净化得到较好的改善，沿水流方向，总氮（TN）从 2.95mg/L 降至 1.08mg/L，NH_4-N 从 2.64mg/L 降至 1.02mg/L，同时河岸生境得到改善，生物多样性增加，生态稳定性增强。

13.4.2.3　生态护坡的功能

（1）护坡功能。植被的深根有锚固作用、浅根有加筋作用；佳境生态护坡。

（2）防止水土流失。植被能降低坡体孔隙水压力、截留降雨、削弱溅蚀、控制土粒流失。

（3）改善环境功能。植被能恢复被破坏的生态环境，降低噪音，减少光污染，保障行车安全，促进有机污染物的降解，净化空气，调节小气候。

13.4.2.4　生态护坡类型

生态护坡既能对护坡起到良好的防护作用，又能有效地改善工程环境，因此近年来人们开发了多种生态护坡新技术，按照护坡类型的不同，有植物护坡、土木材料护坡和绿化混凝土护坡。

1. 植物护坡

在植物护坡中，采用的技术有片石骨架植草、铺草皮、灌木护坡、乔灌结合护坡等。它将水、河道、堤岸及各种植被生物组合成了一个完整的河流生态系统，能够发挥巨大的生态效能，其功能具体表现为：①地表以上形成的植物覆盖层能够减少外部水流与土壤的接触面积，同时减轻水流对堤岸的冲刷力，能够起到护坡的作用；②土壤中植物发达的根系能够提高土层的抗冲刷能力，提高坡面稳定性；③植物根系上存在的微生物能够对污染水体进行净化，从而提高水体的自我净化能力。

建立植物护坡的关键在于建立坡面植物群落，这就要求科学地选择边坡的植物种类。考虑到不同的植物种类对环境条件具有不同的适应性，在选择植物种类时，要保证其对当地气候条件和土壤条件具有较强的适应性；要以本地植物种类为主，辅以外来优秀品种；要以草本植物为主，辅以乔木、灌木等；要有较强的抗热性、抗寒性、抗病虫害能力；宜选择枝叶茂盛、观赏价值较高的植物。

（1）人工种草护坡。人工种草护坡，是通过人工在边坡坡面简单播撒草种的一种传统边坡植物防护措施。多用于边坡高度不高、坡度较缓且适宜草类生长的土质路堑和路堤边坡防护工程，如图 13.22 所示。

特点：施工简单、造价低等。

缺点：由于草籽播撒不均匀，草籽易被雨水冲走，种草成活率低等原因，往往达不到满意的边坡防护效果，而造成坡面冲沟，表土流失等边坡病害，导致大量的边坡病害整治、修复工程，使得该技术近年应用较少。

（2）液压喷播植草护坡。液压喷播植草护坡，是国外近十多年新开发的一项边坡植物防护措施，是将草籽、肥料、黏着剂、纸浆、土壤改良剂、色素等按一定比例在混合箱内配水搅匀，通过机械加压喷射到边坡坡面而完成植草施工的，如图 13.23 所示。

图 13.22　人工种草护坡　　　　　　图 13.23　液压喷播植草护坡

特点：①施工简单、速度快；②施工质量高，草籽喷播均匀发芽快、整齐一致；③防护效果好，正常情况下，喷播 1 个月后坡面植物覆盖率可达 70% 以上，2 个月后形成防护、绿化功能；④适用性广。目前，国内液压喷播植草护坡在公路、铁路、城市建设等部门边坡防护与绿化工程中使用较多。

缺点：①固土保水能力低，容易形成径流沟和侵蚀；②施工者容易偷工减料做假，形成表面现象；③因品种选择不当和混合材料不够，后期容易造成水土流失或冲沟。

（3）客土植生植物护坡。客土植生植物护坡，是将保水剂、黏合剂、抗蒸腾剂、团粒剂、植物纤维、泥炭土、腐殖土、缓释复合肥等一类材料制成客土，经过专用机械搅拌后吹附到坡面上，形成一定厚度的客土层，然后将选好的种子同木纤维、黏合剂、保水剂、复合肥、缓释营养液经过喷播机搅拌后喷附到坡面客土层中。

优点：①可以根据地质和气候条件进行基质和种子配方，从而具有广泛的适应性；②客土与坡面的结合牢固；③土层的透气性和肥力好；④抗旱性较好；⑤机械化程度高，速度快，施工简单，工期短；⑥植被防护效果好，基本不需要养护就可维持植物的正常生长。

该法适用于坡度较小的岩基坡面、风化岩及硬质土砂地，道路边坡，矿山，库区以及贫瘠土地。

缺点：要求边坡稳定、坡面冲刷轻微，边坡坡度大的地方，已经长期浸水地区均不适合。

（4）平铺草皮。平铺草皮护坡，是通过人工在边坡面铺设天然草皮的一种传统边坡植物防护措施。

特点：施工简单，工程造价低、成坪时间短、护坡功效快、施工季节限制少。

适用于附近草皮来源较易、边坡高度不高且坡度较缓的各种土质及严重风化的岩层和成岩作用差的软岩层边坡防护工程。是设计应用最多的传统坡面植物防护措施之一。

缺点：由于前期养护管理困难，新铺草皮易受各种自然灾害，往往达不到满意的边坡防护效果，而造成坡面冲沟、表土流失、坍滑等边坡灾害。导致大量的边坡病害整治、修复工程。近年来，由于草皮来源紧张，使得平铺草皮护坡的作用逐渐受到了限制。

（5）生态袋护坡。生态袋护坡，是利用人造土工布料制成生态袋，植物在装有土的生态袋中生长，以此来进行护坡和修复环境的一种护坡技术，如图 13.24 所示。

特点：透水、透气、不透土颗粒、有很好的水环境和潮湿环境的适用性，基本不对结构产生渗水压力。施工快捷、方便，材料搬运轻便。

缺点：由于空间环境所限，后期植被生存条件受到限制，整体稳定性较差。

2. 土工材料护坡

土工材料护坡是通过土工网垫、土工单元等结合植物来达到护坡的作用，形成网格与植物综合护坡系统，既能起到护坡作用，同时能恢复生态、保护环境。

网格生态护坡将工程护坡结构与植物护坡相结合，护坡效果非常好，如图 13.25 所示。其中现浇网格生态护坡是一种新型护坡专利技术，具有护坡能力极强、施工工艺简单、技术合理、经济实用等优点，是新一代生态护坡技术，具有很大的实用价值。

图 13.24　生态袋护坡　　　　　　　图 13.25　网格生态护坡

3. 绿化混凝土护坡

绿化混凝土护坡采用的材料主要是由粗骨料和水泥浆等组成的绿化混凝土，或称植被混凝土。在其表面，需覆盖植被基床材料，包括覆土材料、喷播材料或草皮，它们既能够为植被生长提供必备的养分和水分，又可以抑制干燥、防止混凝土温度过高。绿化混凝土独有的连续空隙使得植物根系可以进入混凝土，为植物提供了充足的生长空间，进而促进了自然生态的修护。

绿化混凝土的特点较为突出，包括以下几点：

（1）透水性高。绿化混凝土主要由粗骨料组成，属于骨架空隙结构，具有较大的空隙率，空隙可从构件顶部通到底部，这就使得水分能够自由通过，方便植物吸收养分。

（2）强度较高。绿化混凝土的抗压强度在 4～15MPa 之间。

（3）透气性好。独有的空隙结构使植物能够进行有效的呼吸作用，有利于保持植物良好的生长环境。

参 考 文 献

［1］ 沈长松，刘晓青，王润英，等. 水工建筑物 ［M］. 北京：中国水利水电出版社，2016.

［2］ 天津大学. 水工建筑物 ［M］. 北京：中国水利水电出版社，2009.

［3］ 中国水利年鉴 2007 ［M］. 北京：中国水利水电出版社，2007.

［4］ 中华人民共和国水利部. SL 252—2017 水利水电工程等级划分及洪水标准 ［S］. 北京：中国水利水电出版社，2017.

［5］ 国家能源局. NB/T 35026—2014 混凝土重力坝设计规范 ［S］. 北京：中国电力出版社，2014.

［6］ 中华人民共和国水利部. SL 319—2005 混凝土重力坝设计规范 ［S］. 北京：中国水利水电出版社，2005.

［7］ 中华人民共和国水利部. SL 282—2003 混凝土拱坝设计规范 ［S］. 北京：中国水利水电出版社，2003.

［8］ 中华人民共和国水利部. SL 274—2001 碾压式土石坝设计规范 ［S］. 北京：中国水利水电出版社，2001.

［9］ 中华人民共和国水利部. SL 228—2013 混凝土面板堆石坝设计规范 ［S］. 北京：中国水利水电出版社，2013.

［10］ 林益才. 水工建筑物 ［M］. 北京：中国水利水电出版社，1997.

［11］ 任德林，张志军. 水工建筑物 ［M］. 南京：河海大学出版社，2001.

［12］ 左东启，王世夏，林益才. 水工建筑物 ［M］. 南京：河海大学出版社，1995.

［13］ 张敬楼，吴良政. 水利电力工程概论 ［M］. 南京：河海大学出版社，1997.

［14］ 武汉水利电力学院河流动力学及河道整治教研室. 河道整治 ［M］. 北京：中国工业出版社，1965.

［15］ 武汉水利电力学院河流泥沙工程学教研室. 河流泥沙工程学（新版，上下两册）［M］. 北京：水利电力出版社，1983.

［16］ 陈胜宏，陈敏林，赖国伟. 水工建筑物 ［M］. 北京：中国水利水电出版社，2004.

［17］ 郑万勇，杨振华. 水工建筑物 ［M］. 郑州：黄河水利出版社，2003.

［18］ 张光斗，王光纶. 专门水工建筑物 ［M］. 上海：上海科学技术出版社，1999.

［19］ 张光斗，王光纶. 水工建筑物 ［M］. 北京：中国水利水电出版社，1994.

［20］ 华东水利学院. 水闸设计 ［M］. 上海：上海科学技术出版社，1983.

［21］ 孙更生，朱照宏，孙钧，等. 中国土木工程师手册（下册，第二十一篇水工建筑物）［M］. 上海：上海科学技术出版社，2001.

［22］ 孙明权，沈长松. 水工建筑物 ［M］. 北京：中央广播电视大学出版社，2006.

［23］ 中华人民共和国水利部. SL 265—2016 水闸设计规范 ［S］. 北京：中国水利水电出版社，2016.

［24］ 季盛林，刘国柱. 水轮机（第二版）［M］. 北京：水利电力出版社，1986.

［25］ 金钟元. 水力机械 ［M］. 北京：中国水利水电出版社，1992.

［26］ 陈婧，张宏战，王刚. 水力机械 ［M］. 北京：中国水利水电出版社，2015.

［27］ 张仁田，邓东升，朱红耕，等. 不同型式灯泡贯流泵的技术特点 ［J］. 南水北调与水利科技，2008，6（6）：6-9.

［28］ ［俄］古宾. 水力发电站 ［M］. 徐锐，等译. 北京：水利电力出版社，1983.

［29］ 季盛林，刘国柱. 水轮机（第二版）［M］. 北京：水利电力出版社，1986.

[30] 刘启钊，胡明. 水电站（第四版）[M]. 北京：中国水利水电出版社，2010.

[31] 张克诚. 抽水蓄能电站水能设计 [M]. 北京：中国水利水电出版社，2007.

[32] 郦能惠. 土石坝安全监测分析评价预报系统 [M]. 北京：中国水利水电出版社，2001.

[33] 中华人民共和国水利部. 2005 年全国水利发展统计公报 [M]. 中国水利报，2006 - 07 - 04
　　（004）.

[34] 吴中如，顾冲时. 大坝安全综合评价专家系统 [M]. 北京：科学技术出版社，1997.

[35] 吴中如. 水工建筑物安全监控理论及其应用 [M]. 北京：高等教育出版社，2003.

[36] 潘家铮. 中国水利建设的成就问题和展望 [J]. 中国工程科学，2002，4（2）：42 - 51.

[37] 中华人民共和国水利部. 水库大坝安全鉴定办法（水管 [2003] 271 号）. 2003.

[38] 中华人民共和国水利部. SL 258—2017 水库大坝安全评价导则 [S]. 北京：中国水利水电出版
　　社，2017.

[39] 中华人民共和国水利部. 水库大坝安全管理办法 [M]. 北京：中国水利水电出版社，2011.

[40] 中华人民共和国水利部. SL 551—2012 土石坝安全监测技术规范 [S]. 北京：中国水利水电出版
　　社，2012.

[41] 中华人民共和国水利部. SL 601—2013 混凝土坝安全监测技术规范 [S]. 北京：中国水利水电出
　　版社，2013.

[42] 电力工业部. 水电站大坝安全管理办法 [M]. 北京：中国电力出版社，1997.

[43] 中华人民共和国水利部. SL 169—96 土石坝安全监测资料整编规程 [S]. 北京：中国水利水电出
　　版社，1996.

[44] 中华人民共和国水利部. DL/T 5209—2005 混凝土坝安全监测资料整编规程 [S]. 北京：中国电
　　力出版社，2005.

[45] 国家电力公司. 大坝安全管理法规与标准汇编 [M]. 北京：中国电力出版社，1998.

[46] 赵志仁. 大坝安全监测设计 [M]. 郑州：黄河水利出版社，2003.

[47] 沈振中，吴中如，温志萍，等. 二滩拱坝安全监测"在线监控"系统 [J]. 水利水电科技进展，
　　2000，20（3）：33 - 35.

[48] 沈振中，苏怀智，吴中如，等. 水口水电站工程在线实时监控及反馈分析系统 [J]. 河海大学学
　　报，2000，28（2）：12 - 16.

[49] 赵斌，吴中如，沈振中. 基于网络环境的大坝安全评价专家系统的开发 [J]. 河海大学学报，
　　1999，27（4）：68 - 72.

[50] 吴中如，顾冲时，沈振中，等. 大坝安全综合分析和评价的理论、方法及其应用 [J]. 水利水电
　　科技进展，1998，18（3）：2 - 6.

[51] 中华人民共和国水利部，中华人民共和国国家统计局. 第一次全国水利普查公报 [J]. 水利信息
　　化，2013（02）：64.

[52] 陈业银，任华春，朱水生. 液压升降坝工作原理及结构性态分析 [J]. 水电能源科学，2012，30（7）：
　　69 - 72.

[53] 饶和平，朱水生，唐湘茜. 液压升降坝与传统活动坝比较研究 [J]. 水利水电快报，2015，36
　　（12）：23 - 26.

[54] 季昌化，朱水生，郑毅. 中小河流闸坝新选择——液压升降坝 [J]. 水利水电快报，2015，36
　　（12）：27 - 29.

[55] 邹兵华. 黄土高原小流域淤地坝控制坡沟系统土壤侵蚀的作用研究 [D]. 西安：西安理工大
　　学，2009.

[56] 高照良. 基于土地利用变化的淤地坝坝系规划研究 [D]. 杨凌：西北农林科技学，2006.

[57] 缎锋利. 延安地区小流域淤地坝工程设计与实践 [D]. 西安：西安建筑科技大学，2012.

[58] 张勇. 淤地坝在陕北黄土高原综合治理中地位和作用研究 [D]. 杨凌：西北农林科技大

学，2007.

[59] 中华人民共和国水利部. SL 289—2003 水土保持治沟骨干工程技术规范 [S]. 北京：中国水利水电出版社，2003.

[60] 黄河上中游管理局. 淤地坝管理 [M]. 北京：中国计划出版社，2004.

[61] 秦鸿儒，贾树年，付明胜. 黄土高原小流域坝系建设研究 [J]. 人民黄河，2004，6 (1)：33 - 36.

[62] 秦鸿儒，刘正杰，陈江南. 黄土高原地区淤地坝运行管理调查研究 [J]. 人民黄河，2004，26 (7)：25 - 27.

[63] 刘寻续，马良军，杨琳. 淤地坝建设和运行管理体制探 [J]. 中国水土保持，2006，(5)：30 - 31.

[64] 王银山，王顺英，田安民. 淤地坝运行管理技术手册 [M]. 郑州：黄河水利出版社，2013.

[65] 张晓明. 黄土高原小流域淤地坝系优化研究 [D]. 杨凌：西北农林科技大学，2014.

[66] 杨红新. 黄土高原多沙粗沙区淤地坝系空间布局优化研究 [D]. 开封：河南大学，2007.

[67] 李霞晨. 生态混凝土材料的应用实践研究论述 [J]. 施工技术，2016 (l45)，增刊：551 - 553.

[68] 李萌. 生态混凝土的研究进展 [J]. 材料开发与应用，2010：89 - 94.

[69] 张永超. 生态混凝土在海绵城市建设中的应用研究 [J]. 混凝土与水泥制品，2017 (6)：20 - 23.

[70] 邹群. 生态护坡技术研究 [M]. 南京：河海大学出版社，2008.

[71] 董哲仁. 探索生态水利工程学 [J]. 中国工程科学，2007，9 (1)：1 - 7.

[72] 董哲仁. 试论生态水利工程的基本设计原则 [J]. 水利学报，2004 (10)：1 - 6.

[73] 中华人民共和国水利部. SL 279—2016 水工隧洞设计规范 [S]. 北京：中国水利水电出版社，2016.

[74] 国家能源局. NB/T 35023—2014 水闸设计规范 [S]. 北京：中国电力出版社，2014.

[75] 中华人民共和国水利部. GB 50286—2013 堤防工程设计规范 [S]. 北京：中国计划出版社，2013.

[76] 河海大学. 水利大辞典 [M]. 上海：上海辞书出版社，2015.